Die organische Chemie in ihrer Anwendung auf Physiologie und Pathologie

Justus, Freiherr von Liebig

AF519948

Alpha Editions

This edition published in 2022

ISBN : 9789356709492

Design and Setting By
Alpha Editions
www.alphaedis.com
Email - info@alphaedis.com

As per information held with us this book is in Public Domain.
This book is a reproduction of an important historical work. Alpha Editions uses the best technology to reproduce historical work in the same manner it was first published to preserve its original nature. Any marks or number seen are left intentionally to preserve its true form.

Contents

Vorwort.

Durch die Uebertragung der Methoden, welche die Physiker seit Jahrhunderten in der Ermittelung der Ursachen der Naturerscheinungen befolgen, auf die Chemie, durch Beachtung von Maß und Gewicht, ist von Lavoisier der Grundstein einer neuen Wissenschaft gelegt worden, welche durch die Pflege ausgezeichneter Männer in außerordentlich kurzer Zeit einen hohen Grad von Vollendung erhalten hat.

Es war die Aufsuchung und das Festhalten aller Bedingungen, die sich zu einer Beobachtung vereinigen müssen, es war die Erkenntniß der richtigeren Grundsätze zu Forschungen, welche die Chemiker vor Irrthümern schützten und sie auf einem ebenso einfachen als sicheren Wege zu Entdeckungen führten, welche in die früher dunkelsten und unbegreiflichsten Naturerscheinungen Licht und Klarheit brachten.

Die nützlichsten Anwendungen auf Künste und Industrie und alle der Chemie verwandten Zweige des Wissens, ergaben sich aus den von ihnen erforschten Gesetzen und dieser Einfluß zeigte sich nicht erst, nachdem die Chemie den erreichbaren Grad von Vollendung erhalten hatte, sondern er machte sich mit jeder einzelnen neuen Erfahrung geltend.

Alle in den anderen Fächern bereits vorhandenen Erfahrungen und Beobachtungen wirkten in ganz gleicher Weise fördernd, auf die Ausbildung und Entwicklung der Chemie zurück, so daß sie eben so viel von der Metallurgie und Industrie empfing, als sie gegeben hatte; indem sie zusammen an Reichthum zunahmen, bildeten sie sich mit und neben einander aus.

Nach der allmäligen Vervollkommnung der Mineralchemie wandten sich die Arbeiten der Chemiker einer andern Richtung zu; aus der Untersuchung der Bestandtheile der Pflanzen und Thiere sind neue und veränderte Ansichten hervorgegangen; das vorliegende Werk ist ein Versuch zu ihrer Anwendung in der Physiologie und Pathologie.

In früheren Zeiten hat man, in vielen Fällen mit großem Erfolg, die aus der Bekanntschaft mit den chemischen Erfahrungen erworbenen Ansichten auf die Zwecke der Heilwissenschaft anzuwenden versucht; ja, die großen Aerzte, welche zu Ende des siebenzehnten Jahrhunderts lebten, waren die ausschließlichen Kenner und Begründer der Chemie; das phlogistische System der Chemie, mit allen seinen Unvollkommenheiten, erschien als die Morgenröthe eines neuen Tages, es war der Sieg der Philosophie über die roheste Experimentirkunst.

Die neuere Chemie hat mit allen ihren Entdeckungen der Physiologie und Pathologie nur unbedeutende Dienste geleistet, und Niemand kann sich über die Ursache dieser Theilnahmlosigkeit täuschen, wer in Erwägung zieht, daß alle in dem Gebiete der anorganischen Chemie erworbenen Erfahrungen, die Kenntniß des Verhaltens der einfachen Körper und ihrer in Laboratorien darstellbaren Verbindungen mit dem lebendigen Thierkörper und dem Verhalten seiner Bestandtheile in keine Art von Beziehung gebracht werden konnten.

Die Physiologie nahm keinen Theil an den Fortschritten der Chemie, weil sie lange Zeit hindurch, zu ihrer eigenen Förderung, nichts von dieser Wissenschaft zu empfangen hatte. Dieser Zustand hat sich seit fünfundzwanzig Jahren geändert; allein auch in der Physiologie sind in dieser Zeit neue Wege und Mittel zu Forschungen in ihrem eigenen Gebiete gewonnen worden, und erst mit der Erschöpfung dieser Quellen von Entdeckungen ließ sich einer neuen Richtung in den Arbeiten der Physiologen entgegensehen. Auch diese Zeit liegt uns nahe, und ein Weiterschreiten auf dem eingeschlagenen Wege würde jetzt das Gebiet der Physiologie, aus dem sich sehr bald fühlbar machenden Mangel an frischen Anhaltspunkten zu Forschungen, nur breiter, aber weder tiefer noch gründlicher machen.

Niemand wird den Muth haben zu behaupten, daß die Ermittelung der Formen und der Bewegungserscheinungen nicht nothwendig oder nützlich wäre, sie muß im Gegentheil als durchaus unentbehrlich zur Erkenntniß der Lebensprocesse angesehen werden; allein sie umfaßt nur eine einzige Klasse von Bedingungen zur Erkenntniß, und diese reichen für sich allein nicht dazu hin.

Die Erforschung der Zwecke und Functionen der einzelnen Organe und ihres gegenseitigen Verbandes im Thierkörper, war in früherer Zeit der Hauptgegenstand der physiologischen Untersuchungen; er ist in der neuern Zeit in den Hintergrund getreten. Die größte Masse aller neueren Entdeckungen hat die vergleichende Anatomie weit mehr als die Physiologie bereichert.

Für die Erkennung der ungleichen Formen und Zustände im gesunden und kranken Organismus geben diese Arbeiten ohne Zweifel die werthvollsten Resultate, allein für eine tiefere Einsicht in das Wesen der vitalen Acte bieten sie keine Aufschlüsse dar.

Durch die genaueste, anatomische Kenntniß der Gebilde kann man zuletzt nicht erfahren, zu welchem Zwecke sie dienen, und mit der mikroskopischen Untersuchung der feinsten Verzweigungen der Gefäßnetze wird man nicht mehr von ihren Verrichtungen wissen, als man über den Gesichtssinn durch das Zählen der Flächen auf dem Auge einer Stubenfliege erfahren hat. Die schönste und erhabenste Aufgabe des menschlichen Geistes, die Erforschung der Gesetze des Lebens, kann nicht gelös't, sie kann nicht gedacht werden, ohne eine genaue Kenntniß der chemischen Kräfte, der Kräfte nämlich, die nicht in Entfernungen wirken, die in einer ähnlichen Weise zur Aeußerung gelangen, wie die letzten Ursachen, von welchen die Lebenserscheinungen bedingt werden, die sich überall thätig zeigen, wo sich differente Materien berühren.

Die Pathologie versucht noch heutzutage, wiewohl ganz nach dem Muster der phlogistischen Chemiker (der qualitativen Methode), Anwendung von chemischen Erfahrungen zur Beseitigung von Krankheitszuständen zu machen, allein den Ursachen und dem Wesen der Krankheit ist man mit allen diesen zahllosen Versuchen um keinen Schritt näher gekommen.

Ohne bestimmte Fragen zu stellen, hat man Blut, Harn und alle Bestandtheile des gesunden und kranken Organismus mit Alkalien und Säuren und allen Arten von chemischen Reagentien in Berührung gebracht und aus der Kenntniß der vorgegangenen Aenderungen Rückschlüsse auf ihr Verhalten im Körper gemacht.

Auf diesem Wege konnte der Zufall vielleicht zu nützlichen Heilmitteln führen, allein eine rationelle Pathologie kann auf Reactionen nicht begründet, der lebendige Thierkörper kann nicht für ein chemisches Laboratorium angesehen werden.

Bei krankhaften Zuständen, in dessen Folge das Blut eine dickflüssige Beschaffenheit erhält, kann diese nicht durch eine chemische Wirkung auf die in den Blutkanälen circulirende Flüssigkeit dauernd gehoben werden; die Abscheidung von Sedimenten im Harn läßt sich vielleicht durch Alkalien verhindern, ohne daß damit nur entfernt die Krankheitsursache beseitigt sein kann; und wenn man im Typhus unlösliche Ammoniaksalze in den Faeces und eine ähnliche Aenderung der Beschaffenheit der Blutkörperchen beobachtet, so wie sie durch Ammoniakflüssigkeit künstlich im Blute hervorgebracht werden kann, so darf deshalb das im Körper vorhandene Ammoniak nicht als die Ursache, sondern stets nur als der Effect einer Ursache angesehen werden.

So hat die Medizin, nach dem Vorbilde der aristotelischen Philosophie, sich Vorstellungen geschaffen über Ernährung und Blutbildung, man hat die Speisen classificirt in nahrhafte und nichtnahrhafte; aber auf Beobachtungen gestützt, denen die wesentlichsten Erfordernisse zu richtigen Schlüssen mangelten, konnten diese Theorien nicht als Ausdrücke der Wahrheit gelten.

In welcher Klarheit erscheinen uns jetzt die Beziehungen der Speisen zu den Zwecken, zu welchen sie im Thierkörper dienen, seitdem die organische Chemie ihre quantitative Untersuchungsmethode auf ihre Ermittelung in Anwendung brachte!

Wenn eine magere 4 Pfund wiegende Gans in 36 Tagen, während welchen sie mit 24 Pfund Welschkorn (Mays) gemästet worden ist, 5 Pfund über ihr ursprüngliches Gewicht zunimmt und man 3½ Pfund reines Fett aus ihr gewinnt, so kann dieses Fett nicht fertig gebildet in der Nahrung gewesen sein, da diese noch nicht den tausendsten Theil an Fett oder fettähnlichen Materien enthält. Und wenn eine gewisse Anzahl Bienen, deren Gewicht man genau kennt, mit reinem, wachsfreiem Honig gefüttert, für je 20 Theile verbrauchten Honigs einen Theil Wachs liefern, ohne daß sich sonst in ihrem Gesundheitszustande oder in ihrem Gewichte etwas ändert, so kann man über die Erzeugung von Fett in dem Thierkörper aus Zucker nicht im Zweifel sein.

Ganz ähnlich wie bei der Entscheidung der Frage über die Fettbildung, verhält es sich mit der Erforschung des Ursprungs und der Veränderung der Secrete und anderer Erscheinungen im Thierkörper. Von dem Augenblick, wo man anfängt die Antworten auf Fragen, mit Ernst und Gewissenhaftigkeit zu suchen, wo man sich die Mühe nimmt, durch Maß und Gewicht die Beobachtungen festzuhalten und in Gleichungen auszudrücken, ergeben sich die Antworten von selbst.

Durch eine noch so große Anzahl von Beobachtungen, welche nur die eine Seite der Frage erläutern, wird man niemals im Stande sein, das Wesen einer Naturerscheinung in seiner ganzen Bedeutung zu erforschen; sie müssen nothwendig, wenn sie Nutzen schaffen sollen, nach einem ganz bestimmten Zweck und Ziel gerichtet sein, sie müssen einen organischen Zusammenhang besitzen.

Mit Recht schreiben die Physiker und Chemiker ihren Forschungsmethoden den größten Theil des Erfolgs in ihren Arbeiten zu. Jede chemische oder physikalische Arbeit, welche einigermaßen den Stempel der Vollendung an sich trägt, läßt sich im Resultate in wenigen Worten wiedergeben. Allein diese wenigen Worte sind unvergängliche Wahrheiten, zu deren Auffindung zahllose Versuche und Fragen erforderlich waren; die Arbeiten selbst, die mühsamen Versuche und verwickelten Apparate fallen der Vergessenheit anheim, sobald die Wahrheit ermittelt ist; es sind die Leitern, die Schachte und Werkzeuge, welche nicht entbehrt werden konnten, um zu dem reichen Erzgang zu gelangen; es sind die Stollen und Luftzüge, welche die Gruben von Wasser und bösen Wettern frei hielten.

Eine jede, auch die kleinste chemische oder physikalische Arbeit, wenn sie auf Beachtung Ansprüche macht, muß heutzutage diesen Character an sich tragen; aus einer gewissen Anzahl von Beobachtungen muß ein Schluß, gleichgültig ob er viel oder wenig umfaßt, gezogen werden können.

Es kann nur in der Methode, nur in ihrer Untersuchungsweise liegen, daß seit einem halben Jahrhundert in Beziehung auf eine tiefere Einsicht in die Functionen der wichtigsten Organe, der Milz, der Leber und zahlreichen Drüsen, von den Physiologen so wenig neue feststehende Wahrheiten gewonnen worden sind, und sicher wird die unvollkommene Bekanntschaft mit den Forschungsmethoden der Chemie das Haupthinderniß bleiben, was den Fortschritten der Physiologie entgegensteht, der Hauptvorwurf, den sie nicht zu beseitigen vermag.

Die Chemie stand der Physik vor Lavoisier, Scheele und Priestley nicht näher, als heutzutage der Physiologie; sie ist jetzt mit der Physik so innig verschmolzen, daß es schwer halten dürfte, zwischen beiden eine scharfe Grenzlinie zu ziehen; ganz dasselbe Band vereinigt die Chemie mit der Physiologie, und in einem halben Jahrhundert wird man ihre Trennung für ebenso unmöglich halten.

Unsere Fragen und Versuche durchschneiden in unzähligen krummen Linien die grade Linie, die zur Wahrheit führt, es sind die Kreuzungspunkte, die uns die wahre Richtung erkennen lassen; es liegt in der Unvollkommenheit des menschlichen Geistes, daß die krummen Linien gemacht werden müssen. Die Chemiker und Physiker behalten stets ihr Ziel im Auge, dem einen gelingt es, streckenweise den geraden Weg zu verfolgen, allein alle sind auf die Umwege vorbereitet; des Erfolgs ihrer Anstrengungen bei Beharrlichkeit und Ausdauer gewiß, wächst die Begierde und ihr Muth mit den Schwierigkeiten.

Einzelne Beobachtungen ohne Zusammenhang sind auf einer Ebene zerstreute Punkte, die uns nicht gestatten, einen bestimmten Weg zu wählen. In der Chemie hatte man Jahrhunderte lang nichts als diese Punkte, deren Zwischenräume auszufüllen Mittel genug in Anwendung kamen; allein bleibende Entdeckungen, wahre Fortschritte wurden erst dann gemacht, als man ihre Verknüpfung nicht mehr der Phantasie überließ.

Ich habe den Zweck gehabt, die Kreuzungspunkte der Physiologie und Chemie in diesem Buche hervorzuheben und die Stellen anzudeuten, wo beide Wissenschaften gegenseitig in einander greifen. Es enthält eine Sammlung von Aufgaben, so wie sie gegenwärtig von der Chemie gestellt werden, und eine Anzahl von Schlüssen, die nach ihren Regeln aus den vorhandenen Erfahrungen sich ergeben.

Diese Fragen und Aufgaben werden ihre Lösung erhalten, und kein Zweifel kann darüber sein, daß wir alsdann eine neue Physiologie und eine rationelle Pathologie haben werden. Gewiß ist unser Senkblei nicht lang genug, um die Tiefe des Meeres zu messen, allein es verliert deshalb seinen Werth für uns nicht; wenn es uns vorläufig nur hilft, um die Klippen und Sandbänke zu vermeiden, so ist dieser Nutzen groß genug. In der Hand des

Physiologen muß die organische Chemie zu einem geistigen Hilfsmittel werden, mit dem er im Stande sein wird, die Ursachen von Erscheinungen zu erforschen, die das leibliche Auge nicht mehr erkennt; und wenn von den Resultaten, die ich in diesem Buche entwickelt oder angedeutet habe, nur ein Einziges eine nützliche Anwendung zuläßt, so halte ich den Zweck, für den es geschrieben ist, für vollkommen erreicht. Der Weg, der dazu geführt hat, wird andere Wege bahnen, und dies betrachte ich als den höchsten Gewinn.

Gießen, im April 1842.

Dr. Justus Liebig.

Erster Theil.
Der chemische Proceß
der
Respiration und Ernährung.

I.

In dem Thierei, in dem Samen einer Pflanze erkennen wir eine merkwürdige Thätigkeit, eine Ursache der Zunahme an Masse, des Ersatzes an verbrauchtem Stoff, eine Kraft in dem Zustande der Ruhe. Durch äußere Bedingungen, durch die Begattung, durch Gegenwart von Feuchtigkeit und Luft wird der Zustand des statischen Gleichgewichtes dieser Thätigkeit aufgehoben; die in Bewegung übergehende Kraft äußert sich in einer Reihe von Formbildungen, welche, wenn auch zuweilen durch grade Linien eingeschlossen, doch weit entfernt von geometrischen Gestalten sind, so wie wir sie beim krystallisirenden Minerale beobachten. Diese Kraft heißt Lebenskraft.

Die Zunahme an Masse in einer Pflanze wird durch den Akt einer Zersetzung bedingt, die in gewissen Pflanzentheilen durch die Einwirkung des Lichts und der Wärme vor sich geht.

Dieser Zersetzung unterliegen in dem Lebensproceß der Pflanze ausschließlich nur anorganische Materien, und wenn man mit ausgezeichneten Mineralogen die Luft und gewisse andere Gase als Mineralien gelten läßt, so kann man sagen, daß die vegetative Lebensthätigkeit die Verwandlung des Minerals in einen mit Leben begabten Organismus bewirkt, das Mineral wird Theil eines Trägers der Lebenskraft.

Die Zunahme an Masse in einer lebenden Pflanze setzt voraus, daß gewisse Bestandtheile der Nahrung zu Bestandtheilen des Pflanzenkörpers werden, und eine Vergleichung der chemischen Zusammensetzung von beiden, zeigt mit unzweifelhafter Gewißheit, welche von den Bestandtheilen der Nahrung ausgetreten, welche assimilirt worden sind.

Die Beobachtungen der Pflanzenphysiologen und die Untersuchungen der Chemiker, sie haben gegenseitig dazu gedient, um den Beweis zu führen, daß das Wachsthum und die Entwickelung der Pflanze abhängig sind von einer Ausscheidung von Sauerstoff, der sich von den Bestandtheilen ihrer Nahrungsmittel trennt.

Im geraden Gegensatz zu dem Pflanzenleben äußert sich das Thierleben in einer nie aufhörenden Einsaugung und Verbindung des Sauerstoffs der Luft mit gewissen Bestandtheilen des Thierkörpers.

Während kein Theil eines organischen Wesens zur Nahrung einer Pflanze dienen kann, wenn er nicht vorher, in Folge von Fäulniß und Verwesungsprocessen, die Form eines anorganischen Körpers angenommen hat, bedarf der thierische Organismus zu seiner Erhaltung und Entwickelung höher organisirter Atome. Die Nahrungsmittel aller Thiere sind unter allen Umständen Theile von Organismen.

Durch ihre Fähigkeit, den Ort zu wechseln, und im Allgemeinen durch die Sinne unterscheidet sich das Thier von der Pflanze.

Alle diese Thätigkeiten gehen von gewissen Werkzeugen aus, die in der Pflanze fehlen. Die vergleichende Anatomie zeigt, daß die Bewegungs- und Gefühlsäußerungen von gewissen Apparaten abhängig sind, die mit einander in keinem andern Zusammenhange stehen, als daß sie sich in einem gemeinschaftlichen Centrum vereinigen. Die Substanz des Rückenmarks, der Nerven, der Gehirnmaterie sind in ihrer Zusammensetzung und ihrem chemischen Verhalten wesentlich von der Substanz der Zellen, Membranen, Muskeln und der Haut verschieden.

Alles, was im Thierorganismus Bewegung genannt werden kann, geht von den Nervenapparaten aus. Die Bewegungserscheinungen in den Pflanzen, die Saftcirculation, die man in manchen Charen beobachtet hat, das Schließen der Blüthen und Blätter hängt von physikalischen und mechanischen Ursachen ab. Eine Pflanze enthält keine Nerven. Wärme und Licht sind die entfernteren Ursachen der Bewegungen in Pflanzen, in den Thieren erkennen wir in den Nervenapparaten eine Quelle von Kraft, die sich in jedem Zeitmomente ihres Lebens wieder zu erneuern vermag.

Aehnlich wie die Assimilation der Nahrungsmittel in den Pflanzen, ihr ganzer Bildungsproceß, abhängig ist von gewissen äußeren Ursachen, welche die Bewegungen vermitteln, ist die Entwickelung des Thierorganismus bis zu einem gewissen Grade unabhängig von diesen äußeren Ursachen, eben weil er in sich selbst durch ein besonderes System von Apparaten die zu dem Lebensproceß unentbehrliche Kraft der Bewegung erzeugt.

Der Bildungsproceß, die Assimilation, der Uebergang des in Bewegung befindlichen Stoffs in den Zustand der Ruhe geht bei Pflanzen und Thieren in einerlei Weise vor sich, es ist die nämliche Ursache, die in beiden die Zunahme an Masse bedingt, es ist dies das eigentliche vegetative Leben, es äußert sich ohne Bewußtsein.

In der Pflanze giebt sich die vegetative Lebensthätigkeit unter Mitwirkung von äußeren Kräften, in Thieren durch Thätigkeiten kund, die sich in ihrem Organismus erzeugen. Die Verdauung, der Blutumlauf, die Absonderung der Säfte, sie stehen jedenfalls unter der Herrschaft des Nervensystems, allein es ist ein und dieselbe Kraft, welche dem Keim, dem

Blatt, der Wurzelfaser die nämlichen wunderbaren Eigenschaften giebt, welche die secernirende Haut, die Drüse besitzen, welche jedes Organ im Thier befähigt, seinen eigenen Funktionen vorzustehen; nur die Ursachen der Bewegungen sind in beiden verschieden.

Während wir in den niedrigsten Thierklassen die Apparate der Bewegung, wie im befruchteten Keim des Thierei's, in dem sie sich zu allererst entwickeln, nie vermissen, finden wir in höheren Thierklassen besondere Apparate des Gefühls und Empfindens, des Bewußtseins und des höheren geistigen Lebens.

Der Patholog zeigt uns, daß das eigentlich vegetative Leben keineswegs an das Vorhandensein dieser Apparate geknüpft ist, daß der Nutritionsproceß in den Theilen des Körpers, wo diejenigen Nerven gelähmt sind, welche das Gefühl oder die willkürlichen Bewegungen vermitteln, in der nämlichen Form vor sich geht, wie in anderen, in denen sie sich in normalem Zustande befinden, so wie auf der andern Seite die kräftigste Energie des Willens auf die Zusammenziehung des Herzens, auf die Bewegung der Eingeweide und die Secretionsprocesse keinen Einfluß auszuüben vermag.

Die Erscheinungen des höheren geistigen Lebens, sie können auf dem gegenwärtigen Standpunkt der Wissenschaft nicht auf ihre nächsten, viel weniger auf ihre letzten Ursachen zurückgeführt werden, wir wissen weiter nichts davon, als daß sie vorhanden sind; wir schreiben sie einer immateriellen Thätigkeit zu, und zwar insofern ihre Aeußerungen an die Materie sich gebunden finden, einer Kraft, welche durchaus verschieden ist und nichts gemein hat mit der Lebenskraft.

Diese eigenthümliche Kraft übt, wie nicht geleugnet werden kann, einen gewissen Einfluß auf die vegetative Lebensthätigkeit aus, ähnlich wie dies von anderen immateriellen Potenzen, von Licht, Elektricität, Wärme und Magnetismus geschieht, allein dieser Einfluß ist nicht bedingender Art, sondern er äußert sich nur als eine Beschleunigung, Störung oder Verlangsamung der vegetativen Lebensprocesse; auf eine ganz ähnliche Weise übt die vegetative Lebensthätigkeit rückwärts gewisse Wirkungen auf das bewußte geistige Leben aus.

Es sind zwei Kräfte, die sich neben einander in Aktion befinden, allein Bewußtsein und Geist, sie fehlen im Thiere und der lebendigen Pflanze, ohne daß wir in diesen etwas Anderes vermissen, als den Mangel einer besondern Ursache der Steigerung oder Störung; abgesehen davon, gehen alle vitalchemischen Processe im Menschen und Thiere auf einerlei Weise vor sich.

Das unaufhörlich sich erneuernde Streben, die Beziehungen der Psyche zu dem animalischen Leben ermitteln zu wollen, hat von jeher die Fortschritte der Physiologie aufgehalten, es war ein beständiges Heraustreten aus dem Gebiete der Naturforschung in das Reich der phantastischen Gebilde; denn die begeisterten Physiologen, sie waren weit davon entfernt, die Gesetze des rein thierischen Lebens zu kennen. Keiner von ihnen hatte eine klare Vorstellung über den Entwickelungs- und Ernährungsproceß, keiner von der wahren Ursache des Todes. Sie erklärten die verborgensten psychischen Erscheinungen und waren nicht im Stande zu sagen, was Fieber ist und in welcher Weise das Chinin bei seiner Heilung wirkt!

Um die Gesetze der Bewegungen im Thierkörper zu ermitteln, war nur die eine Bedingung, die Kenntniß der Apparate erforscht, welche die Bewegungen vermitteln, aber die Substanz der Organe, die Veränderungen, welche die Nahrungsmittel im lebenden Körper erfahren, ihr Uebergang zu Bestandtheilen der Organe und rückwärts wieder in leblose Verbindungen, der Antheil, den die Atmosphäre an den Lebensprocessen nimmt, alle diese Grundlagen zu weiteren Schlüssen waren noch nicht gegeben.

Was hat die Psyche, was hat Bewußtsein und Geist mit der Entwickelung des menschlichen Fötus, mit der des Fötus im Hühnerei zu schaffen? gewiß nicht mehr als sie Antheil nimmt an der Entwickelung des Samens einer Pflanze! Suchen wir vor der Hand die nicht psychischen Erscheinungen auf ihre letzten Ursachen zurückzuführen, und hüten wir uns vor Schlüssen, ehe wir eine Grundlage haben. Wir kennen genau den Mechanismus des Auges, allein weder die Anatomie, noch Chemie wird uns jemals Aufschluß geben, wie der Lichtstrahl zum Bewußtsein gelangt. Die Naturforschung hat eine bestimmte Grenze, die sie nicht überschreiten darf, sie muß sich stets daran erinnern, daß mit allen Entdeckungen nicht in Erfahrung gebracht werden kann, was Licht, Elektricität und Magnetismus für Dinge sind, eben weil der menschliche Geist nur Vorstellungen hat für Dinge, welche Materialität besitzen. Wir können aber die Gesetze ihres Zustands der Ruhe und der Bewegung erforschen, eben weil sie sich in Erscheinungen äußern. So können zweifellos die Gesetze des Lebens und Alles, was sie stört, befördert oder ändert, erforscht werden, ohne daß man jemals wissen wird, was das Leben ist; so führte die Erforschung der Gesetze des Falles und der Bewegung der Himmelskörper auf eine vorher nie gedachte Vorstellung über ihre Ursache. Diese Vorstellung konnte in ihrer Klarheit nicht entstehen ohne die Kenntniß der Erscheinungen, aus denen sie sich entwickelte: an und für sich ist ja die Schwerkraft, wie das Licht für einen Blindgebornen, ein bloßes Wort.

Die neue Wissenschaft der Physiologie hat die Methode des Aristoteles verlassen, sie erfindet keinen horror vacui, keine Quinta essentia mehr, um den gläubigen Zuhörern Aufschlüsse und Erklärungen von Erscheinungen zu geben, deren eigentlicher Verband mit anderen, deren letzte Ursache nicht ermittelt ist, zum Heil der Wissenschaft, muß man hinzusetzen, und zum Segen für die Menschheit.

Wenn wir festhalten, daß alle Erscheinungen in dem Organismus der Pflanzen und des Thieres einer ganz eigenthümlichen Ursache zugeschrieben werden müssen, welche in ihren Aeußerungen durchaus verschieden ist von allen anderen Ursachen, die Zustandsänderungen oder Bewegungen bedingen, wenn wir die Lebenskraft also gelten lassen für eine für sich bestehende Kraft, so haben wir in den Erscheinungen des organischen Lebens, wie in allen anderen Erscheinungen, welche Kräften zugeschrieben werden müssen, eine Statik (Zustand des Gleichgewichtes, bedingt durch einen Widerstand) und eine Dynamik der Lebenskraft.

Alle Theile des Thierkörpers bilden sich aus einer eigenthümlichen, in seinem Organismus circulirenden Flüssigkeit, in Folge einer, jeder Zelle, jedem Organe oder Theile eines Organs inwohnenden Thätigkeit. Die Physiologie lehrt, daß alle Bestandtheile des Körpers ursprünglich Blut waren, oder daß sie wenigstens den entstehenden Organen durch diese Flüssigkeit zugeführt worden sind.

Die gewöhnlichsten Erfahrungen geben ferner zu erkennen, daß in jedem Momente des Lebens in dem Thierorganismus ein fortdauernder, mehr oder minder beschleunigter Stoffwechsel vor sich geht, daß ein Theil der Gebilde sich zu formlosen Stoffen umsetzt, daß sie ihren Zustand des Lebens verlieren und wieder erneuert werden müssen. Die Physiologie hat entscheidende Gründe genug für die Meinung, daß jede Bewegung, jede Kraftäußerung die Folge einer Umsetzung der Gebilde oder der Substanz derselben ist, daß jede Vorstellung, jeder Affekt Veränderungen in der chemischen Beschaffenheit der abgesonderten Säfte zur Folge hat, daß jeder Gedanke, jede Empfindung von einer Aenderung in der Zusammensetzung der Gehirnsubstanz begleitet ist.

Zur Unterhaltung der Lebenserscheinungen im Thiere gehören gewisse Stoffe, Theile von Organismen, die man Nahrungsmittel nennt; in Folge einer Reihe von Veränderungen dienen sie entweder zur Vermehrung seiner Masse (zur Ernährung), oder zum Ersatze an verbrauchtem Stoff (Reproduktion), oder sie dienen zur Hervorbringung von Kraft.

II.

Wenn wir die Aufnahme von Nahrungsmitteln als die eine Bedingung des Lebens bezeichnen, so ist die zweite eine fortdauernde Einsaugung von Sauerstoff aus der atmosphärischen Luft.

Von dem Standpunkte des Naturforschers aus zeigt sich das Thierleben in einer Reihe von Erscheinungen, deren Zusammenhang und Wiederkehr vermittelt wird durch eine in dem Organismus vorgehende Veränderung, welche die Nahrungsmittel und der eingesaugte atmosphärische Sauerstoff unter der Mitwirkung der Lebenskraft erleiden.

Alle vitalen Thätigkeiten entspringen aus der Wechselwirkung des Sauerstoffs der Luft und der Bestandtheile der Nahrungsmittel.

In der Ernährung und Reproduktion erkennen wir den Uebergang des Stoffs aus dem Zustande der Bewegung in den Zustand der Ruhe (des statischen Gleichgewichts); durch den Einfluß des Nervensystems gelangt dieser Stoff in den Zustand der Bewegung. Die letzten Ursachen dieser Zustände der Lebenskraft sind die chemischen Kräfte.

Die Ursache des Zustandes der Ruhe ist ein Widerstand, welcher bedingt wird durch eine Kraft der Anziehung (Verbindung), welche zwischen den kleinsten Theilchen der Materie wirkt und nur bei unmittelbarer Berührung, oder in unmeßbar kleinen Entfernungen sich thätig zeigt.

Diese besondere Art der Anziehung, man kann ihr natürlich die verschiedensten Namen geben, der Chemiker nennt sie aber Affinität.

Die Bedingung des Zustandes der Bewegung liegt in einer Reihe von Veränderungen, welche die Nahrungsmittel in dem Organismus erleiden, in Folge also von Zersetzungsprocessen, welche die Nahrungsmittel an und für sich, oder die daraus entsprungenen Gebilde, oder Bestandtheile der Organe erleiden.

Der Hauptcharacter des vegetativen Lebens ist ein steter Uebergang des in Bewegung gesetzten Stoffs in den Zustand des statischen Gleichgewichtes. So lange die Pflanze lebt, ist kein Stillstand in der Zunahme bemerklich, kein Theil eines Organs der Pflanze nimmt an Masse ab. Wenn eine Zersetzung erfolgt, so ist sie eine Folge der Assimilation. Eine Pflanze erzeugt in sich selbst keine Kraft der Bewegung, kein Theil ihrer Gebilde verliert, durch eine in ihrem Organismus vorhandene Ursache, den Zustand des Lebens und geht in formlose Verbindungen über, in ihr findet kein Verbrauch statt. Der Verbrauch im Thier ist eine Aenderung des Zustandes und der Zusammensetzung gewisser Bestandtheile des Thierkörpers, er geht mithin vor sich in Folge chemischer Actionen. Der Einfluß der Gifte, der

Arzneimittel auf den lebenden thierischen Körper zeigt auf eine evidente Weise, daß der Act der chemischen Zersetzung und Verbindung im Thierkörper, die sich uns in der Form von Lebenserscheinungen zu erkennen geben, daß sie durch ähnlich wirkende chemische Kräfte gesteigert, durch entgegengesetzt wirkende verlangsamt und aufgehoben werden können, daß wir auf jeden Theil eines Organs durch Stoffe, die eine bestimmte chemische Action besitzen, eine Wirkung auszuüben vermögen.

Aehnlich also wie in der geschlossenen galvanischen Säule durch gewisse Veränderungen, welche ein anorganischer Körper, ein Metall, bei seiner Berührung mit einer Säure, erleidet, ein gewisses Etwas für unsere Sinne wahrnehmbar wird, was wir mit einem Strome electrischer Materie bezeichnen, entstehen in Folge von Umsetzungen und Veränderungen von Materien, die früher Theile von Organismen waren, gewisse Bewegungs- und Thätigkeitsäußerungen, die wir Leben nennen.

Der electrische Strom giebt sich uns zu erkennen durch gewisse Erscheinungen der Anziehung und Abstoßung, welche andere, an und für sich bewegungslose, Materien durch ihn empfangen, durch Erscheinungen der Bildung und Zersetzung chemischer Verbindungen, die sich überall äußern, wo der Widerstand die Bewegung nicht aufhebt.

Von diesem Standpunkte allein und von keinem andern aus darf die Chemie die Lebenserscheinungen studiren. Wunder finden wir überall; die Bildung eines Krystalls, eines Octaeders ist nicht minder unbegreiflich, wie die Entstehung eines Blatts oder einer Muskelfaser, und die Entstehung des Zinnobers aus Quecksilber und Schwefel ist ein ebenso großes Räthsel, wie die Bildung eines Auges aus der Substanz des Blutes.

Aufnahme von Nahrungsmitteln und Sauerstoff sind die ersten Bedingungen des thierischen Lebens.

In jedem Zeittheilchen seines Lebens nimmt der Mensch durch die Organe der Respiration Sauerstoff auf; nie ist, so lange das Thier lebt, ein Stillstand bemerklich.

Die Beobachtungen der Physiologen zeigen, daß der Körper eines erwachsenen Menschen, nach 24 Stunden, bei hinlänglicher Nahrung, am Gewicht weder zu- noch abgenommen hat, dennoch ist die Menge von Sauerstoff, die in dieser Zeit in seinen Organismus aufgenommen wurde, höchst beträchtlich.

Nach Lavoisier's Versuchen werden von einem erwachsenen Manne in einem Jahre 746 Pfd., nach Menzies 837 Pfd. Sauerstoffgas aus der Atmosphäre in seinen Körper aufgenommen, und dennoch finden wir sein Gewicht zu Anfang und Ende des Jahres entweder ganz unverändert, oder die Ab- und Zunahme bewegt sich um wenige Pfunde[E1].

Wo ist, kann man fragen, dieses enorme Gewicht an Sauerstoff hingekommen, was ein Individuum im Verlaufe eines Jahres in sich aufnimmt?

Diese Frage ist mit befriedigender Sicherheit gelös't; kein Theil des aufgenommenen Sauerstoffs bleibt im Körper, sondern er tritt in der Form einer Kohlenstoff- oder einer Wasserstoffverbindung wieder aus.

Der Kohlenstoff und Wasserstoff von gewissen Bestandtheilen des Thierkörpers haben sich mit dem durch die Haut und Lunge aufgenommenen Sauerstoff verbunden, sie sind als Kohlensäure und Wasserdampf wieder ausgetreten.

Mit jedem Athemzuge, in jedem Lebensmomente trennen sich von dem Thierorganismus gewisse Mengen seiner Bestandtheile, nachdem sie mit dem Sauerstoff der atmosphärischen Luft eine Verbindung in dem Körper selbst eingegangen sind.

Wenn wir, um einen Anhaltspunkt zu einer Rechnung zu haben, mit Lavoisier und Seguin annehmen, daß der erwachsene Mensch täglich 65 Loth Sauerstoff (46037 Cubikzoll = 15661 Gran fr. Gew.) in sich aufnimmt, und wir seine Blutmasse zu 24 Pfund, bei einem Wassergehalt von 80 pCt. annehmen, so ergiebt sich aus der bekannten Zusammensetzung des Blutes, daß zu einer völligen Verwandlung des Kohlenstoffs und Wasserstoffs im Blut, in Kohlensäure und Wasser 64103 Gran Sauerstoff nöthig sind, die in 4 Tagen und 5 Stunden in den Körper eines erwachsenen Menschen aufgenommen werden[E2].

Gleichgültig ob der Sauerstoff an die Bestandtheile des Bluts tritt oder an andere kohlen- und wasserstoffreiche Materien im Körper, es kann dem Schlusse nichts entgegengesetzt werden, daß dem menschlichen Körper, welcher 65 Loth Sauerstoff täglich einathmet, in 4 Tagen und 5 Stunden so viel an Kohlenstoff und Wasserstoff in seinen Nahrungsmitteln wieder zugeführt werden muß, als nöthig wäre, 24 Pfund Blut mit diesen Bestandtheilen zu versehen, vorausgesetzt, daß das Gewicht des Körpers sich nicht ändere, daß er seine normale Beschaffenheit behaupten soll.

Diese Zufuhr geschieht durch die Speisen.

Aus der genauen Bestimmung der Kohlenstoffmenge, welche durch die Speisen in den Körper aufgenommen werden, so wie durch die Ausmittelung derjenigen Quantität, welche durch die Faeces und den Urin unverbrannt, oder wenn man will, in einer andern Form, als in der Form einer Sauerstoffverbindung, wieder austritt, ergiebt sich, daß ein erwachsener Mann, im Zustande mäßiger Bewegung, täglich 27,8 Loth Kohlenstoff verzehrt[E3].

Diese $27^{8}/_{10}$ Loth Kohlenstoff entweichen aus Haut und Lunge in der Form von kohlensaurem Gas.

Zur Verwandlung in kohlensaures Gas bedürfen diese 27,8 Loth Kohlenstoff 74 Loth Sauerstoff.

Nach den analytischen Bestimmungen von Boussingault (Annales de chim. et de phys. LXX. 1. S. 136) verzehrt ein Pferd in 24 Stunden 158¼ Loth Kohlenstoff, eine milchgebende Kuh 141½ Loth[E4].

Die hier angeführten Kohlenstoffmengen sind als Kohlensäure aus ihrem Körper getreten, das Pferd hat in 24 Stunden für die Ueberführung des Kohlenstoffs in Kohlensäure $13^{7}/_{32}$ Pfd. und die Kuh 11⅔ Pfd. Sauerstoff verbraucht.

Da kein Theil des aufgenommenen Sauerstoffs in einer andern Form als in der einer Kohlenstoff- oder Wasserstoffverbindung wieder aus dem Körper tritt, da ferner bei normalem Gesundheitszustande der ausgetretene Kohlenstoff und Wasserstoff wieder ersetzt wird durch Kohlenstoff und Wasserstoff, den wir in den Speisen zuführen, so ist klar, daß die Menge von Nahrung, welche der thierische Organismus zu seiner Erhaltung bedarf, in geradem Verhältniß steht zu der Menge des aufgenommenen Sauerstoffs.

Zwei Thiere, die in gleichen Zeiten ungleiche Mengen von Sauerstoff durch Haut und Lunge in sich aufnehmen, verzehren in einem ähnlichen Verhältniß ein ungleiches Gewicht von der nämlichen Speise.

In gleichen Zeiten ist der Sauerstoffverbrauch ausdrückbar durch die Anzahl der Athemzüge; es ist klar, daß bei einem und demselben Thiere die Menge der zu genießenden Nahrung wechselt, je nach der Stärke und Anzahl der Athemzüge.

Ein Kind, dessen Respirationswerkzeuge sich in größerer Thätigkeit befinden, muß häufiger und verhältnißmäßig mehr Nahrung zu sich nehmen, als ein Erwachsener, es kann den Hunger weniger leicht ertragen. Ein Vogel stirbt bei Mangel an Nahrung den dritten Tag; eine Schlange, die in einer Stunde, unter einer Glasglocke athmend, kaum so viel Sauerstoff verzehrt, daß die davon erzeugte Kohlensäure wahrnehmbar ist, lebt drei Monate und länger ohne Nahrung.

Im Zustand der Ruhe beträgt die Anzahl der Athemzüge weniger als im Zustand der Bewegung und Arbeit. Die Menge der in beiden Zuständen nothwendigen Nahrung muß in dem nämlichen Verhältniß stehen.

Ein Ueberfluß von Nahrung und Mangel an eingeathmetem Sauerstoff (an Bewegung), so wie starke Bewegung (die zu einem größeren Maaß von

Nahrung zwingt) und schwache Verdauungsorgane sind unverträglich mit einander.

Die Menge des Sauerstoffs, welche ein Thier durch die Lunge aufnimmt, ist aber nicht allein abhängig von der Anzahl der Athemzüge, sondern auch von der Temperatur und der Dichtigkeit der eingeathmeten Luft.

Die Brusthöhle eines Thieres hat eine unveränderliche Größe, mit jedem Athemzuge tritt eine gewisse Menge Luft ein, die in Beziehung auf ihr Volumen als gleichbleibend angesehen werden kann. Aber ihr Gewicht und damit das Gewicht des darin enthaltenen Sauerstoffs bleibt sich nicht gleich. In der Wärme dehnt sich die Luft aus, in der Kälte zieht sie sich zusammen. In einem gleichen Volum kalter und warmer Luft haben wir ein ungleiches Gewicht Sauerstoff. Im Sommer enthält die atmosphärische Luft Wassergas, im Winter ist sie trocken; der Raum, den das Wassergas in der warmen Luft einnimmt, wird im Winter durch Luft eingenommen, d. h. sie enthält bei gleichem Volum im Winter mehr Sauerstoff.

Im Sommer und Winter, am Pole und Aequator athmen wir ein gleiches Luftvolumen ein. Die kalte Luft erwärmt sich beim Einathmen in der Luftröhre und den Lungenzellen, und nimmt die Temperatur des Körpers an. Um ein gewisses Sauerstoffvolumen in die Lunge zu bringen, ist im Winter ein geringerer Kraftaufwand nöthig, als im Sommer; für denselben Kraftverbrauch athmet man im Winter mehr Sauerstoff ein.

Es ist einleuchtend, daß wir bei einer gleichen Anzahl von Athemzügen an dem Ufer des Meeres eine größere Menge von Sauerstoff verzehren, als auf Bergen; daß die Menge der austretenden Kohlensäure, so wie das eingesaugte Sauerstoffgas mit dem Barometerstande sich ändert.

Das aufgenommene Sauerstoffgas tritt im Sommer und Winter in ähnlicher Weise verändert wieder aus, wir athmen in niederer Temperatur und höherem Luftdrucke mehr Kohlenstoff aus wie in höherer, und wir müssen in dem nämlichen Verhältniß mehr oder weniger Kohlenstoff in den Speisen genießen, in Schweden mehr wie in Sicilien, in unsern Gegenden im Winter ein ganzes Achtel mehr wie im Sommer.

Selbst wenn wir dem Gewicht nach gleiche Quantitäten Speise in kalten und warmen Gegenden genießen, so hat eine unendliche Weisheit die Einrichtung getroffen, daß diese Speisen höchst ungleich in ihrem Kohlenstoffgehalte sind. Die Früchte, welche der Südländer genießt, enthalten im frischen Zustande nicht über 12 pCt. Kohlenstoff, während der Speck und Thran des Polarländers 66 bis 80 pCt. Kohlenstoff enthalten.

Es ist keine schwere Aufgabe, sich in warmen Gegenden der Mäßigkeit zu befleißigen, oder lange Zeit den Hunger unter dem Aequator zu ertragen, allein Kälte und Hunger reiben in kurzer Zeit den Körper auf.

Die Wechselwirkung der Bestandtheile der Speisen und des durch die Blutcirculation im Körper verbreiteten Sauerstoffs ist die Quelle der thierischen Wärme.

III.

Alle lebenden Wesen, deren Existenz auf einer Einsaugung von Sauerstoff beruht, besitzen eine von der Umgebung unabhängige Wärmequelle.

Diese Wahrheit bezieht sich auf alle Thiere, sie erstreckt sich auf den keimenden Samen, auf die Blüthe der Pflanze und auf die reifende Frucht.

Nur in den Theilen des Thieres, zu welchen arterielles Blut, und durch dieses der in dem Athmungsproceß aufgenommene Sauerstoff gelangen kann, wird Wärme erzeugt. Haare, Wolle, Federn besitzen keine eigenthümliche Temperatur.

Diese höhere Temperatur des Thierkörpers oder, wenn man will, Wärmeausscheidung ist überall und unter allen Umständen die Folge der Verbindung einer brennbaren Substanz mit Sauerstoff.

In welcher Form sich auch der Kohlenstoff mit Sauerstoff verbinden mag, der Akt der Verbindung kann nicht vor sich gehen, ohne von Entwicklung von Wärme begleitet zu seyn, gleichgültig, ob sie langsam oder rasch erfolgt, ob sie in höherer oder niederer Temperatur vor sich geht, stets bleibt die freigewordene Wärmemenge eine unveränderliche Größe.

Der Kohlenstoff der Speisen, der sich im Thierkörper in Kohlensäure verwandelt, muß ebenso viel Wärme entwickeln, als wenn er in der Luft oder im Sauerstoff direct verbrannt worden wäre; der einzige Unterschied ist der, daß die erzeugte Wärmemenge sich auf ungleiche Zeiten vertheilt; in reinem Sauerstoffgas geht die Verbrennung schneller vor sich, die Temperatur ist höher, in der Luft langsamer, die Temperatur ist niedriger, sie hält aber länger an.

Es ist klar, daß mit der Menge des in gleichen Zeiten durch den Athmungsproceß zugeführten Sauerstoffs die Anzahl der freigewordenen Wärmegrade zu- oder abnehmen muß. Thiere, welche rasch und schnell athmen und demzufolge viel Sauerstoff verzehren, besitzen eine höhere Temperatur als andere, die in derselben Zeit, bei gleichem Volum des zu erwärmenden Körpers, weniger in sich aufnehmen; ein Kind mehr (39°) als ein erwachsener Mensch (37,5°), ein Vogel mehr (40-41°) wie ein vierfüßiges Thier (37-38°), wie ein Fisch oder Amphibium, dessen Eigentemperatur sich

$1\frac{1}{2}$ bis 2° über das umgebende Medium erhebt[E5]. Alle Thiere sind warmblütig, allein nur bei denen, welche durch Lungen athmen, ist die Eigenwärme ganz unabhängig von der Temperatur der Umgebung.

Die zuverlässigsten Beobachtungen beweisen, daß in allen Klimaten, in der gemäßigten Zone sowohl wie am Aequator oder an den Polen, die Temperatur des Menschen, so wie die aller sogenannten warmblütigen Thiere, niemals wechselt; allein wie verschieden sind die Zustände, in denen sie leben.

Der Thierkörper ist ein erwärmter Körper, der sich zu seiner Umgebung verhält wie alle warmen Körper; er empfängt Wärme, wenn die äußere Temperatur höher, er giebt Wärme ab, wenn sie niedriger ist, als seine eigene Temperatur.

Wir wissen, daß die Schnelligkeit der Abkühlung eines warmen Körpers wächst mit der Differenz seiner eignen Temperatur und der des Mediums, worin er sich befindet, d. h. je kälter die Umgebung ist, in desto kürzerer Zeit kühlt sich der warme Körper ab.

Wie ungleich ist aber der Wärmeverlust, den ein Mensch in Palermo erleidet, wo die äußere Temperatur nahe gleich ist der Temperatur des Körpers, und der eines Menschen, der am Pole lebt, wo die Temperatur 40-50 Grade niedriger ist.

Trotzt diesem so höchst ungleichen Wärmeverlust, zeigt die Erfahrung, daß das Blut des Polarländers keine niedrigere Temperatur besitzt, als das des Südländers, der in einer so verschiedenen Umgebung lebt.

Diese Thatsache ihrer wahren Bedeutung nach anerkannt, beweis't, daß die nach Außen hin abgegebene Wärme in dem Thierkörper mit großer Schnelligkeit ersetzt wird; im Winter erfolgt diese Erneuerung schneller wie im Sommer, am Pole rascher wie am Aequator.

In verschiedenen Klimaten wechselt nun die Menge des durch die Respiration in den Körper tretenden Sauerstoffs nach der Temperatur der äußern Luft; mit dem Wärmeverlust durch Abkühlung steigt die Menge des eingeathmeten Sauerstoffs; die zur Verbindung mit diesem Sauerstoff nöthige Menge Kohlenstoff oder Wasserstoff, sie muß in einem ähnlichen Verhältniß zunehmen.

Es ist klar, daß der Wärmeersatz bewirkt wird durch die Wechselwirkung der Bestandtheile der Speisen, die sich mit dem eingeathmeten Sauerstoff verbinden. Um einen trivialen aber deswegen nicht minder richtigen Vergleich anzuwenden, verhält sich in dieser Beziehung der Thierkörper, wie ein Ofen, den wir mit Brennmaterial versehen. Gleichgültig, welche Formen die Speisen nach und nach im Körper annehmen, welche

Veränderungen sie auch erleiden mögen, die letzte Veränderung, die sie erfahren, ist eine Verwandlung ihres Kohlenstoffs in Kohlensäure, ihres Wasserstoffs in Wasser; der Stickstoff und der unverbrannte Kohlenstoff, sie werden in dem Urin und den festen Excrementen abgeschieden. Um eine constante Temperatur im Ofen zu haben, müssen wir, je nach der äußern Temperatur wechselnd, eine ungleiche Menge von Brennmaterial einschieben.

In Beziehung auf den Thierkörper sind die Speisen das Brennmaterial; bei gehörigem Sauerstoffzutritt erhalten wir die durch ihre Oxydation freiwerdende Wärme. Im Winter, bei Bewegung in kalter Luft, wo die Menge des eingeathmeten Sauerstoffs zunimmt, wächst in dem nämlichen Verhältniß das Bedürfniß nach kohlen- und wasserstoffreichen Nahrungsmitteln, und in Befriedigung dieses Bedürfnisses erhalten wir den wirksamsten Schutz gegen die grimmigste Kälte. Ein Hungernder friert. Jedermann weiß, daß die Raubthiere der nördlichen Klimate an Gefräßigkeit weit den in südlichen Gegenden voranstehen.

In der kalten und temperirten Zone treibt uns die Luft, die ohne Aufhören den Körper zu verzehren strebt, zur Arbeit und Anstrengung, um uns die Mittel zum Widerstande gegen diese Einwirkung zu schaffen, während in heißen Klimaten die Anforderungen zur Herbeischaffung an Speise bei weitem nicht so dringend sind.

Unsere Kleider sind nur Aequivalente für die Speisen; je wärmer wir uns kleiden, desto mehr vermindert sich das Bedürfniß zu essen, eben weil der Wärmeverlust, die Abkühlung und damit der nöthige Ersatz durch Speisen kleiner wird.

Gingen wir nackt wie der Indianer, oder wären wir beim Jagen und Fischen denselben Kältegraden ausgesetzt wie der Samojede, so würden wir 10 Pfund Fisch oder Fleisch und noch obendrein ein Dutzend Talglichter bewältigen können, wie uns warmbekleidete Reisende mit Verwunderung erzählt haben; wir würden dieselbe Menge Branntwein oder Thran ohne Nachtheil genießen können, eben weil ihr Kohlenstoff- und Wasserstoffgehalt dazu dient, um ein Gleichgewicht mit der äußeren Temperatur hervorzubringen.

Die Menge der zu genießenden Speisen richtet sich nach den vorhergehenden Auseinandersetzungen, nach der Anzahl der Athemzüge, nach der Temperatur der Luft, die wir einathmen und nach dem Wärmequantum, was wir nach außen hin abgeben.

Keine isolirte, entgegenstehende Thatsache kann die Wahrheit dieses Naturgesetzes ändern. Ohne der Gesundheit einen vorübergehenden oder bleibenden Nachtheil zuzufügen, kann der Neapolitaner nicht mehr Kohlenstoff und Wasserstoff in den Speisen zu sich nehmen, als er ausathmet, und kein Nordländer kann mehr Kohlenstoff und Wasserstoff ausathmen, als er in den Speisen zu sich genommen hat, wenn nicht im Zustand der Krankheit, oder wenn er hungert, Zustände, die wir näher beleuchten werden.

Der Engländer sieht mit Bedauern seinen Appetit, der ihm einen häufig wiederkehrenden Genuß darbietet, in Jamaica schwinden, und es gelingt ihm in der That, durch Cayennepfeffer und die kräftigsten Reizmittel die nämliche Menge von Speisen zu sich zu nehmen wie in seiner Heimath; allein der in den Körper übergegangene Kohlenstoff dieser Speisen, er wird nicht verbraucht, die Temperatur der Luft ist zu hoch und eine erschlaffende Hitze erlaubt nicht die Anzahl der Athemzüge (durch Bewegung und Anstrengung) zu steigern, den Verbrauch also mit dem, was er zu sich genommen, in Verhältniß zu setzen.

Im Gegensatz hierzu sendet England seine Patienten, deren kranken Verdauungsorganen die Fähigkeit abgeht oder vermindert ist, die Speisen in den Zustand zu versetzen, in welchem sie sich zur Verbindung mit dem Sauerstoff eignen, welche also weniger Widerstand produziren, als das Klima, die Temperatur ihrer Heimath verlangt, nach südlichen Gegenden, wo die Menge des eingeathmeten Sauerstoffs in einem so großen Verhältniß sich vermindert, und das Resultat, eine Verbesserung des Gesundheitzustandes, ist sichtbar. Die kranken Verdauungsorgane haben Kraft genug, um die geringere Menge von Speise in Verhältniß zu setzen mit dem verbrauchten Sauerstoff; in dem kälteren Klima wurden die Respirationsorgane selbst zu diesem Widerstande dienen müssen.

Im Sommer sind bei uns die Leberkrankheiten (Kohlenstoffkrankheiten), im Winter die Lungenkrankheiten (Sauerstoffkrankheiten) vorherrschend.

Die Abkühlung des Körpers, durch welche Ursache es auch sei, bedingt eine größeres Maaß von Speise. Der bloße Aufenthalt in freier Luft, gleichgültig ob im Reisewagen oder auf dem Verdecke von Schiffen, erhöht durch Strahlung und gesteigerte Verdunstung den Wärmeverlust, selbst ohne vermehrte Bewegung; er zwingt uns mehr wie gewöhnlich zu essen. Dasselbe muß für Personen gelten, welche gewohnt sind große Quantitäten kaltes Wasser zu trinken, welches auf 37° erwärmt wieder abgeht, es vermehrt den Appetit, und schwächliche Constitutionen müssen durch anhaltende Bewegung den zum Ersatz der an das kalte Wasser abgegebenen Wärme nöthigen Sauerstoff dem Körper hinzuführen. Starkes und anhaltendes Sprechen und Singen, das Schreien der Kinder, feuchte Luft, alles dieses übt einen bestimmten nachweisbaren Einfluß auf die zu genießenden Speisen aus.

IV.

In dem Vorhergehenden ist angenommen worden, daß vorzüglich der Kohlenstoff und Wasserstoff zur Verbindung mit dem Sauerstoff und zur Hervorbringung der animalischen Wärme dient; die einfachsten Beobachtungen zeigen in der That, daß der Wasserstoff der Speisen eine nicht minder wichtige Rolle wie der Kohlenstoff spielt.

Der ganze Respirationsproceß erscheint in völliger Klarheit, wenn wir den Zustand eines Menschen oder Thieres, bei Enthaltung aller Speise, ins Auge fassen. Die Athembewegungen bleiben ungeändert, es wird nach wie vor Sauerstoff aus der Atmosphäre aufgenommen und Kohlensäure und Wasserdampf ausgeathmet. Wir wissen mit unzweifelhafter Bestimmtheit, woher der Kohlenstoff und Wasserstoff stammt, denn mit der Dauer des Hungers sehen wir den Kohlenstoff und Wasserstoff des Körpers sich vermindern.

Die erste Wirkung des Hungers ist ein Verschwinden des Fettes; dieses Fett ist weder in den sparsamen Faeces, noch im Urin nachweisbar, sein Kohlenstoff und Wasserstoff sind durch Haut und Lunge in der Form von Sauerstoffverbindungen ausgetreten; es ist klar, diese Bestandtheile haben zur Respiration gedient.

Jeden Tag treten 65 Loth Sauerstoff ein und nehmen beim Austreten einen Theil von dem Körper des Hungernden mit. (Currie sah einen Kranken, der nicht schlingen konnte, während eines Monates über 100 Pfd. an seinem Gewichte verlieren, und ein fettes Schwein, was durch einen Bergsturz verschüttet wurde, lebte 160 Tage ohne Nahrung, und hatte über 120 Pfd. am Gewichte verloren.) (Martell in den Transactions of the Linnéan Soc. Vol. XI. p. 411.) Das Verhalten der Winterschläfer, so wie die periodenweise Ansammlung von Fett bei andern Thieren, von Fett, was in andern Perioden ihres Lebens wieder verschwindet, ohne eine Spur zu hinterlassen, alle diese wohlbekannten Thatsachen beweisen, daß der Sauerstoff in dem Respirationsproceß keine Auswahl unter den Stoffen trifft, die sich zu einer Verbindung mit ihm eignen. Der Sauerstoff verbindet sich mit allem, was ihm dargeboten wird, und nur Mangel an Wasserstoff ist der Grund, warum sich überhaupt Kohlensäure bildet, eben weil bei der Temperatur des Körpers die Verwandtschaft des Wasserstoffs zum Sauerstoff bei weitem die des Kohlenstoffs übertrifft.

Wir wissen in der That, daß die grasfressenden Thiere ein dem eingeathmeten Sauerstoff gleiches Volum Kohlensäure wieder ausathmen, während bei den Fleischfressern, der einzigen Thierklasse, welche Fett in ihrer Nahrung genießt, mehr Sauerstoff aufgenommen wird, als dem ausgeathmeten Kohlensäurevolum entspricht; bestimmte Versuche haben dargethan, daß in manchen Fällen nur die Hälfte von dem Volumen des Sauerstoffs an Kohlensäuregas ausgeathmet wird. Diese Beobachtungen sind keiner Widerlegung fähig, sie sind überzeugender, als alle die künstlich und willkürlich hervorgerufenen Erscheinungen, die man Versuche nennt, Versuche, welche, völlig entbehrlich, alles Gegengewichtes ermangeln, wenn die Gelegenheit zur Beobachtung in der Natur sich darbietet und diese Gelegenheit verständig benutzt wird.

Bei Hungernden verschwindet aber nicht allein das Fett, sondern nach und nach alle der Löslichkeit fähigen, festen Stoffe. In dem völlig abgezehrten Körper der Verhungerten sind die Muskeln dünn und mürbe, der Contractibilität beraubt, alle Theile des Körpers, welche fähig waren, in den Zustand der Bewegung überzugehen, sie haben dazu gedient, um den Rest der Gebilde vor der alles zerstörenden Wirkung der Atmosphäre zu schützen; zuletzt nehmen die Bestandtheile des Gehirns Antheil an diesem Oxydationsproceß, es erfolgt Wahnsinn, Irrereden und der Tod, das heißt, aller Widerstand hört völlig auf, es tritt der chemische Proceß der Verwesung ein, alle Theile des Körpers verbinden sich mit dem Sauerstoff der Luft.

Die Zeit, in welcher ein Verhungernder stirbt, richtet sich nach dem Zustand der Fettleibigkeit, nach dem Zustand der Bewegung (Anstrengung und Arbeit), nach der Temperatur der Luft, und ist zuletzt abhängig von der Gegenwart oder Abwesenheit des Wassers. Durch die Haut und Lunge verdunstet eine gewisse Menge Wasser, durch deren Austreten, als die Bedingung aller Vermittelung von Bewegungen, der Tod beschleunigt wird. Es giebt Fälle, wo bei ungeschmälertem Wassergenuß der Tod erst nach 20, in einem Fall erst nach 60 Tagen erfolgte.

In allen chronischen Krankheiten erfolgt der Tod durch die nämliche Ursache, durch die Einwirkung der Atmosphäre. Wenn die Stoffe fehlen, welche in dem Organismus zur Unterhaltung des Respirationsprocesses bestimmt sind, wenn die Organe des Kranken ihre Funktion versagen, wenn sie die Fähigkeit verlieren, zu ihrem eignen Schutz die genossenen Speisen in den Zustand zu versetzen, in dem sich ihre Bestandtheile mit dem Sauerstoff der Luft zu verbinden vermögen, so wird ihre eigne Substanz, das Fett, das Gehirn, die Substanz der Muskeln und Nerven dazu verwendet[F1].

[1] In Beziehung auf den wahren Vorgang verweise ich auf die Betrachtung des Stoffwechsels in dem Körper der Carnivoren (s. im Folgenden).

Die eigentliche Ursache des Todes ist in diesen Fällen der Respirationsproceß, die Einwirkung der Atmosphäre. Mangel an Nahrung, an Fähigkeit, sie zu Bestandtheilen des Organismus zu machen, ist Mangel an Widerstand, es ist die negative Ursache des Aufhörens der Lebensthätigkeit. Die Flamme geht aus, weil das Oel verzehrt ist; es ist der Sauerstoff der Luft, der es verzehrt hat.

In manchen Krankheitszuständen erzeugen sich Stoffe, die zur Assimilation nicht verwendbar sind, durch bloße Enthaltung von Speisen werden sie aus dem Körper entfernt, sie verschwinden, ohne eine Spur zu hinterlassen, indem ihre Bestandtheile mit dem Sauerstoff der Luft in Verbindung treten.

Von dem Augenblicke an, wo die Funktion der Haut oder Lunge eine Störung erleidet, erscheinen kohlenstoffreichere Stoffe im Urin, der seine gewöhnliche Farbe in braun umändert. Von der ganzen Oberfläche des menschlichen Körpers wird Sauerstoff aus der Luft aufgenommen, der sich mit allen Materien verbindet, die seiner Action keinen Widerstand entgegensetzen; an allen Stellen des Körpers, wo der Zutritt des Sauerstoffs gehemmt ist, unter den Achselhöhlen und an den Füßen z. B., bemerken wir eine Ausscheidung von Stoffen, die sich durch ihren Zustand oder durch den Geruch den Sinnen zu erkennen geben.

Die Respiration ist das fallende Gewicht, die gespannte Feder, welche das Uhrwerk in Bewegung erhält, die Athemzüge sind die Pendelschläge, die es reguliren. Wir kennen bei unseren gewöhnlichen Uhren mit mathematischer Schärfe die Aenderungen, welche durch die Länge des Pendels oder durch äußere Temperaturen ausgeübt werden, auf ihren regelmäßigen Gang; allein nur von Wenigen ist in seiner Klarheit der Einfluß erkannt, den Luft und Temperatur auf den Gesundheitszustand des menschlichen Körpers ausüben, und doch ist die Ausmittelung der Bedingungen, um ihn im normalen Zustand zu erhalten, nicht schwieriger, wie bei einer gewöhnlichen Uhr.

V.

Der Mangel an einer richtigen Ansicht von Kraft und Wirkung und dem Zusammenhang der Naturerscheinungen hat die Chemiker dahin geführt, einen Theil der im Thierorganismus sich erzeugenden Wärme den Wirkungen des Nervensystems zuzuschreiben. Wenn man damit einen Stoffwechsel als Bedingung der Nervenwirkungen ausschließt, so will dies nichts anders sagen, als das Vorhandensein einer Bewegung, die Aeußerung einer Thätigkeit hervorgehen zu machen aus Nichts. Allein aus Nichts kann keine Kraft, keine Thätigkeit entstehen.

Niemand wird ernstlich den Antheil läugnen, welchen die Nervenapparate an dem Respirationsproceß nehmen, keine Art von Zustandsänderung kann im Thierkörper vor sich gehen, ohne die Nerven, denn sie sind die Bedinger aller Bewegungen. Durch sie, durch ihre Mitwirkung produciren die Eingeweide die Stoffe, welche als Mittel zum Widerstande gegen die Einwirkung des Sauerstoffs zur Hervorbringung der animalischen Wärme dienen, und mit dem Aufhören ihrer Funktionen muß der ganze Akt der Sauerstoffaufnahme eine andere Form annehmen. Beim Durchschneiden des Gehirns von Hunden beim Pons varolii, bei Contusionen gegen Scheitel und Hinterhaupt fährt das Thier eine Zeitlang zu athmen fort, oft rascher und lebhafter, wie im gesunden Zustande, die Schnelligkeit des Blutumlaufs nimmt in der ersten Zeit eher zu als ab, allein das Thier erkaltet, wie wenn ein plötzlicher Tod eingetreten wäre, der dann auch unabwendbar erfolgt; ganz ähnliche Erfahrungen hat man bei Durchschneidung des Rückenmarks, des Nervus vagus gemacht. Die Athembewegungen dauern eine Zeitlang fort, allein der Sauerstoff findet die Stoffe auf seinem Wege nicht vor, mit denen er sich im normalen Zustande verbunden haben würde, weil sie ihm von den gelähmten Unterleibsorganen nicht geliefert werden können. Die sonderbare Ansicht über die Erzeugung der thierischen Wärme durch die Nerven, sie ist, wie man leicht bemerkt, aus der Vorstellung hervorgegangen, daß das eingesaugte Sauerstoffgas in dem Blute selbst zu Kohlensäure werde, in welchem Fall, in obigen Versuchen, freilich die Temperatur des Körpers nicht abnehmen dürfte, allein es kann, wie später entwickelt werden soll, keinen größeren Irrthum geben.

Aehnlich wie bei Durchschneidung der pneumogastrischen Nerven die Bewegung des Magens und die Secretion des Magensaftes aufgehoben und damit dem Verdauungsproceß eine unmittelbare Gränze gesetzt wird, ändert die Lähmung der Bewegungsorgane des Unterleibs den Respirationsproceß; beide stehen in dem engsten Zusammenhang mit einander; eine jede Störung des Nervensystems, der Verdauungsnerven übt rückwärts einen wahrnehmbaren Einfluß auf den Respirationsproceß aus.

Man hat zuletzt die Beobachtung gemacht, daß durch die Contraction der Muskeln Wärme erzeugt wird, ähnlich wie in einem Stücke Kautschuck, was man, rasch aus einander gezogen, sich wieder contrahiren läßt. Man ist so weit gegangen, einen Theil der thierischen Wärme den mechanischen Bewegungen im Körper zuzuschreiben, als ob die Bewegungen selbst entstehen könnten, ohne einen gewissen Aufwand von Kraft, welche durch diese Bewegungen verzehrt wird. Durch was aber, kann man hier fragen, wird diese Kraft erzeugt?

Durch verbrennenden Kohlenstoff, durch Auflösung eines Metalls in einer Säure, durch die Vereinigung der beiden Elektricitäten, durch Einsaugung von Licht entsteht Wärme. Gleichermaßen entsteht Wärme, wenn wir zwei Stücke eines festen Körpers mit einer gewissen Geschwindigkeit auf einander reiben.

Durch eine Menge in ihren Aeußerungen höchst verschiedener Ursachen können wir einerlei Effekt hervorbringen. Wir haben in der Verbrennung und in der Elektricitätserzeugung einen Stoffwechsel, oder, wie in dem Licht und der Reibungswärme, die Verwandlung einer vorhandenen Bewegung in eine neue, die auf eine andere Weise auf unsere Sinne wirkt. Wir haben ein Substrat, etwas Gegebenes, was die Form eines andern Substrates annimmt, in allen Fällen eine Kraft und eine Wirkung. Wir können durch Feuer unter einer Dampfmaschine alle möglichen Arten von Bewegungen, und durch ein gegebenes Maaß von Bewegung Feuer hervorbringen.

Ein Stück Zucker, das wir auf einem Reibeisen reiben, erleidet an den Berührungsflächen des Eisens die nämliche Veränderung, wie durch eine hohe Temperatur, und zwei Stücke Eis schmelzen an den Punkten, wo sie sich reibend berühren.

Man muß sich nur erinnern, daß die ausgezeichnetsten Physiker die Erscheinungen der Wärme nur als Bewegungserscheinungen gelten lassen, eben weil der Begriff der Erzeugung einer Materie, wenn auch einer gewichtslosen, schlechterdings nicht vereinbar ist mit ihrer Entstehung durch mechanische Ursachen, wie durch Reibung und Bewegung.

Alles zugegeben, was von elektrischen und magnetischen Störungen in dem Thierkörper Antheil nehmen mag an den Funktionen seiner Organe, die letzte Ursache aller dieser Thätigkeiten ist ein Stoffwechsel, ausdrückbar durch einen in einer gewissen Zeit stattfindenden Uebergang der Bestandtheile der Speisen in Sauerstoffverbindungen; diejenigen unter ihnen, welche diesen allmähligen Verbrennungsproceß nicht erfahren, sie werden unverbrannt oder unverbrennlich in der Form von Excrementen ausgestoßen.

Es ist nun schlechterdings unmöglich, daß eine gegebene Menge Kohlenstoff oder Wasserstoff, welche verschiedene Formen sie auch im Laufe der Verbrennung annehmen mögen, mehr Wärme hervorzubringen fähig ist, als wie sie liefert, wenn sie im Sauerstoffgas oder in der Luft direkt verbrannt wird.

Wenn wir Feuer unter eine Dampfmaschine machen und die erhaltene Kraft benutzen, um durch Reibung Wärme hervorzubringen, so kann diese in keiner Weise jemals größer sein, als die Wärme, die wir nöthig gehabt haben, um den Dampfkessel zu heizen, und wenn wir in einer galvanischen Säule den Strom zur Hervorbringung von Wärme benutzen, so ist diese unter allen Umständen nicht größer, als wir sie haben können durch die Verbrennung des Zinks, was sich in der Säure anflös't.

Die Contraction der Muskeln erzeugt Wärme, die hierzu nöthige Kraft äußert sich durch die Organe der Bewegung, die sie durch einen Stoffwechsel empfangen. Die letzte Ursache der erzeugten Wärme kann natürlich nur dieser Stoffwechsel sein.

Durch die Auflösung eines Metalls in einer Säure entsteht ein elektrischer Strom; durch einen Draht geleitet, wird dieser zu einem Magneten, durch den wir verschiedene Effekte hervorzubringen vermögen. Die Ursache aller erzeugten Erscheinungen ist der Magnetismus, die Ursache der magnetischen Wirkungen suchen wir in dem elektrischen Strom, und die letzte Ursache des elektrischen Stromes, wir finden sie in einem Stoffwechsel, in einer chemischen Action.

Es giebt verschiedene Ursachen der Krafterzeugung; eine gespannte Feder, ein Luftstrom, eine fallende Wassermasse, Feuer, was unter einem Dampfkessel brennt, ein Metall, was sich in einer Säure lös't, durch alle diese verschiedenen Ursachen der Bewegung läßt sich einerlei Effekt hervorbringen. In dem thierischen Körper erkennen wir aber als die letzte Ursache aller Krafterzeugung nur eine, und diese ist die Wechselwirkung, welche die Bestandtheile der Speisen und der Sauerstoff der Luft auf einander ausüben. Die einzige bekannte und letzte Ursache der Lebensthätigkeit im Thier sowohl, wie in der Pflanze ist ein chemischer Proceß; schließen wir ihn aus, so stellen sich die Lebensäußerungen nicht ein, oder sie hören auf, wahrnehmbar zu sein; hindern wir die chemische Action, so nehmen die Lebenserscheinungen andere Formen an.

Nach den Versuchen von Despretz entwickelt 1 Loth Kohlenstoff bei seiner Verbrennung so viel Wärme, daß damit 105 Loth Wasser von 0° auf 75° erwärmt werden können, im Ganzen also 105mal 75° = 7875° Wärme. Die 27,8 Loth Kohlenstoff, welche sich in dem Körper eines Soldaten in Kohlensäure verwandeln, entwickeln mithin 27,8mal 7875° Wärme = 218825° Wärme. Mit dieser Wärmemenge kann man 1 Loth Wasser auf diese Temperatur erheben oder 68$\frac{4}{10}$ Pfd. Wasser zum Sieden oder 185 Pfd. auf 37° erhitzen, oder 12 Pfd. Wasser bei 37° in Dampf verwandeln.

Wenn wir nun annehmen, daß die Ausdünstung durch Haut und Lunge in 24 Stunden 48 Unzen (3 Pfd.) betrage, so bleiben, die hierzu nöthige Wärmemenge abgezogen, 162093 Grad Wärme, welche durch Strahlung, durch Erwärmung der ausgeathmeten Luft, durch Faeces und Urin aus dem Körper treten.

Es ist in dieser Rechnung die durch den verbrennenden Wasserstoff, durch seinen Uebergang in Wasser, erzeugte Wärmemenge nicht in Anschlag gebracht. Wenn man sich nun erinnert, daß die specifische Wärme der

Knochen, des Fettes, der Substanz der Organe weit geringer ist, als die des Wassers, daß sie also, um auf 37° erwärmt zu werden, weit weniger Wärme bedürfen, als ein gleiches Gewicht Wasser, so kann es keinem Zweifel unterliegen, daß, alle diese Verhältnisse mit in Rechnung gezogen, die durch den Verbrennungsproceß erzeugte Wärme vollkommen hinreicht, um die constante Temperatur des Körpers und die Verdunstung zu erklären.

VI.

Alle Versuche der Physiker über die Sauerstoffmenge, die ein Thier in einer gegebenen Zeit verzehrt, so wie die Schlüsse, die man daraus auf die Entstehung der animalischen Wärme gezogen hat, sind völlig bedeutungslos, denn diese Sauerstoffmengen wechseln, nach der Temperatur und der Dichtigkeit der Luft, nach dem Zustand der Bewegung, Arbeit und Anstrengung, sie ändern sich nach der Menge und Qualität der genossenen Nahrung, mit der mehr oder weniger warmen Kleidung, nach der Zeit, in welcher die Speise verzehrt wurde. Die Gefangenen in dem Zuchthaus (Arbeitshaus) zu Marienschloß verzehren nicht über 21 Loth Kohlenstoff, die in dem Arresthaus zu Gießen, denen alle Bewegung mangelt, nicht über 17 Loth[E6] und in einer mir bekannten Haushaltung verzehrten 9 Personen (4 Kinder, 5 Erwachsene) durchschnittlich nicht über 19 Loth Kohlenstoff[F2]. Annäherungsweise kann angenommen werden, daß die aufgenommenen Sauerstoffmengen sich wie diese Zahlen verhalten, allein durch Fleisch, Wein und Fettgenuß ändern sich diese Verhältnisse in Folge des ausgetretenen Wasserstoffs dieser Nahrungsmittel, der in seiner Verwandlung in Wasser bei gleichem Gewichte eine weit größere Wärmemenge hervorbringt.

[2] In dieser Haushaltung wurden im Monat verbraucht 151 Pfd. Schwarzbrod, 70 Pfd. Weißbrod, 132 Pfd. Fleisch, 19 Pfd. Zucker, 15,9 Pfd. Butter, 57 Maaß Milch, der Kohlenstoff der Gemüse und Kartoffeln, des Wildbrets, Geflügels und Weins für die Excremente angeschlagen.

Die Versuche über die Bestimmung der Wärmemenge, die sich für einen gegebenen Sauerstoffverbrauch aus einem Thier entwickelt, sind nicht minder bedeutungslos. Man hat Thiere in geschlossenen, mit kaltem Wasser umgebenen Räumen athmen lassen, die Wärmezunahme der Umgebung durch den Thermometer gemessen und die Menge des verschwundenen Sauerstoffgases, so wie die erzeugte Kohlensäure durch die Analyse der ein- und ausgetretenen Luft bestimmt. In diesen Versuchen hat man gefunden, daß das Thier mehr Wärme verlor, als dem verzehrten Sauerstoff entsprach, und zwar $1/10$ mehr, und wenn man dem Thiere die Luftröhre zugebunden haben würde, so wäre das merkwürdige Verhältniß eingetreten, daß das umgebende Wasser durch das erkaltende Thier Wärme empfangen hätte, ohne allen Verbrauch von Sauerstoff. Die Temperatur des Thiers war 38°, die des umgebenden Wassers in den Versuchen von Despretz 8,5°. Diese Versuche beweisen also, daß bei einer großen Differenz der Temperatur des Körpers und der der Umgebung, beim Mangel aller Bewegung, mehr Wärme entweicht, als dem eingeathmeten Sauerstoff entspricht; in gleichen Zeiten bei freier ungehinderter Bewegung würde eine weit größere Menge Sauerstoff aufgenommen worden sein, ohne bemerkbare Erhöhung des Wärmeverlustes. Dieser Zustand tritt bei Menschen und Thieren zu gewissen Jahreszeiten ein, und wir sagen in diesem Fall, daß wir frieren. Es ist klar, daß, wenn wir einen Menschen mit einem metallischen Kleide umgeben, der Wärmeverlust, wenn wir ihm Hände und Füße binden, bei gleichem Sauerstoffverbrauch weit größer sein wird, als wenn wir ihn in Pelz und Wolle stecken, ja wir finden sogar, daß er in dem letztern Fall anfängt zu schwitzen, daß warmes Wasser quellenweise aus den feinen Schweißlöchern seiner Haut tritt.

Wenn man hinzunimmt, daß ganz bestimmte Beobachtungen vorliegen, wo Thiere, die gebunden in einer unnatürlichen Stellung, z. B. auf dem Rücken liegend, athmeten, daß die Temperatur ihres Körpers durch den Thermometer meßbar abnimmt, so kann man wohl schwerlich über die Schlüsse, die man aus diesen Versuchen gezogen hat, im Zweifel sein.

Diese Schlüsse haben für die Meinung, daß eine andere unbekannte Quelle der Wärme in dem thierischen Körper existire, nicht den allergeringsten Werth.

VII.

Wenn wir die Erzeugung von Kraft, die Bewegungserscheinungen mit Nervenleben, und den Widerstand, den Zustand des statischen Gleichgewichtes mit vegetativem Leben bezeichnen, so ist klar, daß im jugendlichen Alter bei allen Thierklassen das letztere, nämlich das vegetative Leben, das Nervenleben überwiegt.

Der Uebergang des in Bewegung befindlichen Stoffs in den Zustand der Ruhe zeigt sich in einer Zunahme an Masse, in einem Ersatz an verbrauchtem Stoffe; die Bewegung selbst, die Krafterzeugung stellt sich dar als ein Verbrauch an Stoff.

In dem jugendlichen Thiere ist der Verbrauch kleiner, als die Zunahme, und diesen Zustand eines intensiveren vegetativen Lebens behält das weibliche Thier bis zu einem gewissen Lebensalter unverändert bei, es erreicht nicht, wie beim männlichen Thiere, mit der Ausbildung aller Organe eine Gränze.

Das weibliche Thier ist zu gewissen Perioden des Jahrs der Fortpflanzung fähig, durch äußere Bedingungen, Temperatur, Nahrung &c.

wird das vegetative Leben in seinem Organismus gesteigert, er producirt mehr als er verwendet; diese Fähigkeit zeigt sich in der Fortpflanzung. Unabhängig von äußeren Bedingungen der Steigerung des vegetativen Lebens ist das Weib des Menschen, mit der Ausbildung aller seiner Organe, zu jeder Zeit der Fortpflanzung fähig, die Empfängniß ist an keine Periode gebunden, und eine wunderbare Weisheit hat in seinen Körper die Fähigkeit gelegt, bis zu einem bestimmten Lebensalter alle Bestandtheile seiner Organe in größerer Menge zu erzeugen, als sie zur Reproduktion der umgesetzten Gebilde erforderlich sind. Dieses Erzeugniß enthält nachweisbar alle Elemente eines ihm gleichen Wesens, es vermehrt sich in jedem Lebensmomente und wird, bis es Verwendung findet, periodenweise aus dem Körper abgeschieden. Mit der Befruchtung des Ei's hört diese Abscheidung auf, jeder Tropfen des mehrerzeugten Blutes formt sich zu einem der Mutter ähnlichen Organismus.

Durch Bewegung und Anstrengung wird die Menge des abgeschiedenen Blutes geringer, und bei krankhafter Unterdrückung der Menstruation zeigt sich das vegetative Leben in einer gesteigerten Fettbildung. Wird das Gleichgewicht des vegetativen und Nervenlebens bei dem Manne gestört, wird die Intensität des letztern, wie bei den Castraten, verringert, so zeigt sich das Uebergewicht des erstern in einer gleichen Form, in einer Steigerung der Fettbildung.

VIII.

Wenn wir festhalten, daß die Zunahme an Masse in dem thierischen Körper, daß die Ausbildung seiner Organe und ihrer Reproduktion aus dem Blute, d. h. aus den Bestandtheilen des Blutes, geschieht, so können nur diejenigen Materien Nahrungsmittel genannt werden, welche fähig sind zu Blut zu werden. Die Untersuchung der Stoffe, die sich hierzu eignen, beschränkt sich hiernach auf die Ausmittelung der Zusammensetzung der Nahrungsmittel und ihrer Vergleichung mit der Zusammensetzung der Bestandtheile des Blutes.

Zwei Materien sind als Hauptbestandtheile des Blutes vorzüglich in Betracht zu ziehen. Die eine davon scheidet sich augenblicklich aus dem Blute ab, sobald es aus der Circulation genommen wird. Jedermann weiß, daß das Blut in diesem Fall gerinnt, es trennt sich in eine gelbliche Flüssigkeit, in Blutserum, und eine gallertartige Masse, die sich in weichen, zähen elastischen Fäden an einen Stab oder eine Ruthe anhängt, mit denen man das frische Blut während seines Gerinnens peitscht oder schlägt. Dieser Körper ist das Fibrin, Blutfaserstoff, er ist identisch in seinen Eigenschaften mit der von allen anderen Materien befreiten Muskelfaser.

Der zweite Hauptbestandtheil des Blutes ist im Blutserum enthalten, er ertheilt dieser Flüssigkeit alle Eigenschaften des weißen Theils des

Hühnerei's, indem er identisch mit diesem Bestandtheil aller Eier ist. Er gerinnt in der Hitze zu einer weißen elastischen Masse; dieser gerinnende Bestandtheil hat den Namen Albumin erhalten.

Fibrin und Albumin, die Hauptbestandtheile des Blutes, enthalten im Ganzen 7 chemische Elemente, unter welche namentlich Stickstoff, Phosphor und Schwefel, so wie die Substanz der Knochen gehört. In dem Serum befinden sich Kochsalz und Salze in Auflösung, welche Kali, Natron als Basen enthalten, sie sind mit Kohlensäure, Phosphorsäure und Schwefelsäure verbunden. Die Blutkörperchen enthalten Fibrin und Albumin, sowie einen rothen Farbstoff, in welchem Eisen einen nie fehlenden Bestandtheil ausmacht. Außer diesen enthält das Blut noch einige fette Körper in geringer Menge, die sich von den gewöhnlichen Fetten durch verschiedene Eigenschaften unterscheiden.

Die chemische Analyse hat zu dem merkwürdigen Resultate geführt, daß Fibrin und Albumin einerlei organische Elemente und zwar in dem nämlichen Gewichtsverhältniß enthalten, in der Art also, daß, wenn man zwei Analysen, die eine von Fibrin, die andere von Albumin neben einander stellt, wir keinen größeren Unterschied in der procentischen Zusammensetzung wahrnehmen, wie in zwei Analysen von Fibrin, oder in zwei Analysen von Albumin.

In beiden Blutbestandtheilen sind offenbar, dies zeigt ihr verschiedener Zustand, die Elemente auf verschiedene Weise geordnet, allein ihrer Zusammensetzung nach sind sie identisch.

Dieser Schluß ist neuerdings aufs Schönste dadurch bestätigt worden, daß es einem ausgezeichneten Physiologen (P. Denis) gelang, Fibrin in den Zustand von Albumin künstlich überzuführen, ihm also die Löslichkeit und Gerinnbarkeit zu geben, die das Eiweiß charakterisirt.

Neben der gleichen Zusammensetzung haben sie noch die chemische Eigenschaft mit einander gemein, daß sie sich beide in starker Salzsäure zu einer intensiv indigblauen Flüssigkeit lösen, welche gegen alle Materien, die man damit zusammenbringt, ein ganz gleiches Verhalten zeigt

Albumin und Fibrin können beide in dem Ernährungsprocesse zu Muskelfaser werden, und Muskelfaser kann rückwärts wieder in Blut übergehen. Dieser Uebergang ist von den Physiologen längst außer allen Zweifel gestellt, und die Chemie hat also nur nachgewiesen, daß die Metamorphose rückwärts und vorwärts erfolgen kann, kraft einer einwirkenden Thätigkeit, ohne Zuhülfenahme eines dritten Körpers oder seiner Bestandtheile, ohne daß also ein fremdes Element aufgenommen zu werden oder ein in Verbindung vorhandenes auszutreten braucht.

Wenn wir nun die Zusammensetzung aller Gebilde mit der des Fibrins und Albumins im Blute vergleichen, so ergeben sich folgende Beziehungen.

Alle Theile des Thierkörpers, die eine bestimmte Form besitzen, welche Bestandtheile von Organen sind, enthalten Stickstoff. Kein Theil oder Bestandtheil eines Organs, welches Bewegung und Leben besitzt, ist frei von Stickstoff, alle enthalten Kohlenstoff und die Elemente des Wassers, wiewohl diese letzteren nie in dem Verhältniß, wie im Wasser.

Die Hauptbestandtheile des Blutes enthalten nahe an 17 pCt. Stickstoff, kein Theil eines Organs enthält weniger, wie siebzehn Procent Stickstoff[E7].

Die entscheidendsten Versuche und Beobachtungen haben bewiesen, daß der thierische Organismus durchaus unfähig ist, ein chemisches Element, Kohlenstoff oder Stickstoff, aus anderen Materien, in denen diese Körper fehlen, hervorzubringen, und es ist hiernach einleuchtend, daß alle Nahrungsmittel, die zur Blutbildung oder zur Bildung von Zellen, Membranen, Haut, Haaren, Muskelfaser dienen sollen, eine gewisse Portion Stickstoff enthalten müssen, eben weil dieser einen Bestandtheil der genannten Organe ausmacht, diese aus anderen Elementen, die man ihnen darbietet, keinen Stickstoff erzeugen können und weil kein Stickstoff aus der Atmosphäre in dem Lebensproceß verwendet wird.

Der thierische Körper enthält in der Nerven- und Gehirnsubstanz eine große Menge Albumin und außer diesem zwei eigenthümliche fette Säuren, die sich von allen anderen Fetten durch einen Gehalt von Phosphor(-säure?) unterscheiden (Frémy). Eins dieser Fette enthält Stickstoff.

Wasser und Fett machen zuletzt die stickstofffreien Bestandtheile des Thierkörpers aus, beide sind formlos und nehmen nur in sofern Antheil an dem Lebensproceß, als durch sie die Lebensfunktionen vermittelt werden. Die nicht-organischen Bestandtheile des Thierkörpers sind Eisen, Kalk, Bittererde, Kochsalz, sowie die Alkalien.

IX.

Die Ernährung der Fleischfresser nimmt unter allen Thierklassen die einfachste Form an; sie leben vom Blut und Fleisch der gras- und körnerfressenden Thiere, allein dieses Blut und Fleisch ist identisch in allen seinen Eigenschaften mit ihrem eigenen Blut und Fleisch, weder chemisch, noch physiologisch ist ein Unterschied wahrnehmbar.

Die Nahrung der fleischfressenden Thiere ist aus Blut entstanden, sie wird in ihrem Magen flüssig und überführbar in andere Körpertheile, sie wird in ihrem Leibe wieder zu Blut, und aus diesem Blut erzeugen sich alle Theile ihres Körpers wieder, die eine Veränderung oder Umsetzung erlitten haben.

Bis auf Klauen, Haare, Federn und Knochenerde ist kein Bestandtheil der Nahrung der Carnivoren unassimilirbar.

In chemischem Sinne kann man also sagen, daß das fleischfressende Thier zur Erhaltung seiner Lebensprocesse sich selbst verzehrt.

Dasjenige, was zu seiner Ernährung dient, ist identisch mit den Bestandtheilen seiner Organe, welche erneuert werden sollen.

Ganz anders stellt sich dem Anschein nach der Ernährungsproceß der pflanzenfressenden Thiere dar; ihre Verdauungsorgane sind minder einfach und ihre Nahrung besteht aus Vegetabilien, die ihrer Hauptmasse nach nur sehr wenig Stickstoff enthalten.

Aus welchen Stoffen, kann man fragen, entsteht bei ihnen das Blut, aus dem sich ihre Organe entwickeln?

Diese Frage läßt sich mit genügender Sicherheit beantworten.

Die chemischen Untersuchungen haben dargethan, daß alle Theile von Pflanzen, welche Thieren zur Nahrung dienen, gewisse Bestandtheile enthalten, welche reich sind an Stickstoff, und die gewöhnlichsten Erfahrungen beweisen, daß die Thiere zu ihrer Erhaltung und Ernährung der Quantität nach um so weniger von diesen Pflanzentheilen bedürfen, je reicher sie an diesen stickstoffhaltigen Stoffen sind; sie können nicht mit Materien ernährt werden, worin sie fehlen.

In vorzüglicher Menge sind diese Erzeugnisse der Pflanzen in den Samen der Getreidearten, der Erbsen, Linsen, Bohnen, in Wurzeln und in den Säften der sogenannten Gemüspflanzen enthalten, sie fehlen übrigens in keiner einzigen Pflanze, in keinem ihrer Theile.

Diese stickstoffhaltigen Nahrungsstoffe lassen sich im Ganzen auf drei Materien zurückführen, die ihrer äußern Beschaffenheit nach leicht von einander zu unterscheiden sind. Zwei davon sind im Wasser löslich, der dritte wird davon nicht aufgenommen.

Wenn man frisch ausgepreßte Pflanzensäfte sich selbst überläßt, so tritt nach wenigen Minuten eine Scheidung ein, es sondert sich ein gelatinöser Niederschlag ab, gewöhnlich von grüner Farbe, welcher, mit Flüssigkeiten behandelt, die den Farbestoff lösen, eine grauweiße Materie hinterläßt. Diese Substanz ist unter dem Namen grünes Satzmehl der Pflanzensäfte den Pharmaceuten wohl bekannt. Dieß ist der eine von den stickstoffhaltigen Nahrungsmitteln der Thiere, er hat den Namen Pflanzenfibrin erhalten. Der Saft der Gräser ist vorzüglich reich an diesem Bestandtheil, er ist in reichlichster Menge in dem Weizensamen, so wie überhaupt in den Samen der Cerealien enthalten, und kann aus dem Weizenmehl durch eine mechanische Operation ziemlich rein erhalten werden. In diesem Zustande heißt er Kleber, allein die klebenden Eigenschaften gehören ihm nicht an, sondern einer geringen Menge eines beigemischten fremden Körpers, der in den Samen der übrigen Getreidearten fehlt.

Wie sich aus der Art seiner Darstellung ergiebt, ist das Pflanzenfibrin im Wasser nicht löslich, obwohl man nicht zweifeln kann, daß es in der lebenden Pflanze im Safte gelös't vorhanden war, aus dem es sich, ähnlich wie das Fibrin aus Blut, erst später abschied.

Der zweite stickstoffhaltige Nahrungsstoff ist in dem Safte der Pflanzen gelös't, er scheidet sich daraus bei gewöhnlicher Temperatur nicht ab, wohl aber, wenn der Pflanzensaft zum Sieden erhitzt wird.

Bringt man den ausgepreßten klaren Saft, am besten von Gemüspflanzen, von Blumenkohl, Spargel, Kohlrüben, weißen Rüben u. s. w. zum Sieden, so entsteht darin ein Coagulum, welches in seiner äußern Beschaffenheit und seinen Eigenschaften schlechterdings nicht zu unterscheiden ist von dem Körper, der sich als Gerinnsel abscheidet, wenn man mit Wasser verdünntes Blutserum oder Eiweiß der Siedhitze aussetzt. Dies ist das Pflanzenalbumin; in vorzüglicher Menge findet sich dieser Körper in gewissen Samen, in Nüssen, Mandeln und anderen, in denen das Amylon der Getreidesamen sich vertreten findet durch Oel oder Fett.

Der dritte stickstoffhaltige Nahrungsstoff, den die Pflanzen produciren, das Pflanzencasein, findet sich hauptsächlich in den Samenlappen der Erbsen, Linsen und Bohnen, er ist wie das Pflanzenalbumin im Wasser löslich, unterscheidet sich aber von ihm dadurch, daß seine Auflösung durch Hitze nicht coagulirt wird; beim Abdampfen und Erhitzen zieht sie an der Oberfläche eine Haut, und, mit Säuren versetzt, entsteht darin ein Gerinnsel wie in der Thiermilch.

Diese drei Stoffe, Pflanzen-Fibrin, -Albumin und -Casein, sind die eigentlichen stickstoffhaltigen Nahrungsstoffe der pflanzenfressenden Thiere, alle anderen in Pflanzen vorkommenden stickstoffhaltigen Materien werden entweder, wie die Stoffe in den Giftpflanzen und Medizinalpflanzen, von den Thieren nicht genossen, oder sie sind ihrer Nahrung in so außerordentlich kleinen Mengen beigemischt, daß sie zur Vermehrung der Masse ihres Körpers nicht beizutragen vermögen.

Die chemische Untersuchung der drei genannten Substanzen hat zu dem interessanten Resultate geführt, daß sie einerlei organische Elemente in dem nämlichen Gewichts-Verhältnisse enthalten, und was noch weit merkwürdiger ist, es hat sich ergeben, daß sie identisch sind in ihrer Zusammensetzung mit den Hauptbestandtheilen des Blutes, mit Fibrin und

Albumin. Sie lösen sich alle drei in concentrirter Salzsäure mit der nämlichen indigblauen Farbe auf, und auch in ihren physikalischen Eigenschaften sind Thierfibrin und Thieralbumin von Pflanzenfibrin und Pflanzenalbumin in keiner Weise verschieden. Es verdient ganz besonders hervorgehoben zu werden, daß hier unter einer gleichen Zusammensetzung nicht bloß eine ähnliche gemeint ist, sondern es ist auch in Beziehung auf ihren Gehalt an Phosphor, Schwefel, Knochenerde und Alkalien kein Unterschied wahrnehmbar[E8].

In welcher bewundernswürdigen Einfachheit erscheint nach diesen Entdeckungen der Bildungsproceß im Thiere, die Entstehung seiner Organe, der Hauptträger der Lebensthätigkeit. Die Pflanzenstoffe, welche in den Thieren zur Blutbildung verwendet werden, enthalten die Hauptbestandtheile des Blutes, Fibrin und Albumin, fertig gebildet allen ihren Elementen nach, alle Pflanzen enthalten noch überdies eine gewisse Menge Eisen, was wir im Blutfarbestoff wiederfinden. Pflanzenfibrin und Thierfibrin, Pflanzenalbumin und Thieralbumin sind kaum der Form nach verschieden; wenn diese Stoffe in der Nahrung der Thiere fehlen, so hört die Ernährung der Thiere auf, und wenn sie darin gegeben werden, so empfängt das pflanzenfressende Thier die nämlichen Materien, auf welche die fleischfressenden zu ihrer Erhaltung beschränkt sind.

Die Pflanzen erzeugen in ihrem Organismus das Blut aller Thiere, denn in dem Blut und Fleisch der pflanzenfressenden verzehren die fleischfressenden im eigentlichen Sinne nur die Pflanzenstoffe, von denen die ersteren sich ernährt haben; Pflanzenfibrin und -Albumin nehmen in dem Magen des pflanzenfressenden Thiers genau die nämliche Form an, wie Thierfibrin und Thieralbumin in dem Magen der Carnivoren.

Aus dem Vorhergehenden ergiebt sich, daß die Entwickelung der Organe eines Thiers, ihre Vergrößerung und Zunahme an Masse an die Aufnahme gewisser Stoffe geknüpft ist, die identisch sind mit den Hauptbestandtheilen ihres Blutes.

In diesem Sinne kann man sagen, daß der Thierorganismus sein Blut nur der Form nach schafft, daß ihm die Fähigkeit mangelt, es aus anderen Stoffen zu erzeugen, die nicht identisch sind mit seinen Hauptbestandtheilen. Damit kann freilich nicht behauptet werden, daß ihm die Fähigkeit, andere Verbindungen zu erzeugen, abgehe, wir wissen im Gegentheil, daß sein Organismus eine große Reihe von seinen Blutbestandtheilen in ihrer Zusammensetzung abweichender Verbindungen hervorbringt, aber den Anfangspunkt der Reihe, seine Blutbestandtheile, diese kann er sich nicht bilden.

Der Thierorganismus ist eine höhere Pflanze, deren Entwickelung mit denjenigen Materien beginnt, mit deren Erzeugung das Leben der gewöhnlichen Pflanze aufhört; sobald diese Samen getragen hat, stirbt sie ab, oder es hört damit eine Periode ihres Lebens auf.

In der unendlichen Reihe von Verbindungen, welche mit den Nahrungsstoffen der Pflanzen, mit Kohlensäure und Ammoniak und Wasser anfängt, bis zu den zusammengesetztesten Bestandtheilen des Gehirns im Thierkörper finden wir keine Lücke, keine Unterbrechung. Der erste Nahrungsstoff des Thieres ist das letzte Produkt der schaffenden Thätigkeit der Pflanze.

Die Substanz der Zellen und Membranen, der Nerven und des Gehirns erzeugt die Pflanze nicht.

Das Wunderbare in der schaffenden Thätigkeit der Pflanze verliert sich, wenn man erwägt, daß die Erzeugung der Blutbestandtheile nicht auffallender erscheinen kann, als wenn wir Ochsentalg und Hammelstalg (in den Kakaobohnen), oder Menschenschmalz (im Olivenöl), oder die Hauptbestandtheile der Kuhbutter (Palmbutter) auf Bäumen wachsend finden, daß wir das Pferdefett und den Fischthran in den ölreichen Samen entstehen sehen.

X.

So wenig man nun auch, wie sich aus dem Vorhergehenden ergiebt, über die Art und Weise in Ungewißheit sein kann, wie die Zunahme in der Masse der Organe eines Thieres vor sich geht, so bleibt immer noch eine überaus wichtige Frage zu lösen, die Rolle nämlich auszumitteln, welche die stickstofffreien Substanzen, Zucker, Amylon, Gummi, Pectin u. s. w. in dem thierischen Körper spielen.

Die größte aller Thierklassen kann ohne diese Materien nicht leben, ihre Nahrung muß eine gewisse Menge davon enthalten, und wir sehen ihrem Leben ein rasches Ziel gesetzt, wenn sie in ihr fehlen.

Diese wichtige Frage erstreckt sich gleichfalls auf die Bestandtheile der Nahrung des fleischfressenden Thieres in der frühsten Periode seines Lebens, denn auch diese Nahrung enthält gewisse Bestandtheile, welche sein Körper zu seiner Erhaltung im erwachsenen Zustande nicht bedarf.

In dem jugendlichen Körper der Fleischfresser geschieht offenbar die Ernährung in einer ähnlichen Weise, wie in dem Körper der pflanzenfressenden Thiere; seine Entwickelung ist an die Aufnahme einer Flüssigkeit gebunden, welche der Leib der Mutter in der Form der Milch absondert.

Die Milch enthält nur einen stickstoffhaltigen Bestandtheil, den sogenannten Käsestoff, Casein; außer diesem sind ihre Hauptbestandtheile Butter (Fett) und Milchzucker.

Aus dem stickstoffhaltigen Bestandtheil der Milch muß das Blut des jungen Thieres, seine Muskelfaser, Zellen und Nervensubstanz und seine Knochen, erzeugt worden sein, denn Butter und Milchzucker enthalten keinen Stickstoff.

Die Untersuchung des Caseins hat nun zu dem Resultate geführt, was nach dem Vorhergehenden kaum mehr überraschen kann, daß auch dieser Stoff identisch ist in seiner Zusammensetzung mit den Hauptbestandtheilen des Blutes, mit Fibrin und Albumin, ja was noch mehr ist, die Vergleichung seiner Eigenschaften mit denen des Pflanzencaseins hat gezeigt, daß er mit diesem auch identisch ist in allen seinen Eigenschaften, in der Art also, daß gewisse Pflanzen wie die Erbsen, Bohnen, Linsen, den nämlichen Körper zu erzeugen vermögen, welcher aus dem Blute der Mutter entsteht und zur Blutbildung in dem Körper des jungen Thieres verwendet wird[E9].

In dem Casein, das sich durch seine außerordentliche Löslichkeit und Nichtgerinnbarkeit in der Wärme von dem Fibrin und Albumin unterscheidet, empfängt demnach das junge Thier, seinem Hauptbestandtheil nach, das Blut seiner Mutter; zu seinem Uebergang in Blut gehört kein dritter Stoff, und keiner der Bestandtheile des Blutes seiner Mutter trennt sich davon bei ihrem Uebergang in Casein. In chemischer Verbindung enthält das Casein der Milch eine weit größere Quantität von Knochenerde, als wie das Blut, und zwar in höchst löslichem Zustande, überführbar also in alle Körpertheile. Auch in der frühsten Periode ihres Lebens ist die Entwickelung und Ausbildung der Träger der Lebensthätigkeit im jungen Thiere an die Aufnahme einer Materie gebunden, welche in Beziehung auf seine organischen Bestandtheile identisch ist in ihrer Zusammensetzung mit den Hauptbestandtheilen seines Blutes.

Wozu dient nun aber das Fett der Butter, der Milchzucker? Was ist der Grund, warum sie zu dem Leben der jungen Thiere unentbehrlich sind?

Butter und Milchzucker enthalten keine fixen Basen, keinen Kalk, kein Natron, kein Kali; der Milchzucker besitzt eine den gewöhnlichen Zuckerarten, dem Amylon, dem Gummi ähnliche Zusammensetzung, sie bestehen aus Kohlenstoff und den Elementen des Wassers, und zwar genau in dem nämlichen Verhältnisse, wie im Wasser.

Durch diese stickstofffreien Stoffe ist also ihren stickstoffhaltigen eine gewisse Menge von Kohlenstoff, oder, wie in der Butter, von Kohlenstoff und Wasserstoff zugesetzt, ein Ueberschuß von Elementen also, der zur Blutbildung schlechterdings nicht verwendet werden kann, eben weil ihre stickstoffhaltigen Nahrungsmittel genau die Kohlenstoffmengen schon enthalten, welche zur Bildung von Fibrin und Albumin nöthig sind.

Man kann, wie aus den folgenden Betrachtungen sich ergeben wird, kaum einen Zweifel hegen, daß dieser Ueberschuß an Kohlenstoff allein, oder an Kohlen- und Wasserstoff zur Hervorbringung der animalischen Wärme, daß er zum Widerstand gegen die äußere Einwirkung des Sauerstoffs verwendet wird.

XI.

Betrachten wir zuförderst, um zu einer klareren Einsicht in das Wesen des Ernährungsprocesses in den beiden Thierklassen zu gelangen, die Veränderungen, welche die Nahrung des fleischfressenden Thieres in seinem Organismus erfährt.

Wir geben einer erwachsenen Schlange eine Ziege, ein Kaninchen oder einen Vogel zu verzehren und finden, daß die Haare, Klauen, Federn, Knochen dieser Thiere scheinbar unverändert ausgeworfen werden, denn sie haben ihre Form und natürliche Beschaffenheit behalten, sie sind zerbrechlich, weil sie von allen nur den der Auflösung fähigen Bestandtheil (Leimsubstanz) verloren haben. Eigentliche Faeces gehen von der Schlange so wenig, wie von den fleischfressenden Vögeln ab.

Das Fleisch, das Fett, das Blut, die Gehirn- und Nervensubstanz des verzehrten Thieres, alles übrige ist, wenn die Schlange ihr ursprüngliches Gewicht wieder erhalten hat, verschwunden.

Als das einzige Excrement finden wir eine Materie, welche durch die Harnwege ausgeleert wird; im trocknen Zustande ist sie blendend weiß wie Kreide, sie ist sehr reich an Stickstoff, und enthält nur kohlensauren und phosphorsauren Kalk beigemischt.

Dieses Excrement ist harnsaures Ammoniak, eine chemische Verbindung, in welcher sich der Stickstoff zum Kohlenstoff in dem nämlichen Verhältniß befindet, wie im sauren kohlensauren Ammoniak, sie enthält auf 1 Aeq. Stickstoff 2 Aeq. Kohlenstoff.

Die Muskelfaser, das Blut, die Membranen und Häute enthielten aber auf die nämliche Quantität Stickstoff viermal so viel Kohlenstoff, nämlich 8 Aequivalente, und wenn man hierzu den Kohlenstoff des genossenen Fettes, der Nerven- und Gehirnsubstanz hinzurechnet, so ist klar, daß die Schlange auf 1 Aeq. Stickstoff weit mehr als 8 Aeq. Kohlenstoff verzehrt hat.

Wenn wir nun annehmen, daß das harnsaure Ammoniak allen Stickstoff des verzehrten Thieres enthält, so sind offenbar im geringsten Falle 6 Aeq. Kohlenstoff, die mit diesem Stickstoff verbunden waren, in einer andern Form ausgetreten, wie die übrigen zwei Atome, die wir im harnsauren Ammoniak wiederfinden.

Wir wissen nun mit zweifelloser Gewißheit, daß dieser Kohlenstoff aus Haut und Lunge ausgetreten ist, und zwar konnte dies nur geschehen in der Form einer Sauerstoffverbindung.

Die Excremente eines Bussards, der mit Rindfleisch gefüttert worden, aus der Kloake genommen, bestanden der Untersuchung nach (L. Gmelin u. Tiedemann) aus harnsaurem Ammoniak. Ebenso sind die Faeces bei Löwen und Tiegern sparsam und trocken, sie enthalten der Hauptsache nach Knochenerde und nur Spuren von kohlenstoffhaltigen Materien, aber ihr Harn enthält kein harnsaures Ammoniak, sondern Harnstoff, eine Verbindung, welche Stickstoff und Kohlenstoff im Verhältniß wie im neutralen kohlensauren Ammoniak enthält.

Angenommen, daß ihre Nahrung (Fleisch &c.) Stickstoff und Kohlenstoff in dem Verhältniß wie 1 : 8 enthielt, so finden wir in dem Harn beide nur in dem Verhältniß wie 1 : 1 wieder, ein kleineres Verhältniß von Kohlenstoff also, wie bei den Schlangen, in denen der Respirationsakt bei weitem weniger thätig ist.

Aller Kohlenstoff und Wasserstoff, den die Nahrung dieser Thiere mehr enthielt, als wir in ihren Excrementen wieder finden, sie sind, als Kohlensäure und Wasser, durch den Respirationsproceß verschwunden.

Hätten wir das verzehrte Thier in einem Ofen verbrannt, so würde die vorgegangene Veränderung nur der Form der Stickstoffverbindungen nach eine andere gewesen sein.

Den Stickstoff würden wir als kohlensaures Ammoniak, den übrigen Kohlenstoff als Kohlensäure, den übrigen Wasserstoff als Wasser wiederbekommen haben. Es würden die unverbrennlichen Theile als Asche, die unverbrannten als Ruß übrig geblieben sein. Die festen Excremente sind aber nichts anders als die im Thierkörper unverbrennlichen, oder unvollkommen verbrannten Theile der Nahrung.

In dem Vorhergehenden ist angenommen worden, daß die Bestandtheile der von dem Thiere genossenen Nahrungsmittel in seinem Organismus, in Folge des durch Lunge und Haut aufgenommenen Sauerstoffs, ihr Kohlenstoff in Kohlensäure, ihr Wasserstoff und ihr Stickstoff in eine chemische Verbindung, welche die Elemente des kohlensauren Ammoniaks enthält, übergehen.

Diese Voraussetzung ist nur der äußeren Erscheinung nach wahr, in der That erlangt nach einer gewissen Zeit der Thierkörper sein ursprüngliches Gewicht wieder, sein Gehalt an Kohlenstoff und den andern Elementen hat in seinem Körper nicht zugenommen, es ist genau so viel

Kohlenstoff, Stickstoff, Wasserstoff &c. wieder ausgetreten, als ihm davon in der Speise zugeführt wurde. Aber nichts kann gewisser sein, als daß der ausgetretene Kohlenstoff, Stickstoff und Wasserstoff nicht von der Speise herrührt, wenn sie auch, der Quantität nach, den dadurch zugeführten gleich waren.

Es wäre aller Vernunft entgegen, wenn man annehmen wollte, die Stillung des Hungers, das Bedürfniß nach Speise habe keinen andern Zweck, als die Erzeugung von Harnstoff, Harnsäure, Kohlensäure und den andern Excrementen, von Materien, die der Körper ausstößt, in seiner Haushaltung also zu nichts verwendet.

Die Speisen dienen in dem erwachsenen Thiere zum Ersatz an verbrauchtem Stoff, gewisse Theile der Organe haben ihren Zustand des Lebens verloren, sie sind aus der Substanz der Organe ausgetreten, sie haben sich zu neuen und zwar formlosen Verbindungen umgesetzt.

Die Speise des Fleischfressers wurde zur Blutbildung verwendet und aus dem neuerzeugten Blute haben sich die umgesetzten Organe wieder neu gebildet. Der Kohlenstoff und Stickstoff der Nahrung sind zu Bestandtheilen des Organismus geworden.

Eben so viel Kohlenstoff und Stickstoff als die Organe abgegeben haben, genau so viel ist ihnen durch das Blut und in letzter Form durch die Speise wieder ersetzt worden.

Wo sind denn aber, kann man fragen, die neuen Verbindungen hingekommen, welche durch die Umsetzung der Bestandtheile der Organe, der Muskelfaser, der Substanz der Membranen und Zellen, der Nerven- und Gehirnsubstanz, entstanden sind?

Diese neuen Verbindungen, sie konnten keinen Moment, insofern sie löslich waren, an dem Platze beharren, wo sie entstanden sind, denn eine sehr wohlbekannte Thätigkeit, die Blutcirculation nämlich, widersetzt sich diesem Beharren.

Durch die Erweiterung des Herzens, in dem sich zwei Systeme von Kanälen vereinigen, welche sich in ein unendlich feines Netzwerk von Röhrchen durch alle Theile des Thierkörpers hin verzweigen, entsteht abwechselnd ein luftleerer Raum, in dessen unmittelbarer Folge, durch den äußern atmosphärischen Druck, alle Flüssigkeiten, die in dieses Röhrensystem gelangen können, nach der einen Seite des Herzens hin mit großer Gewalt getrieben werden. Diese Bewegung wird bei der Zusammenziehung des Herzens durch einen von dem Gewichte der Atmosphäre unabhängigen Druck aufs kräftigste unterstützt.

Wir haben mit einem Worte in dem Herzen eine Druckpumpe, durch welche arterielles Blut in alle Theile des Körpers getrieben wird, und eine Saugpumpe, durch welche alle Flüssigkeiten, von welcher Beschaffenheit sie auch sein mögen, sobald sie in das Röhrensystem der Saugadern, die sich mit den Venen vereinigen, gelangen können, nach dem Herzen hin geführt werden. Diese Aufsaugung, in Folge des im Herzen entstandenen luftleeren Raums, ist ein rein mechanischer Act, der sich, wie bemerkt, auf flüssige Stoffe jeder Art, Salzauflösungen, Gifte &c. erstreckt. Es ist nun einleuchtend, daß durch das Einströmen des arteriellen Blutes in die Capillargefäße alle dort vorhandenen Flüssigkeiten, sagen wir die löslichen Verbindungen, die durch die Umsetzung der Gebilde entstanden sind, eine Bewegung nach dem Herzen hin empfangen müssen.

Diese Materien können zur Neubildung der nämlichen Organe, aus denen sie entstanden sind, nicht verwendet werden; sie gelangen durch das Saug- und Lymphgefäßsystem in die Venen, wo ihre Anhäufung dem Ernährungsproceß eine sehr rasche Grenze setzen würde, wenn sich dieser Ansammlung nicht zwei, ganz besonders zu diesem Zwecke eingerichtete, Filtrirapparate widersetzen würden.

Das venöse Blut nimmt, ehe es zum Herzen gelangt, seinen Weg durch die Leber, das arterielle Blut geht durch die Nieren, welche alle für den Ernährungsproceß untauglichen Stoffe davon scheiden.

Die neuentstandenen Verbindungen, welche den Stickstoff der umgesetzten Organe enthalten, sammeln sich in der Harnblase an und treten, indem sie einer weiteren Verwendung durchaus unfähig sind, aus dem Körper aus.

Alle anderen, welche den Kohlenstoff der umgesetzten Gebilde enthalten, sammeln sich in Gestalt einer löslichen, mit Wasser in allen Verhältnissen mischbaren Natronverbindung in der Gallenblase an, aus der sie sich im Duodenum mit dem Speisebrei wieder mischen. Alle Theile der Galle, die ihre Löslichkeit in dem Verdauungsproceß nicht verlieren, kehren während der Verdauung frisch genossener Nahrung im unendlich fein zertheilten Zustande wieder in den Körper zurück. Das Natron der Galle, so wie alle durch schwache Säure nicht fällbaren, kohlenstoffreichen Bestandtheile (diese betragen $^{99}/_{100}$ aller übrigen), behalten ihre Fähigkeit, durch die Saugadern des Dünndarms und Dickdarms wieder resorbirt zu werden, unverändert bei. Ja diese Fähigkeit ist direct beweisbar durch gallehaltige Klystiere, deren Gallegehalt mit der Flüssigkeit im Mastdarm verschwindet.

Die stickstoffhaltigen Verbindungen, welche in Folge der Umsetzung der Gebilde entstanden, wir wissen genau, daß sie, durch die Nieren von dem arteriellem Blute geschieden, als einer weiteren Veränderung durchaus unfähig, aus dem Körper treten, aber die kohlenstoffreichen Produkte, sie kehren in den Körper des fleischfressenden Thieres zurück.

Die Nahrung des fleischfressenden Thieres ist identisch mit den Hauptbestandtheilen seines Körpers; die Metamorphosen, welche seine Gebilde erfahren, sie müssen identisch sein mit den Veränderungen, welche in ihren Lebensakten ihre Nahrungsmittel erleiden.

Das verzehrte Fleisch und Blut giebt seinen Kohlenstoff zur Unterhaltung des Respirationsprocesses her, seinen Stickstoff erhalten wir als Harnstoff oder Harnsäure wieder. Ehe aber diese letzte Veränderung erfolgt, wird das todte Fleisch und Blut zu lebendigem Fleisch und Blut, und es ist im eigentlichen Sinne der Kohlenstoff der durch Umsetzung der lebenden Gebilde entstandenen Verbindungen, welcher zur Hervorbringung der thierischen Wärme dient.

Die Speise des Fleischfressers verwandelt sich in Blut, das Blut ist bestimmt zur Reproduktion der Organe, durch die Blutcirculation wird ein Strom von Sauerstoff allen Theilen des Körpers zugeführt. Die Träger dieses Sauerstoffs, die Blutkörperchen, welche nachweisbar keinen Antheil an dem Nutritionsprocesse nehmen, geben ihn beim Durchgang durch die Capillargefäße wieder ab. Dieser Sauerstoffstrom begegnet auf diesem Wege den durch die Umsetzung der Gebilde entstandenen Verbindungen, er verbindet sich mit ihrem Kohlenstoff zu Kohlensäure, mit ihrem Wasserstoff zu Wasser, und alles, was diesen Oxydationsproceß nicht erlitten hat, kehrt in der Form von Galle wieder in den Körper zurück, wo sie nach und nach völlig verschwindet.

Bei den Fleischfressern enthält die Galle den Kohlenstoff der umgesetzten Gebilde, dieser Kohlenstoff verschwindet in dem thierischen Körper, die Galle verschwindet in dem Lebensproceß, ihr Kohlenstoff tritt als Kohlensäure, ihr Wasserstoff als Wasser durch Haut und Lunge aus; es ist klar, die Bestandtheile der Galle dienen zur Respiration und zur Hervorbringung der animalischen Wärme. Alle Theile der Nahrung der Fleischfresser sind fähig in Blut überzugehen, ihre Excremente enthalten nur anorganische Substanz (Knochenerde &c.), und was wir an organischen Stoffen diesen beigemischt finden, sind lediglich Excretionen, welche den Durchgang durch die Eingeweide vermitteln. Bei den fleischfressenden Thieren enthalten die Excremente keine Galle, kein Natron; keine Spur einer der Galle ähnlichen Substanz wird von Wasser daraus aufgenommen, die Galle ist aber in allen Verhältnissen darin löslich und damit mischbar.

Ueber den Ursprung der Bestandtheile des Harns und der Galle können die Physiologen nicht im Zweifel sein; wenn der Magen bei Enthaltung aller Speise sich darmartig zusammenzieht, kann sich aus der Gallenblase, da sie keine Bewegung empfängt, keine Galle ergießen; in dem

Körper der Verhungerten finden wir die Gallenblase straff und voll. Wir beobachten Galle- und Harnsekretion bei den Winterschläfern, wir wissen, daß der Harn der Thiere (Hunde), die während 18 bis 20 Tagen keine andere Nahrung als reinen Zucker bekamen, ebensoviel an dem stickstoffreichsten Produkt des Thierkörpers, ebensoviel Harnstoff enthielt, als im gesunden Zustande (Marchand, Erdm. J. XIV. p. 495.). Unterschiede in der Menge des secernirten Harnstoffs erklären sich in diesen und ähnlichen Versuchen durch den Mangel oder die Gestattung der natürlichen Bewegungen. Eine jede Bewegung steigert den Umsatz der Gebilde, nach einem jeden Spaziergang vermehrt sich beim Menschen die Harnsekretion.

Der Harn der Säugethiere, Vögel, der Amphibien enthält Harnsäure oder Harnstoff, der Koth der Weichthiere, der Insecten, der Canthariden, des Seidenwurm-Schmetterlings enthält harnsaures Ammoniak; die Beständigkeit des Vorkommens einer oder zweier Stickstoff-Verbindungen in den Ausleerungen der Thiere, bei einer so großen Verschiedenheit in der genossenen Nahrung, zeigt mit Bestimmtheit an, daß sie aus einer und derselben Quelle entspringen.

Ebensowenig zweifelhaft kann man über die Rolle sein, welche die Galle in dem Lebensproceß übernimmt. Wenn man sich erinnert, daß essigsaures Kali, in der Form eines Klystiers oder als Fußbad genommen, den Harn im hohen Grade alkalisch macht (Rehberger in Tiedemann's Zeitschrift für Physiologie II. 149.), daß die Umwandlung, welche hier die Essigsäure erfährt, nicht ohne ein Hinzutreten von Sauerstoff gedacht werden kann, so ist klar, daß die löslichen Bestandtheile der Galle, veränderlich im hohen Grade, so wie wir sie kennen, welche durch die Eingeweide in den Organismus wieder zurückkehren, da sie zur Blutbildung nicht verwendet werden können, der Einwirkung des Sauerstoffs in einer ganz ähnlichen Weise unterliegen müssen. Die Galle ist eine Natronverbindung, deren Bestandtheile in dem Körper des fleischfressenden Thieres bis auf das Natron verschwinden.

Nach der Ansicht vieler der ausgezeichnetsten Physiologen ist die Galle zur Ausleerung bestimmt, und nichts kann gewisser sein, als daß eine an Stickstoff so arme Materie in dem Nutritionsproceß keine Rolle übernimmt, allein die quantitative Physiologie muß die Ansicht, daß sie zu keinerlei Zwecken dient, daß sie unfähig zu weiteren Veränderungen ist, mit Entschiedenheit zurückweisen.

Kein Bestandtheil eines Organs enthält Natron, nur in dem Blute (Serum), in dem Gehirnfett und in der Galle haben wir Natronverbindungen. Wenn die Natronverbindungen des Bluts in Muskelfaser, in Membranen und Zellen übergehen, so muß ihr Natron in eine neue, in eine andere Verbindung treten; das in Muskelfaser, in Membranen übergehende Blut giebt sein Natron an Verbindungen ab, welche durch die Umsetzung der Gebilde entstanden sind. Eine dieser neuen Natronverbindungen erhalten wir in der Galle wieder.

Wäre die Galle zur Ausleerung bestimmt, so müßten wir sie verändert oder unverändert, wir müßten das Natron in den festen Excrementen wiederfinden. Aber bis auf gewisse Mengen von Kochsalz und schwefelsauren Salzen, welche Bestandtheile aller thierischen Flüssigkeiten sind, finden wir in den festen Excrementen nur Spuren von Natronverbindungen. Das Natron der Galle ist aber jedenfalls aus den Eingeweiden in den Organismus wieder zurückgekehrt, und das nämliche muß von den organischen Stoffen gelten, die mit diesem Natron verbunden bleiben.

Ein Mensch secernirt nach den Beobachtungen der Physiologen 17-24 Unzen Galle, ein großer Hund 36 Unzen, ein Ochse 37 Pfd. Galle (Burdach's Physiologie 5r Band S. 260.) Die festen Excremente eines Menschen wiegen aber durchschnittlich nicht über 5½ Unzen, die eines Pferdes 28½ Pfd. Boussingault (7½ Pfd. trockne Substanz und 21 Pfd. Wasser). Die letzteren geben mit Alkohol behandelt nur 1/76 ihres Gewichts lösliche Theile ab. Dieser sechsundsiebzigste Theil von dem Gewicht der festen Excremente des Pferdes müßte Galle sein.

Den Wassergehalt der Galle zu 90 pCt. angenommen, secernirt ein Pferd täglich 592 Unzen Galle, welche 59,2 Unzen feste Substanz enthalten, während aus 120 Unzen trockner Excremente (7½ Pfd.) nur 6 Unzen einer Substanz ausziehbar sind, die man für Galle nehmen könnte. Aber das, was der Alkohol aus den Excrementen auflös't, ist keine Galle mehr, von dem Weingeist befreit bleibt ein weicher, ölartiger Rückstand, welcher seine Löslichkeit im Wasser gänzlich eingebüßt hat, er hinterläßt nach dem Verbrennen keine alkalische Asche, kein Natron[E10].

Während dem Verdauungsproceß ist also das Natron der Galle und mit ihm alle Bestandtheile derselben, die ihre Löslichkeit nicht verloren haben, in den Organismus zurückgekehrt; wir finden dieses Natron in dem neugebildeten Blute wieder, wir finden es zuletzt in der Form von phosphorsaurem, kohlensaurem und hippursaurem Natron im Urin. In 1000 Theilen fester, frischer Menschenexcremente fand Berzelius nur 9 Theile einer der Galle ähnlichen Substanz, fünf Unzen würden hiernach nur 21 Gran fester Galle enthalten, entsprechend mit ihrem Wassergehalte 200 Gr. Galle im natürlichen Zustande; es werden aber beim Menschen 9640 bis 11520 Gran Galle täglich secernirt, also 45- bis 56mal mehr als man in den durch den Darmkanal ausgeleerten Stoffen nachzuweisen vermag.

Welche Vorstellung man nun auch hegen mag über die Richtigkeit der physiologischen Versuche in Beziehung auf die Menge der in verschiedenen

Thierklassen secernirten Galle, so viel ist vollkommen gewiß, daß auch das Maximum derselben noch nicht den Kohlenstoff enthält, den ein Mensch oder ein Pferd in 24 Stunden ausathmet. Mit allen ihren Gemeng- oder Bestandtheilen an Fett &c. enthalten 100 Theile fester Galle nicht über 69 pCt. Kohlenstoff; in 37 Pfd. Galle, die ein Pferd secernirt, sind demnach nur 80 Loth Kohlenstoff enthalten. Das Pferd athmet aber täglich nahe doppelt soviel Kohlenstoff in der Form von Kohlensäure aus. Ein ganz ähnliches Verhältniß findet bei dem Menschen statt.

Mit dem zur Neubildung und Reproduction bestimmten Stoff wird durch die Blutcirculation allen Theilen des Körpers Sauerstoff zugeführt. Welche Verbindung dieser Sauerstoff in dem Blut auch eingegangen sein mag, es muß als gewiß angenommen werden, daß diejenigen Bestandtheile, welche zur Reproduktion verwendet werden, keine wesentliche Veränderung durch ihn erlitten haben, in der Muskelfaser finden wir das Fibrin mit allen seinen Eigenschaften, die es im venösen Blute besitzt, wieder vor, das Albumin im Blut nimmt kein Sauerstoffgas auf; der im Blute aufgenommene Sauerstoff mag dazu gedient haben, um gewisse unbekannte Bestandtheile des Blutes in Gaszustand zu versetzen, aber die zur Ernährung und Reproduktion dienenden bekannten Hauptbestandtheile desselben, sie können von der Natur nicht dazu bestimmt sein, um den Respirationsproceß zu unterhalten, keine ihre Eigenschaften rechtfertigt eine solche Vorstellung.

Ohne die Frage über den Antheil, den die Galle an den Lebensprocessen nimmt, hier einer erschöpfenden Erörterung zu unterwerfen, geht, wie bemerkt, aus der einfachen Vergleichung der assimilirbaren Bestandtheile der Nahrung eines fleischfressenden Thieres mit den letzten Producten, in die sie verwandelt wird, hervor, daß aller Kohlenstoff derselben, der sich nicht im Harne befindet, in der Form von Kohlensäure ausgetreten ist.

Dieser Kohlenstoff stammte aber von der Substanz der umgesetzten Gebilde und, dieses festgesetzt, lös't sich die Frage über die Nothwendigkeit des Vorhandenseins von kohlenstoffreichen und stickstofflosen Materien in der Nahrung der jugendlichen Carnivoren und der pflanzenfressenden Thiere auf eine höchst einfache Weise.

XII.

Es ist eine unbestreitbare Thatsache, daß in einem erwachsenen fleischfressenden Thiere, was an Gewicht von Tag zu Tag weder merklich zunimmt, noch abnimmt, Nahrung, Umsetzung der Gebilde und Sauerstoffverbrauch in einem ganz bestimmten Verhältniß zu einander stehen.

Der Kohlenstoff der entwichenen Kohlensäure, der des Harns, der Stickstoff des Harns und der Wasserstoff, welcher als Ammoniak und Wasser austritt, diese Elemente zusammengenommen müssen dem Gewicht nach vollkommen gleich sein dem Kohlenstoff, Wasserstoff und Stickstoff der umgesetzten Gebilde, und, insofern diese durch die Nahrung genau ersetzt worden sind, dem Kohlenstoff, Stickstoff und Wasserstoff der Nahrung. Wäre dies nicht der Fall, so würde das Gewicht des Thieres sich nicht gleich bleiben können.

Das Gewicht des sich entwickelnden jungen fleischfressenden Thieres bleibt sich aber nicht gleich, es nimmt im Gegentheile von Tag zu Tag um eine bestimmbare Größe zu.

Diese Thatsache setzt voraus, daß der Assimilationsproceß in dem jugendlichen Thiere stärker, intensiver ist, als der Proceß der Umsetzung der vorhandenen Gebilde. Wären beide Thätigkeiten gleich, so könnte ihr Gewicht nicht zunehmen, wäre der Verbrauch größer, so müßte sich ihr Gewicht vermindern.

Der Blutumlauf ist in dem jungen Thiere aber nicht schwächer, er ist im Gegentheil beschleunigter, die Athembewegungen sind rascher, und bei gleichem Körper-Volum muß der Sauerstoffverbrauch eher größer als kleiner sein, wie bei erwachsenen Thieren. Aber da die Umsetzung der Gebilde langsamer vor sich geht, so würde es an denjenigen Materien fehlen, deren Kohlenstoff und Wasserstoff sich zur Verbindung mit dem Sauerstoff eignet, denn es sind ja bei den fleischfressenden Thieren die neuen Verbindungen, die aus der Umsetzung der Organe entstanden, welche die Natur zum Widerstande gegen den einwirkenden Sauerstoff und zur Hervorbringung der animalischen Wärme bestimmt hat. Was also an diesem Widerstande fehlt, setzt eine bewunderungswürdige Weisheit dem jungen Thiere in seiner Nahrung zu.

Der Kohlenstoff und Wasserstoff der Butter, der Kohlenstoff des Milchzuckers, aus welchen kein Bestandtheil zu Blut, zu Fibrin und Albumin werden kann, sie sind zur Unterhaltung des Respirationsprocesses in einem Lebensalter bestimmt, wo ein stärkerer Widerstand sich der Metamorphose der vorhandenen Gebilde entgegensetzt, der Erzeugung von Stoffen also, welche im erwachsenen Zustande in völlig zur Respiration ausreichender Menge produzirt werden.

Das junge Thier empfängt seine Blutbestandtheile in dem Casein der Milch, eine Umsetzung der vorhandenen Gebilde geht vor sich, denn Gallen- und Harnsekretion finden statt, die Substanz der umgesetzten Gebilde tritt in der Form von Harn und von Kohlensäure und Wasser aus ihrem Körper, allein die Butter und der Milchzucker der Milch sind ebenfalls verschwunden, sie lassen sich in den Faeces nicht nachweisen.

Butter und Milchzucker sind in der Form von Wasser und Kohlensäure ausgetreten und ihre Verwandlung, in Sauerstoffverbindungen beweist aufs klarste, daß weit mehr Sauerstoff aufgenommen wurde, als nöthig war, um mit dem Kohlenstoff und Wasserstoff der umgesetzten Gebilde Kohlensäure und Wasser zu bilden.

Die in dem Lebensproceß des jungen Thieres vor sich gehende Veränderung und Umsetzung der Gebilde liefert demgemäß, in einer gegebenen Zeit, weit weniger Kohlenstoff und Wasserstoff in der zur Respiration geeigneten Form, als dem aufgenommenen Sauerstoff entspricht, die Substanz ihrer Organe würde einen rascheren Stoffwechsel erfahren, sie würde der Einwirkung des Sauerstoffs unterliegen müssen, wenn der fehlende Kohlenstoff und Wasserstoff von einer andern Quelle nicht geliefert werden würde.

Die fortschreitende Zunahme an Masse, die freie und ungehinderte Entwickelung der Organe des jungen Thieres, sie wird also durch die Gegenwart fremder Materien bedingt, die in dem Ernährungsproceß keine andere Rolle spielen, als daß sie die neu sich bildenden Organe vor der Einwirkung des Sauerstoffs schützen, ihre Bestandtheile sind es, die sich mit dem Sauerstoff verbinden; ohne zu unterliegen, würden die Organe selbst diesen Widerstand nicht übernehmen können, d. h. eine Zunahme an Masse, bei gleichem Sauerstoffverbrauch, würde schlechterdings unmöglich seyn.

Ueber den Zweck, zu welchem die Natur der Nahrung der jungen Säugthiere stickstofffreie Materien zugesetzt hat, die ihr Organismus zur eigentlichen Ernährung, zu Blutbildung nicht verwenden kann, Materien, die zur Unterhaltung ihrer Lebensfunktionen in erwachsenem Zustande völlig entbehrlich sind, kann man nach dem Vorhergehenden nicht zweifelhaft seyn. Bei den fleischfressenden Vögeln ist der Mangel aller Bewegung offenbar ein Grund eines verminderten Stoffwechsels.

Der Ernährungsproceß der fleischfressenden Thiere stellt sich mithin in zwei Formen dar, von denen wir die eine Form in den gras- und körnerfressenden Thieren wiederkehren sehen.

XIII.

Bei dieser Thierklasse beobachten wir, daß während ihrer ganzen Lebensdauer ihre Existenz an die Aufnahme von Stoffen geknüpft ist, welche eine dem Milchzucker gleiche oder ähnliche Zusammensetzung besitzen. Allem was sie genießen, ist jederzeit eine gewisse Quantität von Amylon (Stärke), oder Gummi, oder Zucker beigemischt.

Die am meisten verbreitete Substanz dieser Klasse ist das Amylon; es findet sich in Wurzeln, Samen, in den Stengeln, in dem Holzkörper, abgelagert in der Form von rundlichen oder ovalen Körnchen, welche nur in der Größe, aber keineswegs in der chemischen Zusammensetzung[E11] von einander abweichen. Wir finden in einer und derselben Pflanze, in den Erbsen z. B., Stärkemehl von ungleicher Größe, in dem ausgepreßten Saft von Erbsenstengeln haben die sich absetzenden Stärkekörnchen einen Durchmesser von $^1/_{200}$ bis $^1/_{150}$ Millimeter, während die Stärkekörnchen der Samenlappen drei- bis viermal größer sind. Vor allen andern sind die Stärkekörnchen der Pfeilwurzel und der Kartoffel ausgezeichnet durch ihre Größe, die des Reises und des Weitzens durch ihre Kleinheit.

Es ist wohlbekannt, daß durch sehr verschiedene Einwirkungen das Stärkemehl übergeführt werden kann in Zucker; dies geschieht in dem Keimungsproceß (in dem Malzproceß), und namentlich durch die Einwirkung von Säuren. Die Ueberführung des Stärkemehls in Zucker wird, wie sich durch die Analyse darthun läßt, durch eine einfache Aufnahme der Bestandtheile des Wassers bewirkt[E12].

Allen Kohlenstoff der Stärke, wir bekommen ihn in dem Zucker wieder, es ist keiner ihrer Bestandtheile ausgetreten, und außer den Elementen des Wassers ist kein fremdes Element hinzugetreten.

In sehr vielen, namentlich fleischigen Früchten, die im unreifen Zustande sauer und herbe, im reifen hingegen süß sind, wie in den Aepfeln und Birnen, entsteht der Zucker aus dem Amylon, was diese Früchte enthalten.

Wenn man unreife Aepfel oder Birnen auf einem Reibeisen in einen Brei verwandelt und diesen auf einem feinen Sieb mit Wasser auswäscht, so setzt sich aus der trüben ablaufenden Flüssigkeit ein höchst feines Stärkmehl ab, von dem man in den sogenannten reifen Früchten keine Spur mehr wahrnimmt. Manche von diesen Obstsorten werden auf dem Baume süß (Sommer-Birnen, -Aepfel), andere hingegen erst einige Zeit nachher, wenn sie, vom Baume genommen, aufbewahrt werden. Dieses sogenannte Nachreifen, wie man dieses Süßwerden nennt, ist ein rein chemischer Proceß, der mit dem Pflanzenleben nichts zu thun hat. Mit dem Aufhören der Vegetation ist die Frucht zur Fortpflanzung geeignet, d. h. der Kern ist völlig reif, allein die fleischige Hülle unterliegt von diesem Zeitpunkte an der Einwirkung der Atmosphäre, sie nimmt wie alle verwesenden Substanzen Sauerstoff auf, und es trennt sich von ihrer Substanz eine gewisse Menge kohlensaures Gas.

Aehnlich nun wie die Stärke in faulendem Kleister oder durch verwesenden Kleber in Zucker übergeführt wird, verwandelt sich das Amylon der genannten verwesenden Früchte in Traubenzucker, sie werden in dem Verhältniß süßer, als sie mehr Stärke enthielten.

Zwischen Amylon und Zucker findet nach dem Vorerwähnten ein ganz bestimmter Zusammenhang statt; durch eine Menge chemischer Actionen, welche auf die Elemente des Amylons keine andere Wirkung äußern, als daß sie die Richtung ihrer gegenseitigen Anziehung ändern, sind wir im Stande, das Amylon in Zucker und zwar in Traubenzucker überzuführen.

Der Milchzucker[E13] verhält sich in vielen Beziehungen ähnlich wie das Amylon, er ist für sich der weingeistigen Gährung nicht fähig, er erlangt aber die Eigenschaft in Alkohol und Kohlensäure zu zerfallen, wenn er mit einer gährenden Materie (dem faulenden Käse in der Milch) bei Gegenwart von Wasser einer höheren Temperatur ausgesetzt wird. In diesem Fall verwandelt er sich zuerst in Traubenzucker; die nämliche Verwandlung erfährt der Milchzucker, wenn er mit Säuren, mit Schwefelsäure z. B., bei gewöhnlicher Temperatur in Berührung gelassen wird.

Das Gummi hat eine dem Rohrzucker gleiche procentische Zusammensetzung[E14], es unterscheidet sich von den Zuckerarten und dem Amylon, insofern ihm die Fähigkeit abgeht, durch den Proceß der Fäulniß in Weingeist und Kohlensäure zu zerfallen; gährenden Substanzen zugesetzt, erleidet es keine merkliche Veränderung, woraus man mit einiger Wahrscheinlichkeit schließen kann, daß seine Elemente in der Ordnung, in welcher sie vereinigt sind, mit einer stärkeren Kraft zusammengehalten sind, wie die Elemente der verschiedenen Zuckerarten.

Einen gewissen Zusammenhang zeigt das Gummi übrigens mit dem Milchzucker, beide geben nämlich bei Behandlung mit Salpetersäure einerlei Oxydationsproducte, nämlich Schleimsäure, die sich unter denselben Bedingungen aus den Zuckerarten nicht darstellen läßt.

Wenn wir, um die Aehnlichkeit in der Zusammensetzung dieser verschiedenen Materien, welche in dem Ernährungsproceß der pflanzenfressenden Thiere eine so wichtige Rolle übernehmen, noch mehr hervortreten zu machen, 1 Aequivalent Kohlenstoff mit C (= 75,8 Kohlenstoff) und 1 Aequivalent Wasser mit aqua (= 112,4) bezeichnen, so erhalten wir für die Zusammensetzung der genannten Substanzen folgende Ausdrücke:

Amylon	=	12 C + 10 aq.
Rohrzucker	=	12 C + 10 aq. + aq.
Gummi	=	12 C + 10 aq. + aq.
Milchzucker	=	12 C + 10 aq. + 2 aq.

Traubenzucker	=	12 C + 10 aq. + 4 aq.

Auf die nämliche Anzahl von Aequivalenten Kohlenstoff enthält also das Amylon 10 Aeq. Wasser, der Rohrzucker und das Gummi 11 Aequivalente, der Milchzucker 12 und der krystallisirte Traubenzucker 14 Aequivalente Wasser, oder der Bestandtheile des Wassers.

XIV.

In diesen verschiedenen Substanzen, welche in der Nahrung der pflanzenfressenden Thiere niemals fehlen, ist also den stickstoffhaltigen Bestandtheilen derselben, dem Pflanzen-Albumin, -Fibrin, -Casein, woraus sich ihr Blut bildet, im strengsten Sinne nur eine gewisse Quantität Kohlenstoff im Ueberschusse zugesetzt, der in ihrem Organismus zur Erzeugung von Fibrin und Albumin schlechterdings nicht verwendet werden kann, weil ihre stickstoffhaltigen Nahrungsstoffe den zur Blutbildung erforderlichen Kohlenstoff schon enthalten und das Blut in dem Leibe der fleischfressenden Thiere erzeugt wird, ohne Mitwirkung dieses Ueberschusses von Kohlenstoff.

Auf eine klare und überzeugende Weise stellt sich der Antheil heraus, den diese stickstofffreien Materien an dem Nutritionsproceß der pflanzenfressenden Thiere nehmen, wenn wir die verhältnißmäßig so geringe Menge Kohlenstoff in Betrachtung ziehen, die sie in ihren stickstoffhaltigen Nahrungsmitteln genießen; sie steht durchaus in keinem Verhältniß zu dem durch Lunge und Haut aufgenommenen und verbrauchten Sauerstoff.

Ein Pferd kann z. B. in vollkommen gutem Zustande erhalten werden, wenn ihm täglich 15 Pfd. Heu und 4½ Pfd. Hafer zur Nahrung gegeben werden. Wenn wir uns nun den ganzen Gehalt dieser Nahrungsstoffe an Stickstoff, so wie ihn die Elementaranalyse festgesetzt hat (Heu 1,5 pCt., Hafer 2,2 pCt.)[E15] rückwärts in Blut, nämlich in Fibrin und Albumin, mit dem ganzen Wassergehalt des Blutes (80 pCt.) verwandelt denken, so empfängt das Pferd täglich nur 8⁹⁄₁₀ Loth Stickstoff, welche etwas über 8 Pfd. Blut entsprechen. Mit diesem Stickstoff hat aber das Thier, von den andern Bestandtheilen, welche damit verbunden waren, nur 28⁹⁄₁₀ Loth Kohlenstoff empfangen. Nur 15⁹⁄₁₀ Loth von diesen 28⁹⁄₁₀ Loth Kohlenstoff konnten zur Respiration verwendet worden sein, denn mit dem Stickstoff, der durch den Harn ausgeleert wird, treten in der Form von Harnstoff 6 Lothe und in der Form von Hippursäure 7 weitere Lothe wieder aus.

Ohne weitere Rechnung anzustellen, wird Jedermann zugeben, daß das Luftvolum, was ein Pferd ein- und ausathmet, daß die Menge des von ihm verzehrten Sauerstoffgases und in dessen Folge die Menge des ausgetretenen Kohlenstoffs, weit größer ist, wie beim Respirationsproceß des Menschen. Nun verbraucht aber ein erwachsener Mensch täglich nahe an 28 Loth

Kohlenstoff, und die Bestimmung von Boussingault, wonach ein Pferd täglich 158 Loth ausathmet, kann von der Wahrheit nicht sehr entfernt sein.

In den stickstoffhaltigen Bestandtheilen seiner Nahrung erhält das Pferd mithin nur etwas mehr, wie den fünften Theil des Kohlenstoffs, den sein Organismus zur Unterhaltung des Respirationsprocesses bedarf, und wir sehen, daß die Weisheit des Schöpfers allen seinen Nahrungsmitteln ohne Ausnahme die übrigen 4/5 Kohlenstoff, welche in den stickstoffhaltigen Bestandtheilen fehlen, in mannigfaltigen Formen, als Amylon, Zucker u. s. w. zugesetzt hat, welche das Thier, ohne der Einwirkung des Sauerstoffs zu unterliegen, nicht entbehren kann.

Es ist offenbar, daß in dem Organismus des pflanzenfressenden Thieres, dessen Nahrung eine verhältnißmäßig so kleine Menge seiner Blutbestandtheile enthält, der Akt der Umsetzung der vorhandenen Gebilde, daß demzufolge ihre Erneuerung, die Reproduktion derselben, bei weitem minder rasch vor sich geht, wie bei den fleischfressenden Thieren, denn wäre dies der Fall, so würde eine tausendmal reichere Vegetation zu ihrer Ernährung nicht hinreichen; Zucker, Gummi, Amylon würden keine Bedingungen zur Erhaltung ihres Lebens sein, eben weil die kohlenstoffhaltigen Produkte der Umsetzung ihrer Organe für den Respirationsproceß hinreichen würden.

Der fleischessende Mensch bedarf zu seiner Erhaltung und Ernährung eines ungeheuren Gebietes, weiter und ausgedehnter noch, wie der Löwe und Tiger, weil er, wenn die Gelegenheit sich darbietet, tödtet, ohne zu genießen.

Eine Nation von Jägern auf einem begrenzten Flächenraum ist der Vermehrung durchaus unfähig, der zum Athmen unentbehrliche Kohlenstoff muß von den Thieren genommen werden, von denen auf der gegebenen Fläche nur eine beschränkte Anzahl leben kann. Diese Thiere sammeln von den Pflanzen die Bestandtheile ihrer Organe und ihres Blutes, und liefern sie den von der Jagd lebenden Indianern, die sie unbegleitet von den stickstofffreien Substanzen genießen, welche während der Lebensdauer des Thieres seinen Respirationsproceß unterhielten; es ist bei dem fleischessenden Menschen der Kohlenstoff des Fleisches, welcher das Amylon, den Zucker ersetzen muß.

In fünfzehn Pfund Fleisch ist aber nicht mehr Kohlenstoff enthalten, wie in 4 Pfund Amylon[E16] und während der Indianer mit einem einzigen Thier und einem ihm gleichen Gewichte Amylon eine gewisse Anzahl von Tagen hindurch sein Leben und seine Gesundheit würde erhalten können, muß er, um den für diese Zeit, für seine Respiration unentbehrlichen Kohlenstoff zu erhalten, 5 Thiere verzehren.

Man sieht leicht, in welchem engen Verbande die Vermehrung des Menschengeschlechtes mit dem Ackerbau steht. Der Anbau der Culturpflanzen hat zuletzt keinen andern Zweck, als die Hervorbringung eines Maximums der zur Assimilation und Respiration dienenden Stoffe, auf dem möglichst kleinsten Raume. Die Getreide- und Gemüsepflanzen liefern uns in dem Amylon, dem Zucker, Gummi, nicht nur den Kohlenstoff, der unsere Organe vor der Einwirkung des Sauerstoffs schützt, und in dem Organismus die zum Leben unentbehrliche Wärme erzeugt, sondern in dem Pflanzenfibrin, -Albumin und -Casein noch überdies unser Blut, aus dem sich die übrigen Bestandtheile des Körpers entwickeln.

Der fleischessende Mensch athmet wie das fleischfressende Thier auf Kosten der Materien, die durch die Umsetzung seiner Organe entstanden sind, und ähnlich wie der Löwe, der Tiger, die Hyäne in den Kasten unserer Menagerien durch unaufhörliche Bewegung den Umsatz ihrer Gebilde beschleunigen müssen, um den zur Respiration nöthigen Stoff zu erzeugen, muß sich der Indianer, des nämlichen Zweckes wegen, den größten Anstrengungen und mühevollsten Beschwerden unterziehen; er muß Kraft verbrauchen, lediglich um Stoff zum Athmen zu schaffen.

Die Cultur ist die Oekonomie der Kraft; die Wissenschaft lehrt uns die einfachsten Mittel erkennen, um mit dem geringsten Aufwand von Kraft den größten Effect zu erzielen, und mit gegebenen Mitteln ein Maximum von Kraft hervorzubringen. Eine jede unnütze Kraftäußerung, eine jede Kraftverschwendung in der Agricultur, in der Industrie und der Wissenschaft, so wie im Staate, characterisirt die Rohheit oder den Mangel an Cultur.

XV.

Die Vergleichung der Zusammensetzung des Urins der fleisch- und pflanzenfressenden Thiere zeigt auf eine evidente Weise, daß der Act der Umsetzung der Gebilde in beiden in der Zeit und Form verschieden ist.

Der Harn der fleischfressenden Thiere ist sauer, wir haben darin alkalische Basen mit Harnsäure, mit Phosphorsäure und Schwefelsäure vereinigt. Wir wissen genau, aus welcher Quelle diese beiden Säuren stammen. Alle Gebilde, bis auf Zellen und Membranen, enthalten Phosphorsäure und Schwefel, der durch den Sauerstoff des arteriellen Blutes in Schwefelsäure verwandelt wird. In den verschiedenen Flüssigkeiten des Thierkörpers finden wir nur Spuren von phosphorsauren oder schwefelsauren Salzen, aber in dem Harn finden wir beide in reichlicher Menge. Es ist klar, sie stammen beide von dem Phosphor und Schwefel der

Gebilde, die sich umgesetzt haben; sie gelangen als lösliche Salze in das Blut und werden bei ihrem Durchgang durch die Nieren davon geschieden.

Der Harn der grasfressenden Thiere ist alkalisch; er enthält kohlensaures Alkali in überwiegender Menge und eine so geringe Menge von phosphorsaurem Alkali, daß sie von den meisten Beobachtern übersehen worden ist.

Der Mangel, oder, wenn man will, die Abwesenheit der phosphorsauren Alkalien in dem Harn der grasfressenden Thiere zeigt offenbar, daß diese löslichen Salze zu bestimmten Zwecken verwendet werden; denn wenn wir annehmen, ein Pferd verzehre eine dem Gehalte des Stickstoffs (8⁹⁄₁₀ Loth) in seinen Nahrungsmitteln entsprechende Menge Pflanzenfibrin oder -Albumin, und wenn wir den umgesetzten Theil der Gebilde gleichsetzen dem neugebildeten, so ist die Quantität der Phosphorsäure, die wir in dem Urin (in 3 Pfund, dem täglichen Abgang nach Boussingault) finden müßten, nicht so klein, daß sie nicht mit Leichtigkeit durch die Analyse nachweisbar wäre (sie betrüge nach dieser Voraussetzung nahe an 0,8 pCt.), allein, wie bemerkt, die meisten Beobachter haben keine Phosphorsäure darin auffinden können.

Die Phosphorsäure, welche in Folge der Umsetzung der Gebilde in der Form von löslichem phosphorsauren Alkali erzeugt wird, kehrt offenbar bei diesen Thieren in den Organismus zurück, der sie zur Bildung der Gehirn- und Nervensubstanz nicht entbehren kann.

Bei den pflanzenfressenden Thieren, die eine verhältnißmäßig so kleine Quantität von Phosphor oder phosphorsauren Salzen genießen, sammelt der Organismus offenbar alle durch die Umsetzung der Gebilde erzeugten löslichen phosphorsauren Salze, und verwendet sie zur Ausbildung der Knochen und der phosphorhaltigen Bestandtheile des Gehirns; die Secretionsorgane scheiden sie von dem Blute nicht ab. Die durch Stoffwechsel in Freiheit gesetzte Phosphorsäure tritt nicht als phosphorsaures Natron aus; wir finden sie in den festen Excrementen in der Form von unlöslichen phosphorsauren Erden.

XVI.

Vergleichen wir die Fähigkeit der Zunahme an Masse, die Kraft der Assimilation in den gras- und fleischfressenden Thieren, so führen die gewöhnlichsten Beobachtungen auf einen großen Unterschied.

Eine Spinne, welche mit dem größten Heißhunger das Blut der ersten Fliege aussaugt, wird durch die zweite und dritte Fliege in ihrer Ruhe nicht gestört; eine Katze frißt die erste, vielleicht die zweite Maus, und wenn sie auch die dritte tödtet, sie wird von ihr nicht verzehrt. Ganz ähnliche Beobachtungen hat man an Löwen und Tigern gemacht; sie verzehren ihre

Beute erst dann, wenn sich in ihnen das Bedürfniß des Hungers regt. Zur bloßen Erhaltung bedürfen die fleischfressenden Thiere an sich einer geringeren Menge von Nahrung schon deshalb, weil ihre Haut keine Schweißporen hat, weil sie also bei gleichem Volum weit weniger Wärme verlieren, als die Grasfresser, welche die verlorne Wärme durch die Nahrung ersetzen müssen.

Wie ganz anders zeigt sich die Stärke und Intensität des vegetativen Lebens bei den pflanzenfressenden Thieren! Ein Schaf, eine Kuh auf der Weide, sie fressen mit geringer Unterbrechung so lange die Sonne am Himmel steht. Ihr Organismus besitzt die Fähigkeit, alle Nahrung, die sie mehr genießen, als sie zur Reproduction bedürfen, in Bestandtheile ihres Körpers zu verwandeln.

Alles Blut, was mehr erzeugt wird, als zum Ersatz an verbrauchtem Stoff erforderlich ist, wird zur Zelle und Muskelfaser; das pflanzenfressende Thier wird bei gesteigerter Nahrung fleischig oder feist, während das Fleisch des fleischfressenden ungenießbar, zähe und sehnenartig bleibt.

Denken wir uns nur einen Hirsch, ein Reh oder einen Hasen, welche ähnliche Nahrungsmittel genießen, wie das Rindvieh oder Schaf, so ist es evident, daß bei Ueberfluß an Nahrung ihre Zunahme an Masse (ihr Feistwerden) abhängig ist von der Menge des genossenen Pflanzenalbumins, -Fibrins oder -Caseins. Bei einer freien ungehinderten Bewegung nehmen sie Sauerstoff genug auf, um den Kohlenstoff des genossenen Gummi's, des Amylons, des Zuckers und überhaupt aller löslichen stickstofffreien Nahrungsmittel verschwinden zu machen.

Ganz anders stellt sich dieses Verhältniß bei unseren Hausthieren, wenn wir bei reichlicher Nahrung die Abkühlung und Exhalationsprocesse hindern, wenn wir sie in unseren Ställen füttern, wo die freie Bewegung unterdrückt ist.

Das Thier, welches den Stall nicht verläßt, frißt und ruht bloß, um zu verdauen, es nimmt in der Form von stickstoffhaltigen Stoffen weit mehr Nahrung auf, als es zur Reproduktion bedarf, und in gleicher Zeit mit diesen genießt es weit mehr stickstofffreie Substanzen, als zur Unterhaltung des Reproductionsprocesses und zum Ersatz an verlorner Wärme nöthig sind. Mangel an Bewegung und Abkühlung ist aber gleichbedeutend einem Mangel an Zufuhr von Sauerstoff; es nimmt, da diese vermindert sind, bei weitem weniger Sauerstoff auf, als zur Verwandlung des in der stickstofffreien Nahrung genossenen Kohlenstoffs in Kohlensäure erforderlich ist. Nur ein kleiner Theil dieses Ueberschusses von Kohlenstoff tritt aus dem Körper bei Pferden und dem Rindvieh in der Form von Hippursäure aus, alles übrige wird zur Erzeugung einer Materie verwendet, die sich nur in kleinen Quantitäten als Bestandtheil der Nerven und des Gehirns vorfindet.

Im normalen Zustand der Bewegung und Arbeit enthält der Urin des Rindviehs und Pferdes Benzoesäure (mit 14 At. Kohlenstoff), sobald es ruhig im Stalle steht, hingegen Hippursäure (mit 18 At. Kohlenstoff).

Das Fleisch der wilden Thiere ist fettlos, die Hausthiere dagegen bedecken sich bei der Mästung mit Fett.

Lassen wir das fette Thier in freier Luft sich bewegen oder schwere Lasten ziehen, so verschwindet wieder das Fett.

Es ist offenbar, die Fettbildung im Thierkörper wird bedingt durch ein Mißverhältniß in der Menge der genossenen Nahrungsmittel und des durch Lunge und Haut aufgenommenen Sauerstoffs.

Ein Schwein wird bei Mästung mit stickstoffreichen Nahrungsmitteln feist; bei Kartoffel- (Amylon-) Fütterung erhält es wenig Fleisch, aber eine Decke von Speck. Die Milch einer Kuh, welche bei Stall-Fütterung eine reichliche Menge Butter enthält, wird auf freier Weide an Käsestoff reicher und an Fett und Milchzucker in dem nämlichen Verhältniß ärmer. Durch Bier und amylonhaltige Nahrung wächst der Buttergehalt der Frauenmilch; Fleischnahrung giebt weniger, aber an Käsestoff reichere Milch.

Wenn man erwägt, daß in der ganzen Thierklasse der Carnivoren, die außer dem verzehrten Fett kein stickstofffreies Nahrungsmittel genießen, die Fettbildung im Körper höchst unbedeutend ist, daß sie auch bei diesen zunimmt (wie bei Katzen und Hunden), wenn sie gemischte Nahrung genießen, daß wir bei den andern Hausthieren die Fettbildung steigern können und zwar nur durch stickstofffreie Nahrungsmittel, so kann man kaum einen Zweifel hegen, daß die letzteren in einer ganz bestimmten Beziehung stehen müssen zur Fettbildung.

Dem natürlichen Gange der Naturforschung gemäß erschließen wir rückwärts aus den genossenen Nahrungsmitteln die entstandenen Gebilde, aus den stickstoffhaltigen Pflanzenstoffen die stickstoffhaltigen Bestandtheile des Blutes, und es ist diesem Gange völlig angemessen, die Beziehungen der stickstofffreien Nahrungsmittel zu den stickstofffreien Bestandtheilen des Thierkörpers festzustellen; ein enger Zusammenhang zwischen beiden kann nicht verkannt werden.

Vergleichen wir die Zusammensetzung des Milchzuckers, des Amylons und der andern Zuckerarten mit denen des Hammeltalges, Ochsentalges, Menschenfettes, so finden wir, daß sie einerlei Verhältniß Kohlenstoff und Wasserstoff enthalten und lediglich in dem Gehalte an Sauerstoff von einander abweichen.

Hammeltalg, Menschenfett, Schweineschmalz enthalten nach den Analysen Chevreul's 79 pCt. Kohlenstoff auf 11,1 pCt., 11,4 pCt., 11,7 pCt. Wasserstoff[E17].

Das Amylon enthält auf 44,91 Kohlenstoff 6,11 Wasserstoff; der Zucker und das Gummi 42,58 Kohlenstoff 6,37 Wasserstoff[E18].

Nun ist aber aus dem Folgenden einleuchtend, daß diese Zahlen, welche das relative Gewichtsverhältniß des Kohlenstoffs und Wasserstoffs im Amylon, im Zucker und im Gummi ausdrücken, zu einander in dem nämlichen Verhältniß stehen, wie der Kohlenstoff und Wasserstoff in den verschiedenen Fetten.

44,91 : 6,11 = 79 : 10,99

42,58 : 6,37 = 79 : 11,8.

Es ist hieraus klar, daß durch ein einfaches Austreten von Sauerstoff, Amylon, Zucker und Gummi übergehen können in Fett, oder, wenn man will, in einen Körper, welcher genau die Zusammensetzung des Fetts besitzt. Nehmen wir in der That von der Formel des Amylon 9 Atome Sauerstoff hinweg, so haben wir in 100 Theilen:

C_{12} 79,4

H_{20} 10,8

O 9,8.

Die nächste empirische Formel des Fetts ist $C_{11}H_{20}O$; sie giebt in 100 Theilen:

C_{11} 78,9

H_{20} 11,6

O 9,5.

Nach dieser Formel würden sich von dem Amylon die Elemente von 1 Atom Kohlensäure und 7 Atome Sauerstoff getrennt haben.

Mit diesen beiden Formeln stimmt aber sehr nahe die von allen verseifbaren fetten Körpern überein.

Nehmen wir von drei Atomen Milchzucker $C_{56}H_{72}O_{36}$ die Elemente hinweg von 4 Atomen Wasser und lassen wir 31 Atome Sauerstoff austreten, so haben wir $C_{36}H_{64}O$, eine Formel, welche ein genauer Ausdruck ist für die Zusammensetzung des Cholsterins[E19].

Gleichgültig, welche Ansicht man auch über die Entstehung der fetten Bestandtheile des Thierkörpers haben mag, soviel ist unläugbar gewiß, daß die Wurzeln und Kräuter, welche die Kuh verzehrt, keine Butter enthalten, daß in dem Heu und der Nahrung des Rindviehs kein Ochsentalg, in der Kartoffelschlempe, welche die Schweine bekommen, kein Schweineschmalz und in dem Futter der Gänse und des Geflügels kein Gänsefett oder Kapaunenfett enthalten ist. Die großen Massen von Fett in dem Körper dieser Thiere erzeugt ihr Organismus, und aus dieser Thatsache, ihrem wahren Werthe nach anerkannt, muß geschlossen werden, daß von den Bestandtheilen der genossenen Nahrung eine gewisse Quantität Sauerstoff in irgend einer Form austritt, denn ohne eine solche Ausscheidung von Sauerstoff kann kein Fett aus irgend einem Bestandtheil der Nahrung gebildet werden.

Die chemische Analyse giebt auf die bestimmteste Weise zu erkennen, daß in den Nahrungsmitteln, die ein Thier verzehrt, sich eine gewisse Menge Kohlenstoff und Sauerstoff befinden, die, in Aequivalenten ausgedrückt, folgende Reihe bilden.

Im Pflanzenfibrin, -Albumin, -Casein									
	sind	enthalten	auf	120	Aeq.	Kohlenstoff	36	Aeq.	Sauerstoff
Im Amylon	„	„	„	120	„	„	100	„	„
Im Rohrzucker	„	„	„	120	„	„	110	„	„
Im Traubenzucker	„	„	„	120	„	„	140	„	„
Im Gummi	„	„	„	120	„	„	110	„	„
Im Milchzucker	„	„	„	120	„	„	120	„	„

Nun sind aber in allen fetten Substanzen im Mittel auf 120 Aeq. Kohlenstoff nur 10 Aeq. Sauerstoff enthalten.

Da nun der Kohlenstoff der fetten Bestandtheile des Thierkörpers von den Nahrungsmitteln stammt, indem es keine andere Quelle giebt, die ihn liefern könnte, so ist klar, in der Voraussetzung, das Fett entstehe aus Albumin, Fibrin oder Casein, daß für je 120 Aeq. Kohlenstoff, die sich als Fett abgelagert haben, 26 Aeq. Sauerstoff von den Bestandtheilen dieser Nahrungsmittel austreten müssen, es ist ferner klar, daß, wenn wir annehmen, das Fett entstehe aus Amylon, 90 Aeq., aus Zucker 100 und aus Milchzucker 110 Aeq. Sauerstoff abgeschieden werden müssen.

Es giebt also nur einen einzigen Weg, auf welchem die Fettbildung im Thierkörper möglich ist, und dieser ist absolut der nämliche, auf welchem die Fettbildung in den Pflanzen vor sich geht, es ist eine Scheidung und Trennung des Sauerstoffs von den Bestandtheilen der Nahrungsmittel.

Der Kohlenstoff, den wir in den Samen und Früchten der Pflanzen in der Form von Oel und Fett abgelagert finden, er war früher ein Bestandtheil der Atmosphäre, er wurde als Kohlensäure von der Pflanze aufgenommen. Sein Uebergang in Fett wurde unter Mitwirkung des Lichtes durch die vegetative Lebensthätigkeit bewirkt, der größte Theil des Sauerstoffs dieser Kohlensäure kehrte als Sauerstoffgas in die Luft zurück[F3][E20].

[3] Ueber die Bildung des Wachses aus Honig bei den Bienen siehe Anhang.

Im Gegensatz zu dieser Lebensäußerung in der Pflanze wissen wir, daß der Thierorganismus Sauerstoff aus der Luft aufsaugt und daß dieser Sauerstoff in der Form einer Kohlenstoff- oder Wasserstoffverbindung wieder austritt, wir wissen, daß durch den Akt der Bildung von Kohlensäure und Wasser die constante Temperatur des Körpers hervorgebracht wird, daß ein Oxydationsproceß die einzige und Hauptquelle der animalischen Wärme ist.

Mag das Fett in Folge einer Zersetzung des Fibrins oder Albumins, der Hauptbestandtheile des Blutes gebildet werden, mag es aus Amylon, aus Zucker, aus Gummi oder Milchzucker entstehen, das Resultat der Zersetzung muß begleitet seyn, von einer Ausscheidung des Sauerstoffs, von den Bestandtheilen dieser Nahrungsmittel, aber dieser Sauerstoff tritt nicht als Sauerstoffgas aus dem Thierkörper aus, eben weil er in dem Organismus selbst, Stoffe vorfindet, welche die Fähigkeit haben, eine Verbindung mit ihm einzugehen; er tritt in der nämlichen Form aus, wie der durch Lunge und Haut aus der Luft aufgenommene Sauerstoff.

Man beobachtet leicht, in welchem merkwürdigen Zusammenhange die Fettbildung mit dem Respirationsproceß steht.

XVII.

Der abnorme Zustand, durch den Ablagerung von Fett in dem Thierkörper bewirkt wird, beruht, wie früher erwähnt worden, auf einem Mißverhältniß in der Menge des genossenen Kohlenstoffs und dem durch Haut und Lunge aufgenommenen Sauerstoff. Im normalen Zustande wird eben so viel Kohlenstoff ausgeführt wie eingeführt, der Körper erhält kein Uebergewicht an kohlenstoffreichen und stickstofflosen Bestandtheilen.

Steigern wir die Zufuhr der kohlenstoffreichen Nahrungsmittel, so bleibt nur in dem Fall das normale Verhältniß, wenn durch Bewegung und Anstrengung der Umsatz befördert, wenn in gleichem Grade die Zufuhr an Sauerstoff vermehrt wird.

Jede Art von Fettbildung ist stets die Folge eines Mangels an Sauerstoff, der zur Vergasung des im Ueberschusse zugeführten Kohlenstoffs unbedingt erforderlich ist. Dieser als Fett sich ablagernde Kohlenstoff, er zeigt sich bei dem Beduinen, bei dem Araber der Wüste nicht, der mit Stolz seine muskelstarken, magern, fettfreien, sehnenartigen Glieder dem Reisenden zeigt und in Liedern besingt, er zeigt sich aber bei der kärglichen Nahrung in den Kerkern und Gefängnissen als Aufgedunsenheit, er zeigt sich in dem Weibe des Orients und in den wohlbekannten Bedingungen des Mästens bei unseren Hausthieren.

Die Erzeugung von Fett beruht auf einem Mangel an Sauerstoff, allein in ihr, in der Fettbildung selbst, öffnet sich dem Organismus eine Quelle von Sauerstoff, eine neue Ursache der Wärmeerzeugung.

Der in Folge der Fettbildung freiwerdende Sauerstoff, er tritt aus dem Körper als eine Kohlenstoff- oder Wasserstoffverbindung aus, mag nun dieser Kohlenstoff oder Wasserstoff von der Substanz selbst, die auch den Sauerstoff zuführte, oder mag er von einer andern Verbindung genommen worden sein, es muß durch diese Kohlensäure- oder Wasserbildung ebensoviel Wärme entwickelt werden, wie wenn wir eine gleiche Menge Kohlenstoff oder Wasserstoff in der Luft oder im Sauerstoffgas verbrannt hätten.

Wenn wir uns denken, daß sich von 2 Aeq. Amylon 18 Aeq. Sauerstoff trennen, daß sich diese 18 Aeq. Sauerstoff mit 9 Aeq. Kohlenstoff aus der Galle, z. B. zu Kohlensäure, verbunden hätten, so ist niemand zweifelhaft darüber, daß in diesem Fall gerade so viel Wärme entwickelt werden muß, wie wenn wir diese 9 Atome Kohlenstoff direct verbrannt hätten. In dieser Form wäre also die Wärmeentwickelung in Folge der Fettbildung nicht bestreitbar; sie kann also nur für den Fall hypothetisch sein, wo sich von einer und derselben Substanz Kohlenstoff und Sauerstoff in den Verhältnissen, wie in der Kohlensäure, trennen.

Wenn wir z. B. voraussetzen, daß sich von 2 At. Amylon, $C_{24}H_{40}O_{20}$ die Elemente von 9 At. Kohlensäure abscheiden, so würden wir eine Verbindung übrig behalten, welche auf 15 At. Kohlenstoff, 40 At. Wasserstoff und 2 At. Sauerstoff enthält:

$$C_{15}H_{40}O_2 + C_9O_{18} = C_{24}H_{40}O_{20}.$$

Oder wenn wir annehmen, daß Sauerstoff aus Amylon in der Form von Kohlensäure und Wasser austritt, so würden wir bei Abscheidung der

Bestandtheile von 6 At. Wasser und 6 At. Kohlensäure die Verbindung $C_{18}H_{23}O_2$ übrig behalten.

Diese Form der Ausscheidung des Sauerstoffs festgestellt, bleibt zu entscheiden übrig, ob die auftretende Kohlensäure und das Wasser in dem Amylon als solche enthalten waren oder nicht.

War die Kohlensäure und das Wasser fertig gebildet in dem Amylon, so konnte die Trennung vor sich gehen, ohne von einer Wärmeentwickelung begleitet zu sein, war hingegen der Kohlenstoff und Wasserstoff in einer andern Form in dem Amylon (oder der Verbindung, aus der sich das Fett gebildet haben mag) zugegen, so ist klar, daß eine Aenderung in der Anordnung der Atome vor sich gegangen ist, in deren Folge sich die Atome des Kohlenstoffs und Wasserstoffs mit den Atomen des Sauerstoffs zu Kohlensäure und Wasser vereinigt haben.

So weit nun chemische Forschungen reichen, kann aus dem bekannten Verhalten des Amylons und der Zuckerarten kein anderer Schluß gezogen werden, als daß sie keine fertig gebildete Kohlensäure enthalten.

Wir kennen nun eine große Anzahl von Umsetzungsprocessen ähnlicher Art, wo sich die Elemente der Kohlensäure und des Wassers von gewissen vorhandenen Verbindungen trennen, und wir wissen mit Bestimmtheit, daß alle diese Zersetzungsweisen begleitet sind von einer Wärmeentwickelung, gerade so, wie wenn sich Kohlenstoff und Wasserstoff direct mit Sauerstoff verbinden.

Ein solches Austreten von Kohlensäure haben wir in allen Gährungs- und Fäulnißprocessen, sie sind ohne Ausnahme begleitet von einer Entwickelung von Wärme.

In der Gährung einer zuckerhaltigen Flüssigkeit tritt in Folge einer Umsetzung der Elemente des Zuckers eine gewisse Menge seines Kohlenstoffs und Sauerstoffs zu Kohlensäure zusammen, welche sich gasförmig abscheidet, und als Resultat dieser Zersetzung haben wir eine sauerstoffarme, flüchtige, brennbare Flüssigkeit, nämlich Alkohol.

Wenn wir zu zwei Atomen Zucker die Elemente treten lassen von 12 At. Wasser und von der erhaltenen Summe der Atome 24 Atome Sauerstoff hinwegnehmen, so haben wir 6 At. Alkohol $(C_{24}H_{48}O_{24} + H_{24}O_{12}) - O_{24} = C_{24}H_{72}O_{12} =$ 6 At. Alkohol.

Diese 24 At. Sauerstoff reichen hin, um ein drittes Atom Zucker vollkommen zu verbrennen, seinen Kohlenstoff in Kohlensäure zu verwandeln, und wir erhalten durch diese Verbrennung die 12 At. Wasser wieder, die wir hinzutreten ließen, gerade so, als ob sie keine Rolle hierbei gespielt hätten.

$$C_{12}H_{24}O_{12} + O_{24} = 12\ CO_2 + 12\ H_2O.$$

Nach der gewöhnlichen Ansicht trennen sich von 3 At. Zucker 12 Atome Kohlenstoff in der Form von Kohlensäure: wir bekommen 6 At. Alkohol, in beiden also dieselben Produkte, wie wenn der eine Theil Zucker an den andern Theil Sauerstoff abgegeben hätte und dessen Bestandtheile auf Kosten dieses Sauerstoffs verbrannt worden wären.

$$C_{36}\ H_{72}\ O_{36} = C_{24}\ H_{72}\ O_{12} + 12\ CO_2$$[F4].

[4] In Beziehung auf das Verständniß der Formeln siehe die Einleitung zum Anhang.

Man beobachtet leicht, daß die Spaltung eines Körpers in Kohlensäure und eine an Sauerstoff arme Verbindung völlig gleichbedeutend ist in ihrem Resultate einer Ausscheidung von Sauerstoff und einer Verbrennung von einem Theile der Substanz auf Kosten dieses Sauerstoffs.

Es ist wohlbekannt, daß sich die Temperatur einer gährenden Flüssigkeit erhöht, und wenn wir annehmen, daß ein Stückfaß Most = 600 Darmstädter Maaß = 1200 Litres = 2400 Pfund, 16 pCt. Zucker, im Ganzen also 384 Pfund Zucker enthalte, so muß während der Gährung dieses Zuckers eine Wärmemenge frei werden, welche derjenigen gleich ist, die sich bei der Verbrennung von 51 Pfund Kohlenstoff entwickelt.

Dies ist ausdrückbar durch eine Wärmequantität, wodurch jedes Pfund der Flüssigkeit auf 165½ Grad erhoben werden kann, vorausgesetzt, daß die Zersetzung des Zuckers in einem unmeßbaren Zeittheilchen vor sich ginge. Dies ist bekanntlich nicht der Fall, die Gährung dauert 5-6 Tage und die 165½ Wärmegrade empfängt jedes Pfund Flüssigkeit während eines Zeitraums von 120 Stunden. In der Stunde wird also eine Wärmemenge entwickelt, durch welche jedes Pfund Flüssigkeit um 1⁴⁄₁₀ Grad an Temperatur zunimmt, eine Erhöhung, welche durch äußere Abkühlung im Keller, durch Verdunstung von Wasser und Alkohol beträchtlich herabgestimmt wird.

XVIII.

Die Fettbildung, mit bekannten analogen Erscheinungen der Trennung von Sauerstoff verglichen, ist demnach von einer Wärmeentwicklung begleitet; sie ersetzt dem thierischen Körper eine gewisse Menge des zu den vitalen Processen unentbehrlichen, atmosphärischen Sauerstoffs, und zwar in allen denjenigen Fällen, wo der durch Haut und Lunge eingeathmete Sauerstoff nicht hinreicht, um den vorhandenen und dazu geeigneten Kohlenstoff in Kohlensäure zu verwandeln.

Dieser Ueberschuß von Kohlenstoff, welcher in dem Körper zu einem Bestandtheil der Organe nicht verwendet werden kann, lagert sich in der Form von Talg oder Oel in Zellen ab.

In jedem Momente des Lebens eines Thieres tritt Fettbildung ein, wo ein Mißverhältniß zwischen dem durch die Nahrung zugeführten Kohlenstoff und dem eingeathmeten Sauerstoff statt hat; es trennt sich Sauerstoff in Folge einer Umsetzung von vorhandenen Verbindungen, und dieser Sauerstoff tritt als Kohlensäure oder Wasser aus dem Körper aus. Die hierbei entwickelte Wärme trägt dazu bei, um die constante Temperatur des Körpers zu erhalten. Ein jedes Pfund Kohlenstoff, welches seinen Sauerstoff, mit dem es Kohlensäure bildet, von Materien erhielt, die in Fett übergingen, muß so viel Wärme entwickeln, daß man damit 200 Pfunde Wasser auf 39 Grade erheben kann.

In der Fettbildung schafft die Lebenskraft sich selbst ein Mittel, um dem Mangel an Sauerstoff und an der zu den vitalen Processen nöthigen Wärme zu begegnen.

Die Erfahrung zeigt, daß das Anbinden der Füße bei dem Geflügel und eine mittlere Temperatur ein Maximum von Fettbildung nach sich zieht. Diese Thiere sind in diesem Zustande einer Pflanze vergleichbar, die im eminenten Grade die Fähigkeit besitzt, alle Nahrungsstoffe in Theile ihrer selbst zu verwandeln. Die im Ueberschuß zugeführten Blutbestandtheile werden zu Fleisch, zu Bestandtheilen der Gebilde, Amylon und die stickstofffreien Materien verwandeln sich in Fett. Bei dem Fettwerden auf Kosten stickstofffreier Nahrungsstoffe nehmen nur gewisse Theile des Organismus an Volumen zu; so ist die Leber einer gemästeten Gans 4-5mal größer, wie die einer ungemästeten, ohne daß man damit sagen kann, daß die Substanz der Leber selbst eine Zunahme erfahren hat. Während die Leber der ungemästeten Gans fest und elastisch ist, zeigt die der gemästeten eine weiche schwammige Beschaffenheit; der Unterschied liegt lediglich in einer mehr oder minderen Erweiterung der Zellen, ausgefüllt durch Fett.

In einigen Krankheiten erleiden nachweisbar die amylonreichen Stoffe diejenigen Veränderungen nicht, die sie befähigen, den Respirationsproceß zu unterhalten oder in Fett überzugehen. In dem diabetes mellitus wird das Amylon nicht weiter als in Zucker verwandelt, der ohne eine Verwendung zu finden aus dem Körper entfernt wird.

Wir finden ferner in andern Krankheiten, bei Leberentzündungen z. B., das Blut reich an Oel und Fett, und mit der Vorstellung, daß unter gewissen

Bedingungen gewisse Bestandtheile der Galle in Fett metamorphosirt werden, steht die Zusammensetzung der Galle nicht in Widerspruch.

XIX.

Nach dem Vorgehenden lassen sich die Nahrungsmittel der Menschen eintheilen in zwei Klassen: in stickstoffhaltige und in stickstofffreie. Die ersteren besitzen die Fähigkeit, in Blut überzugehen, den andern geht diese Eigenschaft ab.

Aus den Nahrungsmitteln, welche sich zur Blutbildung eignen, entstehen die Bestandtheile der Organe, die andern dienen im normalen Zustande der Gesundheit zur Unterhaltung des Respirationsprocesses. Die stickstoffhaltigen bezeichnen wir als plastische Nahrungsmittel, die stickstofffreien nennen wir Respirationsmittel.

Plastische Nahrungsmittel sind:

- Pflanzenfibrin
- Pflanzenalbumin
- Pflanzencasein
- Fleisch und Blut der Thiere

Respirationsmittel sind:

- Fett
- Amylon
- Gummi
- die Zuckerarten
- Pectin
- Bassorin &c.
- Wein
- Bier
- Branntwein.

XX.

Als eine ganz allgemeine Thatsache, welcher bis jetzt keine einzige Erfahrung entgegensteht, haben die Untersuchungen ergeben, daß alle stickstoffhaltigen Bestandtheile der Pflanzen eine mit den Hauptbestandtheilen des Blutes gleiche Zusammensetzung besitzen.

Kein stickstoffhaltiger Körper, dessen Zusammensetzung abweicht von der des Fibrins, Albumins und Caseins, ist vermögend, den Lebensproceß im Thiere zu unterhalten.

Der Thierorganismus besitzt ohnstreitig die Kraft, aus den Bestandtheilen seines Blutes die Substanz seiner Membranen und Zellen, der Nerven und des Gehirns, die organischen Bestandtheile der Rippen, Knorpel und Knochen zu erzeugen, allein sein Blut muß ihm, bis auf die Form, fertig gebildet dargeboten werden, und wenn dies nicht geschieht, so ist damit der Blutbildung und dem Leben eine Grenze gesetzt.

Von diesem Gesichtspunkte aufgefaßt, ist es leicht erklärlich, woher es kommt, daß die leimgebenden Gebilde, die Gallerte der Knochen und Häute, zur Ernährung und zur Unterhaltung des Lebensprocesses sich nicht eignen, denn ihre Zusammensetzung ist ungleich der des Fibrins und Albumins im Blute. Dies will natürlich nichts anders sagen, als daß die Organe in dem Thierkörper, welche die Blutbildung vermitteln, die Kraft nicht besitzen, um eine Metamorphose in der Anordnung der Elemente der Gallerte (leim- und chondringebenden Gebilde) zu bewirken. Die Leimgebilde, die Gallerte der Knochen, Membranen, Zellen und Häute erleiden in dem Thierkörper durch den Einfluß des Sauerstoffs und der Feuchtigkeit eine fortdauernde Veränderung, ein Theil davon tritt aus und muß aus dem Blute wieder erneuert werden, aber diese Verwandlung und Wiederherstellung ist offenbar in sehr enge Grenzen eingeschlossen.

Während in dem Körper des Verhungernden und Kranken das Fett verschwindet und die Muskelsubstanz die Form von Blut wieder annimmt, sehen wir die Sehnen und Membranen ihren Zustand behaupten, alle Glieder des Todten behalten ihren Zusammenhang, den sie diesen Gebilden verdanken.

Auf der andern Seite sehen wir, daß von einem Knochen, den ein Hund verschluckt hat, nur die Knochenerde wieder abgeht, daß die Gallerte in seinem Körper völlig verschwunden ist; die nämliche Beobachtung machen wir an Menschen, die als Nahrungsmittel verhältnißmäßig mehr Gallerte (in Fleischbrühe) als andere Stoffe genießen, daß sie weder in dem Urin, noch in den Faeces austritt; sie hat also offenbar eine Veränderung erlitten und in dem Körper zu gewissen Zwecken gedient.

Es ist klar, daß sie in einer andern Form aus dem Körper wieder austritt, als die ist, in welcher sie genossen worden ist.

Für den Uebergang des Albumins in Blut, zu einem Bestandtheil eines fibrinhaltigen Organs, läßt sich in der gleichen Zusammensetzung beider kein Widerspruch entnehmen. Wir finden im Gegentheile die Verwandlung eines löslichen und gelös'ten Stoffes in einen nichtlöslichen Träger der Lebensthätigkeit begreiflich und in chemischer Beziehung erklärt, eben weil sie in ihrer Zusammensetzung identisch sind. So ist denn die Meinung einer näheren Begründung nicht unwürdig, daß die in Auflösung genossene Gallerte in dem Organismus wieder zur Zelle und zu Membranen, zu einem Bestandtheil der Knochen wird; daß sie dazu dienen kann, um die leimgebenden Gebilde, welche eine Veränderung erlitten haben, zu erneuern und ihre Masse zu vermehren.

Und wenn die Kraft zur Reproduction im ganzen Körper sich mit dem Zustand der Gesundheit ändert, so muß, wenn auch die Fähigkeit der Blutbildung die nämliche bliebe, die organische Kraft, durch welche die Bestandtheile des Bluts zu Membranen und Zellen werden, im Zustand der Krankheit nothwendig abgenommen haben; die Intensität der Lebenskraft, ihre Fähigkeit, Metamorphosen überhaupt zu bewirken, sie nimmt im Kranken, in seinem Magen sowohl, wie in allen Theilen seines Körpers ab. In diesem Zustande zeigt die practische Medizin, daß die löslich gemachten leimgebenden Gebilde einen ganz entschiedenen Einfluß auf das Befinden des Körpers äußern; in einer Form dargeboten, in der sie sich zur Assimilation eignen, dienen sie zur Ersparung von Kraft, ähnlich so wie es für den Magen durch zweckmäßig zubereitete Speise geschieht. Die Knochenbrüchigkeit bei den grasfressenden Thieren ist offenbar die Folge einer Schwäche in denjenigen Theilen des Organismus, welche bestimmt sind, die Metamorphosen der Blutbestandtheile in Zellensubstanz zu bewirken, und wenn die Angaben von Aerzten, die sich im Oriente aufgehalten haben, Vertrauen verdienen, so haben die türkischen Weiber in der Reisnahrung und in den häufigen Klystieren von Fleischbrühe die Bedingungen vereinigt zur Zellen- und Fettbildung.

Zweiter Theil.
Die
Metamorphosen der Gebilde.

I.

1. **Die** absolute Gleichheit in der Zusammensetzung der Hauptbestandtheile des Bluts und der stickstoffhaltigen Nahrungsmittel der Thiere wäre vor wenigen Jahren noch ein Argument gewesen, um das Resultat der chemischen Analyse zu leugnen, zu einer Zeit, wo man noch nicht die Erfahrung gemacht hatte, daß es eine Menge stickstoffhaltiger und stickstofffreier Körper giebt, die bei einer großen Verschiedenheit in ihren physikalischen Eigenschaften eine vollkommen gleiche procentische Zusammensetzung besitzen, von denen manche sogar die nämliche Anzahl von Atomen an Elementen enthalten.

2. Wir kennen z. B. in der Cyanursäure einen stickstoffhaltigen Körper, welcher in schönen klaren Octaedern krystallisirt, die sich in Wasser und Säuren mit Leichtigkeit lösen, in dem Cyamelid haben wir einen zweiten Körper, welcher in Wasser und Säuren absolut unlöslich, weiß, zusammenhängend und undurchsichtig wie Porzellan oder locker wie Bittererde ist, eine dritte Substanz kennen wir in dem Cyansäurehydrat, welche flüchtiger wie starke Essigsäure, auf der Haut Blasen zieht und mit Wasser nicht zusammengebracht werden kann, ohne augenblicklich in neue Produkte zerlegt zu werden. Diese drei Stoffe zeigen nicht allein in der Analyse ein absolut gleiches Gewichtsverhältniß an Elementen, sondern sie können auch der eine in den andern vorwärts und rückwärts verwandelt werden und zwar in hermetisch geschlossenen Gefäßen, ohne daß also an dieser Verwandlung ein Stoff von Außen Antheil nimmt[E21]. Unter den stickstofffreien Substanzen kennen wir in dem Aldehyd eine mit Wasser mischbare brennbare Flüssigkeit, welche in der Wärme der Hand schon siedet, mit großer Begierde Sauerstoff aus der Luft anzieht und sich in Essigsäure verwandelt. Dieser Aldehyd läßt sich selbst in zugeschmolzenen Gefäßen nicht aufbewahren, schon nach Stunden oder Tagen ändert sich seine Beschaffenheit, seine Flüchtigkeit, seine Fähigkeit Sauerstoff anzuziehen; es setzen sich lange farblose, harte Nadeln darin ab, welche bei Siedhitze des Wassers noch nicht flüchtig sind, und die Flüssigkeit, in welcher es geschieht, ist kein Aldehyd mehr, sie siedet erst bei 60°, mischt sich nicht mehr mit Wasser und krystallisirt in eisähnlichen Nadeln bei einem geringen Kältegrade. Nichtsdestoweniger hat die Analyse dargethan, daß diese drei so verschiedenen Substanzen identisch in ihrer Zusammensetzung sind[E22].

3. Einer ähnlichen Dreiheit begegnen wir in dem Albumin, Fibrin und Casein. Bis auf ihre physikalischen Eigenschaften weichen sie in ihrem Gehalte an organischen Elementen nicht von einander ab.

Wenn man Thieralbumin, -Fibrin und -Casein in einer mäßig starken Kalilauge lös't und diese Flüssigkeit eine Zeitlang einer höhern Temperatur aussetzt, so werden diese Materien zerlegt. Durch Zusatz von Essigsäure scheidet sich aus diesen Auflösungen ein gelatinöser, halb durchscheinender Niederschlag ab, welcher einerlei Beschaffenheit und Zusammensetzung zeigt, von welcher der genannten drei Thiersubstanzen derselbe auch dargestellt werden mag.

Mulder, dem wir die Entdeckung dieses Körpers verdanken, fand durch genaue und sorgfältig ausgeführte Analysen, daß diese Substanz die nämlichen organischen Elemente, und zwar in demselben relativen Verhältnisse enthält, wie die Thierstoffe, aus denen sie erhalten worden war, in der Art also, daß, wenn man von Albumin, Fibrin und Casein die Aschenbestandtheile, den Schwefel und Phosphor, den sie enthalten, abzieht, und den Rest der Bestandtheile auf 100 Theile berechnet, man zu den nämlichen Zahlenverhältnissen, zu denen die Analyse des durch Kali erhaltenen Zersetzungsproduktes führt, gelangt[E23].

Von diesem Gesichtspunkte aus lassen sich die Hauptbestandtheile des Blutes und der stickstoffhaltigen Nahrungsstoffe der Thiermilch als Verbindungen von phosphorsauren und andern Salzen, von Phosphor und Schwefel, mit einem aus Stickstoff, Kohlenstoff, Wasserstoff und Sauerstoff bestehenden Körper betrachten, in welchem das relative Verhältniß dieser Elemente nicht wechselt, und dieser Körper läßt sich als Anfangs- und Ausgangspunkt der ganzen Reihe der übrigen Thiergebilde ansehen, eben weil sie alle aus dem Blute erzeugt werden.

Diese Betrachtungsweise veranlaßte Mulder, dem erwähnten Zersetzungsprodukt den Namen Protein zu geben, von πρωτευω »ich nehme den ersten Platz ein,« und das Blut, oder die Bestandtheile des Blutes sind hiernach Verbindungen dieses Protein's mit wechselnden Mengen von andern nicht organischen Substanzen.

Mulder fand ferner, daß der in Wasser unlösliche stickstoffhaltige Bestandtheil des Weizenmehls, das Pflanzenfibrin, durch Behandlung mit Kali dasselbe Zersetzungsprodukt, nämlich Protein, liefert, und es hat sich zuletzt ergeben, daß Pflanzenalbumin und Pflanzencasein sich gegen Kali genau so verhalten, wie Thieralbumin und Thiercasein.

4. Soweit als unsere Forschungen reichen, kann man es demnach als ein Erfahrungsgesetz betrachten, daß die Pflanzen in ihrem Organismus Proteinverbindungen erzeugen und daß sich aus diesen Proteinverbindungen

die zahlreichen Gebilde und Bestandtheile des Thierkörpers unter Mitwirkung des Sauerstoffs der Luft und der Bestandtheile des Wassers durch die Lebenskraft entwickeln[F5].

[5] Die Erfahrung von Tiedemann und L. Gmelin, welche Gänse mit gekochtem Eiweiß nicht am Leben erhalten konnten, erklärt sich leicht, wenn man erwägt, daß ein körnerfressendes Thier in der Substanz seiner umgesetzten Organe, wenn ihm überdies Bewegung mangelt, nicht Kohlenstoff genug zum Respirationsproceß vorfindet. Zwei Pfunde Eiweiß enthalten nur 7 Loth Kohlenstoff, von denen in dem letzten Produkt des Stoffwechsels der vierte Theil und zwar in der Form von Harnsäure wieder abgeht.

Obwohl es nun nicht bewiesen werden kann, daß das Protein fertig gebildet in diesen stickstoffhaltigen Pflanzenstoffen und Thiersubstanzen enthalten ist, indem die Verschiedenheit ihrer Eigenschaften darauf hinzudeuten scheint, daß ihre Elemente nicht auf gleiche Weise mit einander vereinigt sind, so gewährt dennoch, als Ausgangspunkt für die Entwickelung und Vergleichung ihrer Eigenschaften, die Annahme der Präexistenz des Proteins viele Bequemlichkeit. Jedenfalls ordnen sich die organischen Elemente der genannten Substanzen auf einerlei Weise, wenn sie bei einer höhern Temperatur mit kaustischem Kali in Berührung gebracht werden.

Alle organischen stickstoffhaltigen Bestandtheile des Thierkörpers, so verschieden sie auch in ihrer Zusammensetzung sich darstellen mögen, stammen vom Protein ab; sie sind daraus gebildet worden durch Aus- oder Hinzutreten der Bestandtheile des Wassers oder des Sauerstoffs und durch Spaltung in zwei oder mehrere neue Verbindungen.

5. Dieser Satz muß als eine unleugbare Wahrheit angenommen werden, wenn man sich an die Entwickelung des jungen Thieres im Hühnerei erinnert. Nachweisbar enthält das Hühnerei außer dem Albumin keinen anderen stickstoffhaltigen Bestandtheil, das Albumin des Dotters ist identisch mit dem Albumin des Weißen im Ei[E24]; der Dotter enthält ein gelb gefärbtes Fett, in dem sich Cholsterin und Eisen als Bestandtheile nachweisen lassen. Wir sehen nun, daß in der Bebrütung des Eies, wo bis auf den Sauerstoff der Luft kein Nahrungsstoff, keine Materie von Außen Antheil an dem Entwickelungsproceß nehmen kann, daß sich aus dem Albumin, Federn, Klauen, Blutkörperchen, Fibrin, Membranen und Zellen, Arterien und Venen erzeugen; an der Bildung der Gehirn- und Nervensubstanz mag das Fett des Ei's einen gewissen Antheil genommen haben, allein zur Erzeugung der stickstoffhaltigen Träger der Lebensthätigkeit konnte sein Kohlenstoff nicht verwendet werden, eben weil das Albumin des Weißen und Dotters im Ei auf den gegebenen

Stickstoffgehalt die zur Hervorbringung der Gebilde nöthige Kohlenstoffmenge schon enthält.

6. Der eigentliche Ausgangspunkt aller Gebilde im Thierkörper ist hiernach das Albumin; alle stickstoffhaltigen Nahrungsstoffe, gleichgültig, ob sie von Thieren und Pflanzen stammen, verwandeln sich, ehe sie Theil an dem Nutritionsproceß nehmen, in Albumin.

Alle Nahrungsstoffe, welche das Thier genießt, werden in seinem Magen löslich und überführbar in das Blut. An diesem Löslichwerden nimmt außer dem Sauerstoff der Luft nur eine Flüssigkeit Antheil, welche von den Wänden des Magens abgesondert wird.

Die entscheidendsten Versuche der Physiologen haben dargethan, daß der Verdauungsproceß unabhängig ist von der Lebensthätigkeit, er geht vor sich in Folge einer rein chemischen Aktion, ganz ähnlich den Zersetzungs- oder Umsetzungsprocessen, die man mit Fäulniß, Gährung oder Verwesung bezeichnet.

7. In der einfachsten Form ausgedrückt ist Gährung und Fäulniß der Vorgang der Umsetzung (neuen Lagerung) der Elementartheile (Atome) einer Verbindung, zu einer oder zu mehreren neuen Gruppen (Verbindungen), welche bewirkt wird durch die Berührung mit andern Körpern, deren Elementartheile sich selbst im Zustand der Umsetzung (Zersetzung) befinden. Es ist eine Uebertragung und Mittheilung eines Zustandes der Bewegung, welche die Atome eines sich in Bewegung befindlichen Körpers in andern Materien hervorzubringen vermögen, deren Elementartheile nur mit einer geringen Kraft zusammengehalten sind.

8. So enthält denn der klare Magensaft eine im Zustand der Umsetzung befindliche Materie, durch deren Berührung mit den an und für sich im Wasser unlöslichen Bestandtheilen der Speise, diese die Fähigkeit sich zu lösen, in Folge einer neuen Gruppirung ihrer Elementartheile, empfangen. Während der Verdauung enthält der abgesonderte Magensaft eine freie Mineralsäure, durch deren Gegenwart eine jede weitere Veränderung aufgehalten wird.

Daß die Löslichwerdung der Speisen unabhängig von der Lebensthätigkeit der Verdauungsorgane ist, haben die Physiologen aufs klarste durch eine Menge der schönsten Versuche dargethan. Speisen, in metallene durchlöcherte Röhren eingeschlossen, so daß sie mit den Wänden des Magens nicht in Berührung kommen konnten, verschwinden ebenso leicht und schnell, sie werden eben so gut verdaut, wie wenn diese Hülle nicht vorhanden gewesen wäre, und frisch aus dem Körper genommener Magensaft, in dem man gekochtes Eiweiß, Muskelfleisch bei der Temperatur des Thierkörpers eine Zeitlang erhält, bewirkt, daß sie ihre feste Beschaffenheit verlieren; sie lösen sich in der Flüssigkeit auf.

9. Die in dem Magensaft vorhandene, im Zustand der Veränderung befindliche Materie ist, wie man kaum bezweifeln kann, ein Produkt der Umsetzung des Magens selbst. Keine mehr wie die Produkte, welche durch die fortschreitende Zersetzung der Leim- (Chondrin-?) gebenden Gebilde erzeugt werden, besitzen in so hohem Grade die Fähigkeit, in andern Stoffen eine Umsetzung ihrer Bestandtheile hervorzurufen. Wenn man die Membranen des Magens irgend eines Thieres (den Labmagen des Kalbes z. B.) durch anhaltendes Waschen mit Wasser reinigt, so zeigt er keine Art von Wirkung, wenn er mit Zucker, Milch und andern Substanzen zusammengebracht wird; läßt man dieselben Membranen eine Zeitlang an der Luft liegen, oder trocknet man sie und bringt sie mit Wasser und den genannten Substanzen in Berührung, so verwandelt sich der Zucker, je nach dem Zustand der Zersetzung, in der sich die Thiersubstanz befindet, in Milchsäure oder in Schleim und Mannit oder in Alkohol und Kohlensäure; die Milch wird davon augenblicklich zum Gerinnen gebracht. Eine gewöhnliche Thierblase behauptet in trocknem Zustande ihren Zustand und alle ihre Eigenschaften unverändert, aber bei Gegenwart von Feuchtigkeit und Luft geht sie einer Veränderung entgegen, ohne daß man diese durch besondere äußere Zeichen wahrnimmt; wird sie in diesem Zustande in eine Auflösung von Milchzucker gelegt, so verwandelt sich dieser in kurzer Zeit in Milchsäure.

10. Frischer Labmagen des Kalbes, mit schwacher Salzsäure in Berührung, ertheilt dieser Flüssigkeit nicht die geringste Fähigkeit, gekochtes Fleisch oder Eiweiß aufzulösen; war aber der Labmagen vorher getrocknet worden, oder läßt man ihn eine Zeitlang im Wasser liegen, so lös't mit Salzsäure angesäuertes Wasser eine Materie in höchst geringer Menge daraus auf, deren Zustand der Zersetzung sich in der Auflösung vollendet; durch die Uebertragung des Aktes der Zersetzung auf das coagulirte Eiweiß wird es an den Rändern zuerst durchscheinend, dann schleimig und lös't sich zuletzt bis auf trübende fette Gemengtheile völlig auf. Sauerstoff wird durch das arterielle Blut allen Theilen des Thierkörpers zugeführt, überall befindet sich Feuchtigkeit, in beiden finden wir die Hauptbedingungen aller Veränderungen im Thierkörper vereinigt.

Aehnlich also wie der im Keimungsproceß der Samen in einem Zustande der Umsetzung seiner Bestandtheile befindliche Körper, dem man den Namen Diastase gegeben hat, die Löslichwerdung des Amylons (seine Verwandlung in Zucker) bewirkt, veranlaßt ein Produkt der Metamorphose der Substanz der Verdauungsorgane, indem sich seine Zersetzung im Magen vollendet, die Verflüssigung aller der Lösung fähigen Bestandtheile der Speisen. In gewissen Krankheitszuständen erzeugen sich aus den stickstofffreien Bestandtheilen der Speisen, aus Amylon und Zucker, Milchsäure[E25] und Schleim, die nämlichen Produkte, die wir durch Membranen, welche sich im Zustande der Zersetzung befinden, außerhalb des Magens hervorbringen können; allein im normalen Zustande der Gesundheit wird im Magen keine Milchsäure gebildet.

11. Die Eigenschaft vieler Respirationsmittel, des Amylons und der Zuckerarten, bei Berührung mit Thiersubstanzen, die sich im Zustande der Zersetzung befinden, in Milchsäure überzugehen, hat einen Grund bei den Physiologen abgegeben, um ihre Entstehung während der Verdauung ohne weiteres anzunehmen, und ihre Fähigkeit, den phosphorsauren Kalk aufzulösen, veranlaßte sie, der Milchsäure die Rolle eines allgemeinen Auflösungsmittels zuzuschreiben. Allein es gelang weder Prout noch Braconnot, Milchsäure im Magensafte nachzuweisen, und selbst Lehmann (s. sein Lehrbuch der physiologischen Chemie I. Bd. S. 285) erhielt aus dem Magensaft einer Katze nur mikroskopisch erkennbare Krystalle, die er für milchsaures Zinkoxyd erklärt, obwohl ihr chemischer Charakter nicht ausgemittelt werden konnte.

Das Vorhandensein von freier Salzsäure im Magensafte, was Prout zuerst beobachtete, ist später von allen Chemikern, die sich mit seiner Untersuchung beschäftigt haben, bestätigt worden. Diese Salzsäure stammt offenbar von dem Kochsalz her, dessen Natron bei dem Uebergang des Fibrins und Caseins in Blut eine ganz bestimmte Rolle übernimmt.

In ihrem Vermögen, Knochenerde aufzulösen, wird die Salzsäure von keiner organischen Säure übertroffen, und Essigsäure steht in dieser Eigenschaft der Milchsäure gleich. Von einer Nothwendigkeit der Gegenwart der Milchsäure während des Verdauungsprocesses kann hiernach keine Rede sein; mit Bestimmtheit weiß man, daß sie in dem künstlichen Verdauungsproceß nicht erzeugt wird. Berzelius hat zwar milchsaure Salze im Blut und Fleisch der Thiere gefunden, allein damals war die außerordentliche Leichtigkeit und Schnelligkeit noch nicht bekannt, mit welcher diese Säure bei Gegenwart von Thierstoffen aus einer Menge von Materien zu entstehen vermag, welche die Elemente der Milchsäure enthalten.

In dem Magensafte eines Hundes fand Braconnot, neben Salzsäure, nachweisbare Spuren eines Eisensalzes, was er anfänglich für einen zufälligen Bestandtheil ansah, dessen Gegenwart sich aber in dem Magensafte eines zweiten Hundes, den man mit der nöthigen Vorsicht gewonnen hatte, bestätigte (Ann. d. chim. et d. phys. T. 59. S. 349). Dieser Eisengehalt ist für die Blutbildung bedeutungsvoll.

12. An der Wirkung des Magensaftes auf die Speisen nimmt, außer Wasser, kein anderes Element als der Sauerstoff nachweisbaren Antheil. Dieser Sauerstoff wird aus der atmosphärischen Luft dem Magen zugeführt. Während des Kauens der Speisen wird im Munde, durch besonders dazu bestimmte Organe, eine Flüssigkeit abgesondert, welche die ausgezeichnete Fähigkeit, Luft schaumartig einzuschließen, in weit höherem Grade noch wie Seifenwasser besitzt. Diese Luft gelangt durch den Speichel mit den Speisen in den Magen, wo ihr Sauerstoff eine Verbindung eingeht; der Stickstoff dieser Luft wird durch Haut und Lunge ausgeathmet. Je länger die Verdauung dauert, je größeren Widerstand die Speisen der auflösenden Aktion entgegensetzen, desto mehr Speichel, und mit ihm desto mehr Luft gelangt in den Magen. Das Wiederkäuen bei gewissen grasfressenden Thieren hat offenbar noch den Zweck einer neuen und wiederholten Hinzuführung von Sauerstoff, denn eine vollkommnere mechanische Zertheilung verkürzt nur die Zeit, in welcher die Auflösung vor sich geht.

Aus der ungleichen Menge von Luft, welche bei verschiedenen Thierklassen bei dem Kauen der Speisen mit dem Speichel in den Magen gelangt, erklären sich die wohlbegründeten Beobachtungen der Physiologen, welche die Thatsache außer Zweifel gestellt haben, daß die Thiere durch Haut und Lunge reines Stickgas ausathmen, eine Erfahrung, die um so wichtiger ist, da sie in sich selbst den entscheidendsten Beweis trägt, daß der Stickstoff der Luft in der thierischen Oekonomie keine Verwendung findet.

Das Austreten von Stickgas aus Haut und Lunge erklärt sich durch das Vermögen der Thiergewebe Gase aller Art durchzulassen, was sich durch die einfachsten Versuche darthun läßt. Eine Blase, die man, mit kohlensaurem Gas, Stickgas oder Wasserstoffgas gefüllt, wohlverschlossen in die Luft hängt, verliert in 24 Stunden ihren ganzen Gehalt an diesen Gasen; durch eine Art von Austausch sind sie nach Außen hin in die Atmosphäre entwichen, ihren Platz finden wir von atmosphärischer Luft eingenommen. Ein Darm, ein Magen oder eine Haut, die wir mit diesen Gasen füllen, verhält sich ganz ähnlich wie die Blase; dieses Durchlassen der Gase ist eine physikalische Eigenschaft, die allen thierischen Geweben angehört; wir beobachten sie in dem lebenden Körper in gleichem Grade wie an den todten Substanzen.

Man weiß, daß bei Lungenverletzungen nicht selten ein eigenthümlicher Zustand entsteht, wo beim Athmen die atmosphärische Luft von den Luftwegen aus in das angränzende Zellgewebe eindringt. Diese Luft wird durch die Respirationsbewegungen von der Wundstelle aus in dem Zellgewebe immer weiter fortgetrieben und bildet so den unter dem Namen Emphysem bekannten Krankheitszustand. Sobald das fernere Eindringen der atmosphärischen Luft in das Zellgewebe frühzeitig genug verhindert wird, verliert sich dieser Zustand allmälig von selbst wieder, der Sauerstoff dieser Luft ist, wie man nicht zweifeln kann, in Verbindung getreten, das Stickstoffgas ist durch Haut und Lunge ausgeathmet worden.

Es ist ferner bekannt, daß bei vielen grasfressenden Thieren, wenn sie sich im Genuße frischer saftiger Pflanzen die Verdauungswerkzeuge überladen haben, diese Stoffe in dem Magen selbst der nämlichen Zersetzung unterliegen, die sie außerhalb des Körpers in gleicher Temperatur erfahren; sie gehen in Gährung und Fäulniß über, wobei sich eine so große Menge kohlensaures und entzündliches Gas entwickelt, daß diese Organe auf eine ungewöhnliche Weise (zuweilen bis zum Zersprengen) aufgetrieben werden. Nach der Einrichtung ihres Magens oder ihrer Mägen, können diese Gase durch den Schlund nicht entweichen, man sieht aber nach einigen Stunden schon den aufgetriebenen Leib kleiner werden, und nach 24 Stunden ist von allem Gase keine Spur mehr vorhanden[E26].

Erinnert man sich zuletzt an die tödtlichen Zufälle, die in Weinländern so häufig durch den Genuß von sogenanntem federweißen Wein veranlaßt werden, so kann man nicht den geringsten Zweifel hegen, daß Gase jeder Art, im Wasser lösliche oder unlösliche, das Vermögen besitzen, die thierischen Gewebe zu durchdringen, ähnlich wie Wasser von ungeleimtem Papier durchgelassen wird. Der federweiße Wein ist in Gährung begriffener Wein, welche durch die Temperatur des Magens gesteigert wird; das entwickelte kohlensaure Gas dringt durch die Wände des Magens, des Zwerchfelles, durch alle Häute in die Lungenzellen, und verdrängt aus diesen die atmosphärische Luft. Der Mensch stirbt mit allen Zeichen der Erstickung in einem irrespirablen Gase, und der sicherste Beweis für ihr Vorhandensein in der Lunge ist unstreitig der Umstand, daß das Einathmen von Ammoniakgas als das beste Gegenmittel gegen diesen Krankheitszustand anerkannt ist.

Die Kohlensäure der moussirenden Weine, welche in den Magen gelangt, die Kohlensäure, die man im Wasser, was damit gesättigt ist, in der Form eines Klystiers zu sich nimmt, sie treten durch Haut und Lunge wieder aus, und in gleichem Grade muß dies von dem Stickgas gelten, was durch den Speichel in den Magen gelangt.

Gewiß mag ein Theil dieser Gase durch das Saug- und Lymphgefäßsystem in das venöse Blut und von da in die Lunge gelangen, wo sie abdunsten, allein ihrem directen Eindringen in die Brusthöhle und Lunge steht in den Membranen selbst, nicht das geringste Hinderniß im Wege. Es ist in der That schwer zu glauben, daß die Saug- und Lymphgefäße ein besonderes Bestreben haben, Luft, Stickgas, Wasserstoffgas &c. aufzusaugen und dem Blute zuzuführen, da die Eingeweide, der Magen, alle Räume, die nicht mit festen oder flüssigen Stoffen ausgefüllt sind, Gase enthalten, die nur bei einer gewissen Volumsvergrößerung ihren Platz verlassen, die also nicht aufgesaugt werden. Von dem Stickgas im besondern, mit dem sich das Blut bei seinem Durchgange durch die Lunge, wie eine jede andere Flüssigkeit sättigt, d. h. von dem es so viel aufnimmt, als seinem Auflösungsvermögen entspricht, muß angenommen werden, daß es nicht durch den Kreislauf des Blutes, sondern auf einem directeren Wege wieder aus dem Magen tritt. Durch die Athembewegungen werden alle Gase, welche die leeren Räume ausfüllen, nach der Brusthöhle hingetrieben, indem durch die Bewegung des Zwergfelles und die Erweiterung der Brusthöhle ein luftverdünnter Raum entsteht, in dessen Folge, durch den atmosphärischen Luftdruck, Luft von allen Seiten her in die Lungen eingetrieben wird; es findet freilich das Maximum der Ausgleichung durch die Luftröhre statt, aber auch von Innen her müssen alle Gase eine Bewegung nach der Brusthöhle und Lunge hin empfangen. Bei den Vögeln und Schildkröten ist dieses Verhältniß umgekehrt. Wenn wir annehmen, daß ein Mensch in einer Minute nur ⅛ Kubikzoll Luft mit dem Speichel seinem Magen zuführt, so macht dies in 18 Stunden 135 Kubikzoll aus, wenn wir den fünften Theil davon als Sauerstoff abrechnen, so bleiben immer noch 108 Kubikzoll Stickgas, welche den Raum von drei Pfund (hessische) Wasser einnehmen. So wenig oder so viel die verschluckte Stickstoffmenge nun auch betragen mag, gewiß ist, daß dieses Gas durch den Mund, Nase oder Haut wieder austritt, und wenn wir die große Menge Stickgas in Betrachtung ziehen, welche von Magendie in den Eingeweiden Hingerichteter nachgewiesen worden ist, so wie die Abwesenheit von allem Sauerstoffgas in den nämlichen Organen[E27], so muß angenommen werden, daß auch in Folge der Resorbtion durch die Haut Luft, d. h. Stickgas, eintritt, welches durch die Lunge wieder ausgeathmet wird.

Bei dem Athmen der Thiere in Gasen, die keinen Stickstoff enthalten, wird mehr Stickgas ausgeathmet, eben weil sich in diesem Falle das Stickgas im Körper gegen den Raum außerhalb verhält, wie wenn dieser Raum luftleer wäre. (S. Graham über die Diffusion der Gase.)

Die Unterschiede in der Menge des ausgeathmeten Stickgases von verschiedenen Thierklassen erklären sich hiernach leicht; die Herbivoren verschlucken mit dem Speichel mehr Luft wie die Carnivoren; sie athmen mehr Stickgas aus, beim Fasten weniger wie nach frisch genossener Nahrung.

13. Aehnlich wie die aus dem Leibe genommene Muskelfaser den Zustand der Zersetzung und Umsetzung, in welchem sich ihre Bestandtheile befinden, dem Wasserstoffhyperoxyde überträgt, wirkt ein durch den organischen Proceß, in Folge der Umsetzung der Bestandtheile des Magens und der Verdauungsorgane, entstehendes Product, indem sich seine Metamorphose im Magen vollendet, auf die Bestandtheile der genossenen

Speisen. Die unlöslichen erhalten die Fähigkeit sich zu lösen, sie werden verdaut.

Es ist gewiß bemerkenswerth, daß gekochtes Eiweiß oder Fibrin, wenn sie durch gewisse Flüssigkeiten, durch organische Säuren oder schwache alkalische Laugen, löslich gemacht werden, daß alle ihre übrigen Eigenschaften bis auf die Form (den Cohäsionszustand) nicht die geringste Aenderung erfahren, ihre Elementartheile ordnen sich sicher auf eine andere Art, allein sie theilen sich nicht in zwei oder mehre Gruppen, in zwei oder mehre neue Verbindungen, sondern sie bleiben zusammen vereinigt.

Ganz dasselbe findet in dem Verdauungsprocesse statt; im gesunden Zustande erleiden die Speisen nur eine Aufhebung ihres Cohäsionszustandes.

Das größte Hinderniß, was sich der klaren Auffassung des Verdauungsprocesses, der in dem Vorhergehenden zu den chemischen Metamorphosen gerechnet worden ist, die man Gährung und Fäulniß nennt, entgegenstellt, beruht auf der unwillkührlichen Erinnerung und in der Festhaltung der Erscheinungen, welche die Gährung des Zuckers und der Thiersubstanzen (Fäulniß) begleiten, allein es giebt zahllose Fälle, wo eine Umsetzung der Bestandtheile einer Verbindung vor sich geht, ohne die geringste Gasentwickelung, und es sind hauptsächlich diese, welche man ins Auge zu fassen hat, wenn man den chemischen Begriff der Verdauung frei von Irrthum in sich aufnehmen will.

Alle Materien, welche die Erscheinungen der Gährung und Fäulniß in Flüssigkeiten aufzuheben vermögen, stören, in den verdauenden Magen gebracht, die Verdauung. Die Wirkung der brenzlichen, empyreumatischen Stoffe von Caffee, Tabacksdampf, Kreosot, Quecksilbermittel u. s. w. verdienen in dieser Beziehung für Dietätik eine besondere Beachtung.

Durch die Gleichheit in der Zusammensetzung der Bestandtheile des Bluts mit den stickstoffhaltigen, vegetabilischen Nahrungsstoffen haben wir, gewiß auf eine sehr unerwartete Weise, erfahren, warum faulendes Blut, Eiweiß, Fleisch, Käse in Zuckerwasser die nämliche Veränderung hervorbringen, wie Hefe, warum Zucker damit in Berührung je nach dem Zustande der Zersetzung, in welchem sich die faulenden Materien befinden, bald in Alkohol und Kohlensäure, bald in Milchsäure und Schleim sich zerlegt. Die Ursache liegt einfach darin, daß die Materie, welche man Hefe (Ferment) genannt hat, im Zustande der Zersetzung begriffenes Pflanzenalbumin, -Fibrin oder -Casein ist, Substanzen, welche identisch sind mit den Bestandtheilen des Fleisches oder des Blutes. Die Fäulniß der genannten Thiersubstanzen ist in ihrem Vorgang identisch mit dem Proceß der Metamorphose der ihnen identischen Pflanzenstoffe, es ist ein Zerfallen in minder complexe neue Verbindungen. Und wenn man die Umsetzung der

Bestandtheile des Thierkörpers (den Verbrauch an Stoff vom Thiere) als einen chemischen Proceß betrachtet, welcher unter dem Einflusse der Lebensthätigkeit vor sich geht, so ist die Fäulniß derselben außerhalb des Thierkörpers ein Zerfallen in einfachere Verbindungen, an welchen die Lebenskraft keinen Antheil nimmt. Die Action ist in beiden Fällen die nämliche, nur die Producte sind verschieden. Die practische Medicin hat über die Wirkung empyreumatischer Stoffe (Holzessig und anderer) auf bösartige Wunden und Geschwüre die schönsten und interessantesten Beobachtungen gemacht. In diesen Krankheitserscheinungen gehen zwei Actionen neben einander vor sich, eine Metamorphose, welche unter dem Einfluß der Lebensthätigkeit sich zu vollenden strebt, und eine zweite, welche unabhängig von ihr ist. Die letztere ist ein chemischer Proceß, welcher durch empyreumatische Substanzen gänzlich unterdrückt und aufgehoben wird; es ist der reine Gegensatz von der schädlichen Einwirkung, welche faulendes Blut, auf frische Wunden gelegt, in dem Organismus hervorbringt.

II.

14. Den nächsten Ausdruck für die Zusammensetzung des Proteins oder die relativen Verhältnisse der organischen Bestandtheile des Bluts, so wie sie durch die Analyse festgestellt worden sind, giebt die Formel $C_{48}H_{72}N_{12}$ O_{14}[F6]. Albumin, Fibrin, Casein enthalten Protein; das Casein enthält Schwefel, keinen Phosphor; Albumin und Fibrin enthalten beide Substanzen in chemischer Verbindung, das erstere mehr Schwefel als wie das Fibrin. In welcher Form der Phosphor in diesen Materien vorhanden ist, kann direct nicht entschieden werden, aber man hat bestimmte Beweise dafür, daß der Schwefel nicht im oxydirten Zustande darin enthalten sein kann. Alle diese Materien geben nämlich mit einer mäßig starken Kalilauge erhitzt den Schwefel ab, den man in der Flüssigkeit als Schwefelkalium wiederfindet; mit einer Säure versetzt entwickelt er sich daraus als Schwefelwasserstoff. Lös't man reines Fibrin oder gewöhnliches Eiweiß in schwacher Kalilauge auf, setzt essigsaures Bleioxyd mit der Vorsicht hinzu, daß alles Bleioxyd in der alkalischen Lauge gelös't bleibt, und erhitzt nun zum Sieden, so wird die Flüssigkeit schwarz wie Dinte und es schlägt sich Schwefelblei als feines Pulver nieder.

[6] Ueber die Verwandlung dieser und der folgenden Formeln in Procente siehe Anhang.

Es ist außerordentlich wahrscheinlich, daß durch die Einwirkung des Alkali's der Schwefel als Schwefelwasserstoff, der Phosphor als Phosphorsäure hinweggenommen wird. Da nun in diesem Falle Schwefel und Phosphor auf der einen Seite, Wasserstoff und Sauerstoff auf der andern austreten, so sollte man denken, daß Fibrin und Albumin mit ihrem Schwefel und Phosphor mehr Wasserstoff und Sauerstoff in der Analyse geben müßten, als das Protein. Allein dies läßt sich thatsächlich durch die Analyse nicht darthun. Man hat z. B. in dem Fibrin 0,36 pCt. Schwefel gefunden. Angenommen nun, der Schwefel trete mit Wasserstoff aus, so würde das Protein 0,0225 pCt. Wasserstoff weniger enthalten, wie das Fibrin, anstatt den mittleren Gehalt von 7,062 pCt. Wasserstoff würde man im Protein also 7,04 pCt. bekommen müssen. In einer ähnlichen Weise würde durch das Austreten vom Sauerstoff mit dem Phosphor der Sauerstoffgehalt des Fibrins von 22,715 pCt. oder 22,00 auf 22,5 oder 21,8 pCt. in dem Protein zurückgeführt werden. Die Fehlergrenzen unserer Analysen sind aber im Durchschnitt größer als ein Zehntel Procent in der Wasserstoffbestimmung, und über $^4/_{10}$ pCt. in der Sauerstoffbestimmung; in den angegebenen Fällen würde der Unterschied in dem Wasserstoffgehalte nur $^1/_{48}$ pCt. betragen.

Wenn man zuletzt bedenkt, daß das Austreten von Sauerstoff und Wasserstoff mit dem Phosphor und Schwefel ein Hinzutreten der Bestandtheile des Wassers nicht ausschließt, wenn wir annehmen, daß mit den organischen Bestandtheilen des Albumins und Fibrins eine gewisse Menge Wasser in Verbindung tritt, um Protein zu bilden, so hört alle Wahrscheinlichkeit völlig auf, durch die chemische Analyse darüber zu einer bestimmten Ansicht zu gelangen.

Man hat von der Bildung des Schwefelkaliums rückwärts Schlüsse auf das Vorhandensein von nicht oxydirtem Phosphor in dem Fibrin und Albumin gezogen, indem man annahm, daß der Sauerstoff des Kalis dazu gedient habe, um mit dem Phosphor Phosphorsäure zu bilden; allein das Casein, in welchem kein Phosphor zugegen ist, verhält sich gegen Kali ganz den anderen gleich; es entsteht nämlich Schwefelkalium, dessen Bildung ohne ein Austreten von Schwefelwasserstoff nicht erklärbar ist. Beim bloßen Kochen von Fleisch, bei der Bereitung von Fleischbrühe, entwickelt sich, wie Chevreul gefunden hat, Schwefelwasserstoff.

Zuletzt sind die Schwefelmengen im Fibrin und Albumin auf dieselbe Phosphormenge nicht gleich, woraus man keinen andern Schluß ziehen kann, als daß die Bildung des Schwefelkaliums zu diesem Phosphorgehalt in keiner Beziehung steht; es bildet sich Schwefelkalium aus Casein, in welchem man keinen freien (als Säure ungebundenen?) Phosphor voraussetzt und ebenso aus Albumin, was nur halb so viel Phosphor enthält wie das Fibrin.

Eine jede Bemühung, die wahre Anzahl der Atome des Fibrins und Albumins in einer rationellen Formel festzusetzen, in welcher Schwefel und Phosphor zu ganzen Atomzahlen aufgenommen sind, wird immer unfruchtbar bleiben, weil uns schlechterdings alle Mittel fehlen, um mit absoluter Genauigkeit die so äußerst geringen Mengen von Schwefel und

Phosphor in den Thiersubstanzen bestimmen zu können, und eine Abweichung, welche kleiner ist als die gewöhnlichen Grenzen der Beobachtungsfehler, um 10 und mehr Atome, die Anzahl der Atome des Kohlenstoffs, Wasserstoffs und Sauerstoffs in der Formel ändert.

Man muß sich in dieser Hinsicht über das, was die chemische Analyse zu leisten vermögend ist, keiner Täuschung hingeben, mit Gewißheit wissen wir, daß die Zahlenverhältnisse der Analysen vom Fibrin und Albumin nicht von einander abweichen, und wir erschließen hieraus die gleiche Zusammensetzung. Dieser Schluß verliert von seiner Wahrheit nichts, obwohl wir die Anzahl der Atome ihrer Elemente nicht kennen, welche zu dem zusammengesetzten Atome sich vereinigt haben.

15. Eine Formel für Protein ist für uns nichts weiter wie der genaueste und nächste Ausdruck der Analyse, einer Erfahrung, über die wir alle Zweifel als beseitigt betrachten. Dies allein hat vorläufig Werth für uns.

Wenn wir uns nun denken, daß aus dem Albumin und Fibrin im Blute alle andern Gebilde entsprungen sind, so ist vollkommen sicher, daß dies nur auf zwei Weisen geschehen kann. Es sind nämlich entweder gewisse Elemente hinzu-, oder es sind von ihren Bestandtheilen gewisse Mengen ausgetreten.

Suchen wir nun z. B. für die Zellen und leimgebenden Gebilde, Sehnen, Haare, Horn und die übrigen, einen analytischen Ausdruck auf, in welchem die Anzahl der Atome des Kohlenstoffs als eine unveränderliche Größe festgesetzt wird, so giebt sich auf den ersten Blick zu erkennen, in welcher Art und Weise sich das Verhältniß der andern Elemente geändert hat; dies umfaßt aber alles, was die Physiologie bedarf, um Einsicht in das Wesen des Bildungs- und Ernährungsprocesses im Thierkörper zu erlangen.

16. Aus den Untersuchungen von Mulder und Scherer[E28] ergeben sich folgende empirische Formeln:

Bestandtheile der organischen Gebilde.

Albumin	$C_{48}N_{12}H_{72}O_{14}$ + P + S[F7]
Fibrin	$C_{48}N_{12}H_{72}O_{14}$ + P + 2 S
Casein	$C_{48}N_{12}H_{72}O_{14}$ + S
Leimgebilde, Sehnen	$C_{48}N_{15}H_{82}O_{18}$
Chondrin &c.	$C_{48}N_{12}H_{80}O_{20}$

Arterienhaut	$C_{48}N_{12}H_{76}O_{16}$
Haare, Horn	$C_{48}N_{14}H_{78}O_{15}$.

[7] Die hier als P und S angeführten Phosphor- und Schwefelmengen drücken nicht Atomgewichte aus, sondern bezeichnen nur die relativen durch die Analyse gefundenen Verhältnisse.

Die Vergleichung dieser Formeln zeigt, daß bei dem Uebergang des Proteins in Chondrin (Substanz der Rippenknorpeln) die Bestandtheile von Wasser und Sauerstoff, bei der Bildung der serösen Membranen, Zellen und Sehnen außer diesen Elementen noch Stickstoff hinzugetreten ist.

Bezeichnen wir die Formel des Proteins $C_{48}N_{12}H_{72}O_{14}$ mit Pr, so sind Stickstoff, Wasserstoff und Sauerstoff, in der Form von bekannten Verbindungen geordnet, bei der Bildung der Leimsubstanzen, Haare, Horn, Arterienhaut hinzugetreten.

	Protein.		Ammoniak.		Wasser.		Sauerstoff.	
Fibrin Albumin	-	Pr						
Arterienhaut		Pr			+ 2	H_2O		
Chondrin		Pr			+ 4	H_2O	+ 2	O
Haare, Horn		Pr	+	N_2H_6			+ 3	O
Membranen, Zellen	2	Pr	+ 3	N_2H_6	+	H_2O	+ 7	O.

17. Aus dieser Uebersicht geht hervor, daß alle Gebilde des Thierkörpers auf eine gleiche Anzahl von Kohlenstoffatomen mehr Sauerstoff enthalten als die Bestandtheile des Bluts; bei ihrer Entstehung ist ohne Zweifel Sauerstoff aus der Atmosphäre oder durch die Elemente des Wassers zu den Bestandtheilen des Proteins hinzugetreten; wir finden in den Haaren und Membranen mehr Stickstoff und Wasserstoff, und zwar beide im Verhältniß wie im Ammoniak.

Die Chemiker sind bekanntlich heute noch nicht einig über die Art und Weise, wie die Bestandtheile des schwefelsauren Kali's geordnet sind, es wäre deshalb dem Chemismus zu viel eingeräumt, wenn man die Arterienhaut für ein Hydrat, das Chondrin für das Oxyd des Proteinhydrats, wenn wir Haare und Membranen für Oxyde des Proteins in Verbindung mit Ammoniak ansehen wollten.

Diese Formeln drücken mit Bestimmtheit die Verschiedenheit in der Zusammensetzung der Hauptbestandtheile der Thiere aus, sie zeigen, daß auf einen gleichen Kohlenstoffgehalt das relative Verhältniß ihrer Elemente abweicht, wieviel der eine Stoff mehr Sauerstoff oder Stickstoff enthält wie der andere.

18. Es kann daraus gefolgert werden, wie sie aus den Bestandtheilen des Bluts entstehen; aber die Erklärung ihrer Entstehung nimmt zwei Formen an, von denen zu entscheiden ist, welche der Wahrheit am nächsten kommt.

Auf einen gleichen Kohlenstoffgehalt enthalten die Membranen und die leimgebenden Gebilde mehr Stickstoff, Sauerstoff und Wasserstoff wie das Protein; es ist denkbar, daß sie aus Albumin entstanden sind durch Hinzutreten von Sauerstoff, der Bestandtheile des Wassers und des Ammoniaks und durch Austreten von Phosphor und Schwefel; jedenfalls ist ihre Zusammensetzung von der der Hauptbestandtheile des Bluts durchaus verschieden.

Das Verhalten der Leimgebilde gegen ätzende Alkalien zeigt mit Bestimmtheit, daß sie kein Protein mehr enthalten, auf keine Weise kann Protein daraus erhalten werden, alle durch die Einwirkung des Alkali's erzeugten Producte weichen von den Producten, welche die Protein-Verbindungen unter den nämlichen Bedingungen liefern, durchaus ab; mag fertig gebildetes Protein in dem Fibrin, Casein und Albumin enthalten sein oder nicht, gewiß ist, daß sich ihre Elemente durch die Einwirkung des Alkali's zu Protein ordnen; diese Fähigkeit geht den Elementen der Leimsubstanz ab.

Zur zweiten Form der Bildung der Leimsubstanz und zwar zur wahrscheinlicheren gelangt man, wenn seine Bildung abhängig gedacht wird von einem Austreten von Kohlenstoff.

Angenommen, der Stickstoffgehalt des Proteins bleibe in der Leimsubstanz, so würde die Zusammensetzung der letztern (auf 12 At. Stickstoff berechnet) durch die Formel $C_{38}N_{12}H_{64}O_{14}$ ausgedrückt werden müssen. Diese Formel stimmt am nächsten mit der Analyse von Scherer, wiewohl sie kein genauer Ausdruck dafür ist. Eine den Analysen entsprechendere Formel ist $C_{32}H_{54}N_{10}O_{12}$ oder, nach Mulder's Analyse berechnet, die Formel $C_{54}H_{84}N_{18}O_{20}$[F8].

[8] Die Formel, welche Mulder angenommen hat, $C_{52}H_{80}N_{16}O_{20}$ giebt in der berechneten procentischen Zusammensetzung zu wenig Stickstoff.

Nach der ersten Formel wäre Kohlenstoff und Wasserstoff, nach den beiden andern wäre ein gewisses Verhältniß aller Elemente ausgetreten.

19. Als das für uns wichtigste Resultat in der Betrachtung der Zusammensetzung der Leimsubstanz muß als eine unleugbare Wahrheit angenommen werden, daß sie, obwohl aus Protein-Verbindungen entstanden, aus der Reihe der Protein-Verbindungen herausgetreten ist. Ihr chemisches Verhalten und ihre Zusammensetzung rechtfertigt diesen Schluß.

Keine Beobachtung steht dem Erfahrungsgesetz entgegen, wonach die Natur ausschließlich nur Protein-Verbindungen zur Blutbildung bestimmt. In den Vegetabilien existirt kein der Leimsubstanz ähnlicher Körper, sie ist keine Protein-Verbindung, sie enthält keinen Phosphor, keinen Schwefel, sie enthält mehr Stickstoff oder weniger Kohlenstoff wie das Protein. Durch die Lebensthätigkeit der zur Blutbildung bestimmten Organe nehmen die Protein-Verbindungen eine neue Form an, aber in ihrer Zusammensetzung erleiden sie keine Veränderung; diese Organe besitzen, soweit unsere Erfahrungen reichen, das Vermögen nicht, Protein-Verbindungen kraft einer einwirkenden Thätigkeit zu erzeugen aus Stoffen, die kein Protein enthalten. Thiere mit Leimsubstanz, mit dem stickstoffreichsten Bestandtheil der Nahrung der Carnivoren ausschließlich ernährt, starben den Hungerstod; die Leimsubstanzen sind unfähig zu Blut zu werden.

Aber es unterliegt keinem Zweifel, sie wird aus den Bestandtheilen des Bluts erzeugt und kaum läßt sich die Vorstellung zurückweisen, daß das Fibrin des venösen Bluts, indem es zu arteriösem Fibrin wird, sich auf der ersten Stufe der Umbildung zur Leimsubstanz befindet. Mit einiger Wahrscheinlichkeit kann man kaum den Membranen und Sehnen die Fähigkeit zuschreiben, sich selbst aus Stoffen zu bilden, die ihnen durch das Blut zugeführt werden; wie könnte in der That ein Stoff zur Zelle werden, kraft einer einwirkenden Thätigkeit, welche noch keinen Träger hat; eine schon bestehende Zelle mag die Fähigkeit besitzen, sich zu erhalten oder zu vervielfältigen, allein zu beidem gehören Stoffe, welche identisch in ihrer Zusammensetzung mit der Substanz der Zellen sind. Diese Stoffe werden in dem Organismus erzeugt, und keiner kann sich mehr zu ihrer Bildung eignen als die Zellen und Membranen selbst, die in dem Magen des Thiers in dem Proceß der Verdauung löslich geworden sind, oder welche der Mensch im löslichen Zustande genießt.

20. Ich gebe in dem Folgenden einen Versuch zur analytischen Entwicklung der in dem thierischen Körper vorgehenden Haupt-

Metamorphosen, und zwar, um allen und jeden Mißverständnissen vorzubeugen, mit der ausdrücklichen Verwahrung gegen alle Schlüsse und Folgerungen, die man jetzt oder zu irgend einer Zeit gegen die Ansichten daraus ziehen könnte, welche ich in dem Vorhergehenden, mit dem sie in keinerlei Verbindung stehen, entwickelt habe. Die Resultate, zu denen ich gelangt bin, befremden mich nicht minder und flößten mir die nämlichen Zweifel ein, die sie in Andern erwecken werden, allein sie sind keine Schöpfungen der Phantasie, und ich gebe sie, weil ich die Ueberzeugung hege, daß der Weg, der zu ihrer Ermittelung geführt hat, der einzige ist, auf welchem wir hoffen können, Einsicht in die organischen Processe zu erlangen.

Alle die zahllosen qualitativen Untersuchungen thierischer Substanzen sind absolut werthlos für die Physiologie sowohl, wie für die Chemie, so lange ihnen nicht ein ganz bestimmter Zweck, eine deutlich ausgedrückte Frage unterlegt wird.

Wenn wir in einem Satze, den wir entziffern wollen, die Buchstaben auseinander nehmen und in eine Reihe stellen, so sind wir dem Sinne um keinen Schritt näher gekommen. Um ein Räthsel zu lösen, müssen wir völlig klar über die Aufgabe sein. Es giebt freilich viele Wege, um die höchste Kuppe eines Berges zu erklimmen, allein nur diejenigen haben Hoffnung, dem Ziele sich zu nähern, welche die Spitze im Auge behalten. Mit aller Arbeit und Anstrengung in einem Sumpfe erreicht man nichts weiter, als daß man sich immer mehr mit Schlamm und Koth beladet, das Höhersteigen wird durch selbstgeschaffene Schwierigkeiten immer mühevoller und auch die größte Kraft muß zuletzt unter diesem Unrath erliegen.

21. Wenn es wahr ist, daß aus dem Blute oder den Bestandtheilen des Bluts alle Theile des Thierkörpers entwickelt und gebildet werden, daß die vorhandenen Organe in jedem Zeitmomente des Lebens sich durch den Einfluß des zugeführten Sauerstoffs in neue Verbindungen umsetzen, so müssen die Secrete des Thierkörpers nothwendig die Producte der umgesetzten Gebilde enthalten.

22. Wenn der Schluß ferner wahr ist, daß der Harn die stickstoffhaltigen und die Galle die kohlenstoffreichen Producte aller Gebilde enthält, die in dem Lebensproceß sich in anorganische Verbindungen umgesetzt haben, so ist klar, daß die Bestandtheile der Galle und des Harns zusammengenommen gleich sein müssen, in ihrem relativen Verhältnisse, der Zusammensetzung des Bluts.

23. Aus dem Blute sind die Organe entstanden, die Organe enthalten die Bestandtheile des Bluts; sie haben sich in neue Verbindungen umgesetzt, zu diesen neuen Verbindungen ist außer Sauerstoff und Wasser kein anderer Körper hinzugekommen, das relative Verhältniß ihres Kohlenstoffs und

Stickstoffs muß gleich sein dem relativen Verhältniß des Kohlenstoffs und Stickstoffs im Blute.

Wenn wir also von der Zusammensetzung des Bluts die Bestandtheile des Harns abziehen, so müssen wir, den hinzugekommenen Sauerstoff und das Wasser abgerechnet, die Zusammensetzung der Galle bekommen.

Oder wenn wir von den Bestandtheilen des Bluts abziehen die Bestandtheile der Galle, so müssen wir harnsaures Ammoniak oder Harnstoff und Kohlensäure übrig behalten.

Man wird es vielleicht bemerkenswerth finden, daß diese Betrachtungsweise auf die wahre Formel der Galle, oder richtiger, auf den empirischen Ausdruck für ihre Zusammensetzung geführt hat, auf den Schlüssel zur Erklärung ihrer Metamorphosen durch Säuren und Alkalien, den man bis jetzt ohne Erfolg zu suchen bemüht war.

24. Wenn man frisches Blut über eine 60° heiße Silberplatte fließen läßt, so trocknet es zu einem rothen firnißartigen Ueberzug ein, der sich leicht pulverisiren läßt; anfänglich in gelinder Wärme, zuletzt bei 100°, trocknet frisches fettfreies Muskelfleisch zu einer braunen pulverisirbaren Masse ein.

Die Analysen von Playfair und Boeckmann[E29] führen als den nächsten Ausdruck der erhaltenen Gewichtsverhältnisse ihrer Elemente für das Muskelfleisch (Fibrin, Albumin, Zellen und Nerven) und für das Blut zu einer und derselben empirischen Formel, sie ist:

$C_{48}N_{12}H_{78}O_{15}$ (empirische Formel des Bluts).

25. Der Hauptbestandtheil der Galle ist nach den Untersuchungen von Demarçay eine den Seifen ähnliche Verbindung von Natron mit einer eigenthümlichen Materie, welche den Namen Choleinsäure erhalten hat; sie wird in Verbindung mit Bleioxyd gefällt, wenn man eine durch Alkohol von allen darin unlöslichen Stoffen befreite Galle, mit essigsaurem Bleioxyd vermischt.

Diese Choleinsäure wird durch Salzsäure zerlegt in Taurin, Salmiak und in eine neue stickstofffreie Säure, in Choloidinsäure.

Durch Kochen mit ätzendem Kali zerfällt sie in Kohlensäure, Ammoniak und in Cholinsäure (verschieden von Gmelin's Cholsäure).

Es ist nun klar, daß die wahre Formel der Choleinsäure den analytischen Ausdruck für diese Zersetzungsweisen in sich schließen, daß sie erlauben muß, die Zusammensetzung der entstandenen Producte in eine ganz bestimmte und einfache Beziehung zu der Zusammensetzung der Choleinsäure zu bringen. Dieser Ausdruck verliert an seiner Wahrheit nichts, wenn sich auch ergeben sollte, daß die Choleinsäure und Choloidinsäure, wie aus den Untersuchungen von Berzelius hervorzugehen scheint, Gemenge von mehreren verschiedenartigen Verbindungen sind, die relative Anzahl der Atome kann hierdurch in keiner Weise geändert werden.

26. Zur Entwickelung der Metamorphosen, welche die Choleinsäure durch Säuren und Alkalien erleidet, kann als empirischer Ausdruck ihrer Zusammensetzung nur die folgende Formel angenommen werden:

Formel der Choleinsäure: $C_{75}H_{132}N_4O_{22}$[E30].

Ich wiederhole es, diese Formel kann der Ausdruck sein für die Zusammensetzung von zwei oder mehreren Verbindungen, gleichgültig, wie viel es auch sein mögen, sie enthält die relative Anzahl aller ihrer Elemente zusammengenommen.

Nehmen wir von den Elementen der Choleinsäure die durch Einwirkung der Salzsäure entstehenden Producte, Ammoniak und Taurin, hinweg, so gelangen wir zur empirischen Formel der Choloidinsäure.

Formel der Choleinsäure		$C_{76}H_{132}N_4O_{22}$
ab		
1 At. Taurin	$C_4H_{14}N_2O_{10}$	
1 Aeq. Ammoniak	$H_6\ N_2$	- $C_4\ H_{20}\ N_4O_{10}$
Bleibt die Formel der Choloidinsäure		$C_{72}H_{112}\ O_{12}$[E31].

27. Werden ferner von den Elementen der Choleinsäure die Bestandtheile von Harnstoff und 2 At. Wasser (2 At. Kohlensäure und 2 Aeq. Ammoniak) hinweggenommen, so haben wir die Formel und Zusammensetzung der Cholinsäure.

Formel der Choleinsäure		$C_{76}H_{132}N_4O_{22}$
ab		
2 At. Kohlensäure	$C_2\ O_4$	
2 Aeq. Ammoniak	$N_4\ H_{12}$	- $C_2\ H_{12}\ N_4O_4$
Formel der Cholinsäure		$C_{74}H_{120}\ O_{18}$[E32].

Wenn man die so große Uebereinstimmung der Zahlenresultate der Analysen[E30][E31] [E32] mit den obigen Formeln ins Auge faßt, so wird man kaum zweifeln können, daß die aufgefundene Formel der Choleinsäure so nahe, wie man bei Analysen dieser Art Substanzen nur erwarten kann, die relative Anzahl der Atome ihrer Elemente ausdrückt, gleichgültig, in wieviel verschiedenen Formen sie auch darin vereinigt sein mögen.

28. Addiren wir nun die Hälfte der Zahlen, welche die relativen Verhältnisse der Elemente der Choleinsäure ausdrücken, zu den Bestandtheilen des Harns der Schlangen, zu den Elementen des neutralen harnsauren Ammoniaks, so erhalten wir:

Formel der Choleinsäure $C_{38}H_{66}N_2 O_{11}$

hierzu

1 Aeq. Harnsäure $C_{10}H_8N_8O_6$

1 „ Ammoniak H_6N_2 + $C_{10}H_{14}N_{10}O_6$

in Summa $C_{48}H_{80}N_{12}O_{17}$.

29. Diese Formel drückt aber aus die Zusammensetzung des Bluts, zu welchem die Elemente von 1 At. Wasser und 1 At. Sauerstoff getreten sind.

Formel des Bluts $C_{48}H_{78}N_{12}O_{15}$

hierzu

1 At. Wasser H_2O

1 „ Sauerstoff O + H_2 O_2

in Summa $C_{48}H_{80}N_{12}O_{17}$.

30. Wenn wir ferner zu den Elementen des Proteins die Elemente treten lassen von 3 At. Wasser, so haben wir, bis auf 2 At. Wasserstoff, genau die Elemente der Choleinsäure und des harnsauren Ammoniaks.

1 At. Protein $C_{48}H_{72}N_{12}O_{14}$

3 „ Wasser H_6 O_3

$C_{48}H_{78}N_{12}O_{17}$.

31. Betrachten wir also die Choleinsäure und das harnsaure Ammoniak als die Producte der Umsetzung der Muskelfaser, indem es keine andern Gebilde im Thierkörper giebt, welche Protein enthalten (Albumin geht in Gebilde über, ohne daß man sagen kann, daß es im Lebensproceß direct eine Umsetzung in Harnsäure und Choleinsäure erfährt), so haben wir darin mit

Zuziehung der Bestandtheile des Wassers alle zu der Metamorphose nöthigen Elemente; bis auf den Schwefel und Phosphor, die sich beide oxydirt haben mögen, ist kein anderes Element ausgetreten.

Diese Art der Metamorphose bezieht sich auf die Umsetzung in den niedrigen Thierklassen der Amphibien und vielleicht der Würmer und Insecten. In den höhern Thierklassen verschwindet in dem Harn die Harnsäure, an ihrer Stelle finden wir Harnstoff.

Das Verschwinden der Harnsäure und die Erzeugung von Harnstoff steht offenbar in sehr enger Beziehung zu dem durch den Respirationsproceß aufgenommenen Sauerstoff und zu der Menge von Wasser, welche verschiedene Thiere in einer gegebenen Zeit genießen.

Wenn wir der Harnsäure Sauerstoff zuführen, so zerlegt sie sich, wie man weiß, zuerst in Alloxan[E33] und Harnstoff, eine neue Quantität Sauerstoff dem Alloxan zugeführt, macht, daß es entweder in Oxalsäure und Harnstoff, Oxalursäure und Parabansäure[E34] oder in Kohlensäure und Harnstoff zerfällt.

32. Wir finden in den sogenannten Maulbeersteinen oxalsauren Kalk, in den andern Harnsteinen harnsaures Ammoniak und zwar stets bei Personen, in denen durch Mangel an Bewegung und Anstrengung, oder durch andere Ursachen die Sauerstoffzuführung gemindert ist. Nie finden sich Harnsteine, welche Harnsäure oder Oxalsäure enthalten, bei Schwindsüchtigen (siehe S. 24); und es ist eine gewöhnliche Erfahrung in Frankreich bei Personen, welche an Steinbeschwerden leiden, sobald sie sich auf das Land begeben, wo sie sich mehr Bewegung machen, daß die in der Blase während ihres Aufenthaltes in der Stadt sich absetzenden harnsauren Verbindungen (durch die vergrößerte Sauerstoffaufnahme) in oxalsaure Salze (in Maulbeersteine) übergehen; bei noch mehr Sauerstoff würde sich wie bei gesunden Menschen nur das letzte Oxydationsprodukt des Kohlenstoffs, nämlich nur Kohlensäure, haben bilden können.

Die falsche Interpretation der unleugbaren Beobachtungen, daß durch die Nieren alle von dem Organismus nicht verwendbaren Substanzen verändert oder unverändert abgeschieden und in dem Harn ausgeleert werden, hat die praktische Medizin zu der Ansicht geführt, daß die Nahrung und namentlich stickstoffhaltige Nahrungsstoffe einen directen Einfluß haben können auf die Erzeugung der Harnsteine. Es giebt keine Gründe, diese Meinung zu stützen, es giebt unzählige, die sie widerlegen. Möglich ist es, daß in den Speisen eine Menge durch die Kochkunst umgewandelter Stoffe genossen werden, welche, als für Blutbildung nicht mehr tauglich, durch den Respirationsproceß mehr oder weniger verändert, aus dem Harn ausgestoßen werden, allein Braten und Kochen ändern in keiner Weise die Zusammensetzung der Fleischspeisen[E35].

Das gekochte und gebratene Fleisch wird zu Blut, die Harnsäure und der Harnstoff stammen von den umgesetzten Gebilden. Die Menge dieser Produkte steigt mit der Schnelligkeit der Umsetzung in der gegebenen Zeit, sie steht in keiner Beziehung zu der in dem nämlichen Zeitraume genossenen Nahrung. Bei einem Hungernden, welcher sich einer starken und anhaltenden Bewegung hingeben muß, wird mehr Harnstoff secernirt, als bei dem wohlgenährtesten Menschen im Zustande der Ruhe; in Fiebern bei rascher Abmagerung ist der Harn harnstoffreicher als im Zustande der Gesundheit (Prout).

33. Aehnlich also wie die in dem Urin des ruhenden Pferdes vorhandene Hippursäure in benzoesaures Ammoniak und Kohlensäure verwandelt wird, sobald es sich in Arbeit und Bewegung befindet, verschwindet die Harnsäure in dem Harn des Menschen, der durch Haut und Lunge eine zur Oxydation der Produkte der umgesetzten Gebilde hinreichende Menge Sauerstoff in sich aufnimmt; der Genuß von Wein und Fett, die in dem Organismus nur insofern sich weiter verändern als sie Sauerstoff aufnehmen, hat einen entschiedenen Einfluß auf die Bildung von Harnsäure. Nach dem Genuß von fetten Speisen ist der Harn trübe und setzt beim Erkalten kleine Krystalle von Harnsäure ab (Prout). Dasselbe beobachtet man nach dem Genuß von Weinen (nie bei Rheinweinen), in denen das zur Löslicherhaltung der Harnsäure nothwendige Alkali fehlt.

Bei Thieren, welche größere Mengen Wasser genießen, wodurch die schwerlösliche Harnsäure in Auflösung erhalten wird, so daß der eingeathmete Sauerstoff darauf wirken kann, finden wir im Harn keine Harnsäure, sondern Harnstoff. Bei Vögeln ist als Secretionsproduct die Harnsäure vorherrschend.

Wenn wir zu 1 Atom Harnsäure 6 Atome Sauerstoff und 4 Atome Wasser hinzutreten lassen, so zerlegt sie sich in Harnstoff und Kohlensäure

1 At. Harnsäure	$C_{10}N_8H_8\,O_6$		2 At. Harnstoff	$C_4\,N_8H_{16}O_4$
4 „ Wasser	- - -		6 „ Kohlensäure	
6 „ Sauerstoff	$H_8\,O_{10}$	=		$C_6 \quad O_{12}$
	$C_{10}N_8H_{16}O_{16}$			$C_{10}N_8H_{16}O_{16}$

34. Der Harn der Gras fressenden Thiere enthält keine Harnsäure, wohl aber Ammoniak, Harnstoff und Hippursäure, oder Benzoesäure. Bei einem Hinzutreten von 9 Atomen Sauerstoff zu der empirischen Formel ihres Blutes, fünf mal genommen, haben wir darin die Elemente von 6 Atomen Hippursäure, 9 At. Harnstoff, 3 At. Choleinsäure, 3 At. Wasser und

3 At. Ammoniak; oder wenn wir uns denken, daß während der Metamorphose dieses Blutes 45 Atome Sauerstoff hinzutreten, so haben wir 6 At. Benzoesäure, 13½ At. Harnstoff, 3 At. Choleinsäure, 15 At. Kohlensäure und 12 At. Wasser.

$$5\,(C_{48}N_{12}H_{78}O_{15}) + 9\,O = C_{240}N_{60}H_{390}O_{84} =$$

	6 At.	Hippursäure	$6\,(C_{18}N_2H_{16}O_5)$	=	$C_{108}N_{12}H_{96}O_{30}$
	9 „	Harnstoff	$9\,(C_2N_4H_8O_2)$	=	$C_{18}N_{36}H_{72}O_{18}$
-	3 „	Choleinsäure	$3\,(C_{38}N_2H_{66}O_{11})$	=	$C_{114}N_6H_{198}O_{33}$
	3 „	Ammoniak	$3\,(N_2H_6)$	=	N_6H_{18}
=	3 „	Wasser	$3\,(H_2O)$	=	H_6O_3
					$C_{240}N_{60}H_{390}O_{84}$

oder

$$5\,C_{48}N_{12}H_{78}O_{15}) + O_{45} = C_{240}N_{60}H_{390}O_{120} =$$

	6 At.	Benzoesäure	$6\,(C_{14}H_{10}O_3)$	=	$C_{84}H_{60}O_{18}$
	27/2 „	Harnstoff	$27\,(C\,N_2H_4O)$	=	$C_{27}N_{54}H_{108}O_{27}$
-	3 „	Choleinsäure	$3\,(C_{38}N_2H_{66}O_{11})$	=	$C_{114}N_6H_{198}O_{33}$
	15 „	Kohlensäure	$15\,(C\,O_2)$	=	$C_{15}O_{30}$
=	12 „	Wasser	$12\,(H_2O)$	=	$H_{24}O_{12}$
				Summa	$C_{240}N_{60}H_{390}O_{120}$

35. Verfolgen wir zuletzt die Metamorphose der Gebilde in dem Foetus der Kuh und betrachten wir das im Blute der Mutter zugeführte Protein als den Stoff, welcher eine Umsetzung erleidet oder erlitten hat, so ergiebt sich, daß 2 At. Protein ohne Hinzutreten von Sauerstoff oder einer fremden Substanz die Elemente enthalten von 3 At. Allantoin, 4 At. Wasser und 1 At. Choloidinsäure, (Kindspech, Meconium??).

$$2\ \text{At. Protein} = 2\,(C_{48}N_{12}H_{72}O_{14}) + 2\ \text{At. Wasser} = C_{96}N_{24}H_{148}O_{30} =$$

-	3 At.	Allantoin	$3\,(C_8N_8H_{12}O_6)$	=	$C_{24}N_{24}H_{36}O_{18}$
=	1 „	Choloidinsäure			$C_{72}H_{112}O_{12}$

$C_{96}N_{24}H_{148}O_{30}$

36. Die Elemente von drei Atomen Allantoin, die in obiger Formel aufgeführt sind, entsprechen aber genau der Anzahl der Elemente von 2 At. Harnsäure, 2 At. Harnstoff und 2 Atomen Wasser.

Allantoin		2 At. Harnsäure	$C_{20}N_{16}H_{16}O_{12}$
3 At.		- 2 „ Harnstoff	$C_4 N_8 H_{16}O_4$
	= $C_{24}N_{24}H_{36}O_{18}$ =	2 „ Wasser	$H_4 O_2$
			$C_{24}N_{24}H_{36}O_{18}$

Die Beziehungen des Allantoins, in dem Harn des Foetus der Kuh, zu den stickstoffhaltigen Bestandtheilen des Harns bei athmenden Thieren sind, wie aus der Nebeneinanderstellung beider Formeln hervorgeht, unverkennbar. In dem Allantoin befinden sich die Elemente der Harnsäure und des Harnstoffs, das heißt der stickstoffhaltigen Umsetzungsproducte der Proteinverbindungen.

37. Wenn wir ferner zu der Formel des Proteins, dreimal genommen, hinzutreten lassen die Elemente von 4 Atomen Wasser und von der ganzen Anzahl aller Bestandtheile die Hälfte der Elemente der Choloidinsäure hinwegnehmen, so bleibt eine Formel, welche außerordentlich nahe die Zusammensetzung des Leims ausdrückt.

$3\ (C_{48}N_{12}H_{72}O_{14})\ +\ 4\ H_2O\ =\ C_{144}N_{36}H_{224}O_{46}\ =$

ab ½ At. Choloidinsäure = $C_{36}\ H_{56}\ O_6$

bleibt = $C_{108}N_{36}H_{168}O_{40}$

oder 4 ($C_{27}\ N_9\ H_{42}\ O_{10}$) [E36].

38. Nehmen wir von dieser Formel des Leims die Bestandtheile von 2 At. Protein hinweg, so bleiben uns die Elemente des Harnstoffs, der Harnsäure und des Wassers, oder 3 At. Allantoin und 3 At. Wasser.

Formel des Leims nach Mulder $C_{108}\ H_{168}\ N_{36}\ O_{40}$

ab 2 Protein $C_{96}\ H_{144}\ N_{24}\ O_{28}$

bleiben $C_{12}\ H_{24}\ N_{12}\ O_{12}$ =

1 At. Harnsäure $C_{10}H_8\ N_8\ O_6$ - = - 3 At. Allantoin $C_{12}H_{18}N_{12}O_9$

1 „ Harnstoff	$C_2 H_8 N_4 O_2$			
4 „ Wasser	$H_8 O_4$	3 „ Wasser	$H_6 O_3$
	$C_{12}H_{24}N_{12}O_{12}$		$C_{12}H_{24}N_{12}O_{12}$

39. Abgesehen von dem größeren Stickstoffgehalt, in welchem diese Zahlenverhältnisse von Mulder's und Scherer's Analysen abweichen, geht aus der gegebenen Auseinandersetzung hervor, daß, wenn wir zu den Elementen von 2 At. Protein hinzutreten lassen die Bestandtheile der stickstoffhaltigen Umsetzungsproducte von einem dritten Atom Protein, von Harnstoff, Harnsäure und Wasser, oder wenn wir von drei Atomen Protein hinwegnehmen die Bestandtheile eines stickstofffreien Körpers, den wir als Zersetzungsproduct der Choleinsäure ebenfalls erhalten können, daß wir in beiden Fällen eine der Zusammensetzung der Leimsubstanz nahe kommende Formel erhalten. Man darf diesen Formeln, wie ich wiederholt in Erinnerung bringe, keinen höheren Werth beilegen als sie verdienen; sie sollen zu weiter nichts als zu Anknüpfungspunkten dienen, um zu richtigeren Vorstellungen über das Entstehen und Zerfallen der Substanzen zu gelangen, woraus die thierischen Gebilde bestehen. Es sind die ersten Versuche zur Auffindung des Weges, den wir einzuschlagen haben, um das vorgesteckte Ziel zu erreichen, und dieses Ziel, nach dem wir streben, es kann und muß erreichbar sein.

Die Erfahrungen von Allen, die sich mit der Erforschung der Naturerscheinungen beschäftigt haben, kommen zuletzt darin überein, daß diese durch weit einfachere Mittel und Ursachen bedingt und hervorgebracht werden, als man sich gedacht hat oder als wir uns denken, und gerade ihre Einfachheit müssen wir als das größte Wunder betrachten.

Die Leimsubstanz entsteht aus Blut, aus Proteinverbindungen, sie kann durch Hinzutreten von Ammoniak und Sauerstoff oder von Wasser, Harnstoff und Harnsäure zu den Elementen des Proteins, oder durch Austreten einer stickstofffreien Materie gebildet worden sein. Die Lösung aller dieser Aufgaben wird minder schwierig, wenn die Fragen zur Beantwortung reif und klar gestellt sind. Eine jede Verneinung derselben ist der Anfangspunkt einer neuen Frage, deren Ermittelung zuletzt die nothwendige Folge der ersten Fragestellung ist.

40. In dem Vorhergehenden ist außer der Choleinsäure keiner der andern Bestandtheile der Galle in Rechnung gezogen worden, und zwar deswegen, weil man nur bei dieser Säure mit Bestimmtheit weiß, daß sie Stickstoff enthält. Wenn nun vorausgesetzt wird, daß ihr Stickstoffgehalt von den Gebilden herrührt, die sich umgesetzt haben, so ist es nicht

unwahrscheinlich, daß der Kohlenstoff und die übrigen Bestandtheile, die wir damit vereinigt finden, aus der nämlichen Quelle entsprungen sind.

Bei den fleischfressenden Thieren ist es nicht dem geringsten Zweifel unterworfen, daß die Bestandtheile ihres Harns und ihrer Galle Produkte der Umsetzung von Proteinverbindungen sind, denn außer Fett genießen sie nur Stoffe, welche Protein enthalten oder welche aus Protein entstanden sind; ihre Nahrung ist identisch mit ihrem Blute, und es ist vollkommen gleichgültig, welche von beiden als Ausgangspunkt der chemischen Entwickelung ihrer Metamorphosen gewählt werden.

Für den Proceß der Ernährung kann es keinen größern Widerspruch geben, als wenn vorausgesetzt wird, daß der Stickstoff der Nahrungsmittel fähig wäre, in den Harn als Harnstoff überzugehen, ohne vorher zu einem Bestandtheil der Gebilde geworden zu sein, denn Albumin, der einzige Bestandtheil des Bluts, der seinem Gewichte nach in Betracht kommen kann, kann bei seinem Durchgange durch die Leber nicht die geringste Veränderung erlitten haben, da wir es in allen Theilen des Körpers von gleicher Beschaffenheit und Eigenschaften wieder finden. Diese Organe können zu einer Metamorphose, zu einer Veränderung oder Zersetzung des Stoffes nicht geeignet sein, aus dem sich alle übrigen entwickeln.

41. Aus dem Verhalten des Chylus und der Lymphe geht mit Zuverlässigkeit hervor, daß die löslichen Bestandtheile der Speisen oder des Chymus die Form von Albumin erhalten. Das gekochte Eiweiß, der gekochte oder geronnene Faserstoff, welche in dem Magen wieder löslich geworden, ihre Gerinnbarkeit an der Luft oder durch die Hitze aber verloren hatten, erhalten diese Eigenschaften nach und nach wieder. In den Chylusgefäßen ist die saure Reaction des Chymus bereits in die schwach alkalische des Blutes übergegangen, nach seinem Durchgange durch die Drüsen des Mesenteriums, in dem Ductus thoracicus angelangt, enthält er in der Hitze gerinnendes Albumin und scheidet, sich selbst überlassen, Fibrin ab. Alle Proteinverbindungen, welche beim Durchgange des Chymus durch die Eingeweide aufgesaugt wurden, werden zu Albumin, welches, wie die Erfahrung beim Bebrüten des Hühnerei's ergiebt, bis auf den Eisengehalt, der von andern Seiten her geliefert wird, die Grundbestandtheile aller übrigen Organe enthält.

Die Frage, was beim Menschen aus den im Ueberschuß zugeführten Proteinverbindungen wird, welche Verwandlung die überreichliche stickstoffhaltige Speise erfährt, hat die practische Medicin längst entschieden. Die Blutgefäße zeigen sich mit Blut, die übrigen mit Säften überfüllt, und wenn die Zufuhr an Speisen fortdauert und das Blut oder die Säfte, die sich zur Blutbildung eignen, keine Verwendung finden, wenn die löslichen

Materien von den dazu bestimmten Organen nicht aufgenommen werden, so entwickeln sich in den Eingeweiden, wie bei Fäulnißprocessen, Gase mannigfaltiger Art, die festen Ausleerungen nehmen in Farbe, Geruch u. s. w. eine veränderte Beschaffenheit an, und wenn die Säfte in dem Saug- und Lymphgefäßsystem eine ähnliche Umsetzung erfahren, so ist dies sogleich in der Blutmischung sichtbar, und durch dieses nimmt alsdann der Ernährungsproceß andere Formen an.

42. Keine von allen diesen Erscheinungen dürfte sich zeigen, wenn Nieren und Leber fähig wären, eine Zersetzung der löslich gewordenen, im Ueberschuß zugeführten, Proteinverbindungen in Harnstoff, Harnsäure und Galle zu bewirken. Durch alle Beobachtungen, die man hinsichtlich des Einflusses der stickstoffhaltigen Nahrung auf die Bestandtheile des Harns gemacht hat, ist diese Voraussetzung nicht im entferntesten bewiesen, denn dieser Einfluß ist einer andern und weit einfacheren Interpretation fähig, wenn man mit der Nahrung die Lebensweise und Gewohnheiten der Personen in Betracht zieht, welche zu Gegenständen der Beobachtung gedient haben. Harngries und Harnsteine finden sich bei Personen, welche sehr wenig animalische Kost genießen. Nie sind bis jetzt Harnsäure-haltige Concretionen bei Fleisch-fressenden Säugethieren, welche im freien, wilden Zustande leben, beobachtet worden[F9], und bei Nationen, welche keine andere Nahrung als Fleischspeisen genießen, sind Ablagerungen von Harnsäure-haltigen Concretionen an den Gliedern oder in der Harnblase völlig unbekannt.

[9] Das Vorkommen des harnsauren Ammoniaks in dem Harnstein von einem Hunde, der von Lassaigne untersucht wurde, muß bezweifelt werden, wenn er ihn nicht eigenhändig aus der Blase des Hundes genommen hat.

43. Was in Beziehung auf den Ursprung der Galle, oder richtiger vielleicht, der Choleinsäure bei den Fleisch-fressenden Thieren als eine unleugbare Wahrheit angesehen werden muß, kann in keiner Weise für alle Bestandtheile der Galle gelten, welche von der Leber der Gras- und Körner-fressenden Thiere secernirt werden, denn es ist bei der so großen Menge Galle, die von der Leber eines Ochsen secernirt wird, schlechterdings unmöglich anzunehmen, daß aller Kohlenstoff derselben von der Substanz der umgesetzten Gebilde stammt.

Nehmen wir an, daß die 59 Unzen trockner Galle (von 37 Pfunden secernirter Galle) den nämlichen Stickstoffgehalt enthielten, wie die Choleinsäure (3,86 p. c.), so würden wir darin nahe an 4½ Loth Stickstoff haben, und wenn dieser Stickstoff von der Substanz der umgesetzten Gebilde stammt, so könnte sich im höchsten Fall, wenn aller Kohlenstoff derselben in die Galle übergehen würde, nur eine dem Gewicht von 14³⁄₁₀

Loth Kohlenstoff entsprechende Menge Galle bilden, dies ist aber weit unter derjenigen Quantität, welche den Beobachtungen nach, secernirt wird.

44. Es müssen nothwendiger Weise, außer den Protein-Verbindungen, noch Materien anderer Art, an der Bildung der Galle in dem Organismus des Gras- und Körner-fressenden Thieres Antheil nehmen, und diese können nur die stickstofffreien Nahrungsmittel sein.

45. Der Gallenzucker Gmelin's (Picromel, Bilin nach Berzelius), welchen Berzelius als den Hauptbestandtheil der Galle betrachtet, während ihn Demarçay im Wesentlichen für Choleinsäure hält, brennt an der Luft erhitzt wie Harz, liefert ammoniakalische Produkte und giebt, mit Säuren behandelt, Taurin und die Zersetzungsproducte der Choleinsäure, mit Alkalien liefert er Ammoniak und Cholinsäure. Jedenfalls enthält diese Substanz Stickstoff als Bestandtheil, ein weit kleineres Verhältniß von Sauerstoff wie Amylon oder Zucker und eine größere Menge wie die fetten Säuren. Wenn wir in der Metamorphose des Gallenzuckers oder der Choleinsäure durch ätzende Alkalien den Stickstoff austreten machen, so erhalten wir eine krystallisirte, den fetten Säuren außerordentlich ähnliche Säure (Cholinsäure), fähig mit den Basen Salze zu bilden, welche die Haupteigenschaften mit den Seifen gemein haben. Ja wir können sogar diese Hauptbestandtheile der Galle als Verbindungen von fetten Säuren mit organischen Oxyden betrachten, ähnlich den gewöhnlichen Fetten, und nur in sofern von ihnen verschieden, als sich kein Glyceryloxyd darin befindet. Die Choleinsäure z. B. läßt sich betrachten als eine Verbindung von Choloidinsäure mit den Elementen des Allantoins und des Wassers.

Choloidinsäure.		Allantoin.		Wasser.		Choleinsäure.
$C_{72}H_{112}O_{12}$	+	$C_4N_4H_6O_3$	+	$H_{14}O_7$	=	$C_{76}N_4H_{132}O_{22}$

oder von Cholinsäure, Harnstoff und Wasser:

Cholinsäure.		Harnstoff.		Wasser.		
$C_{74}H_{120}O_{18}$	+	$C_2N_4H_8O_2$	+	H_4O_2	=	Choleinsäure.

46. Wenn nun in der That, woran man kaum zweifeln kann, die Bestandtheile der stickstofffreien Nahrungsmittel an der Bildung der Galle in dem Körper der Gras-fressenden Thiere Antheil nehmen, so steht dieser Ansicht, in der Zusammensetzung der Hauptbestandtheile der Galle, nach dem gegenwärtigen Zustande unserer Kenntnisse, kein Hinderniß entgegen.

Wenn das Amylon hierbei die Hauptrolle übernimmt, so kann dies in keiner andern Weise geschehen, als daß sich, ganz ähnlich wie bei seinem Uebergang in Fett, von seinen Elementen eine gewisse Quantität Sauerstoff trennt, denn es enthält auf die gleiche Anzahl an Kohlenstoffatomen (auf 72 At.) fünfmal so viel Sauerstoff wie die Choloidinsäure.

Ohne ein Austreten von Sauerstoff, von den Elementen des Amylon's, ist hiernach sein Uebergang in Galle nicht denkbar und, dies vorausgesetzt, ist die chemische Entwickelung seiner Verwandlung in eine zwischen seiner eignen und der Zusammensetzung der fetten Säuren stehenden Verbindung keinerlei Schwierigkeit unterworfen.

47. Um diese Auseinandersetzung nicht zu einem müssigen Spiele mit Formeln zu machen und um den Hauptzweck nicht aus den Augen zu verlieren, führt also die Betrachtung des quantitativen Verhältnisses der in dem Körper der Gras-fressenden Thiere abgesonderten Galle zu folgenden Schlüssen:

Die Hauptbestandtheile der Galle der Gras-fressenden Thiere enthalten Stickstoff; dieser Stickstoff stammt von Protein-Verbindungen.

Sie enthält eine größere Menge Kohlenstoff als der genossenen stickstoffhaltigen Nahrung, oder der Substanz ihrer Gebilde entspricht, die in ihrem Lebensprocesse eine Veränderung erlitten haben.

Ein Theil dieses Kohlenstoffs muß demnach von den stickstofffreien Nahrungsmitteln geliefert werden und, um in einen stickstoffhaltigen Bestandtheil der Galle überzugehen, müssen sich nothwendig eine gewisse Anzahl ihrer Elemente verbunden haben mit einem stickstoffhaltigen Körper, der aus einer Proteinverbindung entstanden ist.

Für diesen Schluß ist es ganz gleichgültig, ob man annimmt, daß die Protein-Verbindung von der Nahrung oder den Gebilden stammt.

48. Es ist neuerlichst von Ure angegeben worden, daß Benzoesäure innerlich gegeben, in dem Harn als Hippursäure wieder erscheint.

Wenn sich diese Beobachtung bestätigen sollte[F10], so erlangt sie eine große physiologische Bedeutung, weil sie offenbar beweisen würde, daß der Akt der Umsetzung der Gebilde im Thierkörper, durch gewisse, in den Speisen genossene Materien, eine andere Form in Beziehung auf die neugebildeten Verbindungen annimmt, denn die Hippursäure enthält die Elemente des milchsauren Harnstoffs, in dessen Zusammensetzung die Elemente der Benzoesäure eingetreten sind.

1 At. Harnstoff	$C_2 N_4 H_8 O_2$	=	2 At. kryst. Hippursäure.
1 „ Milchsäure	$C_6 H_8 O_4$	- -	

2 „ Benzoesäure C_{28} $H_{20}O_6$ = 2 $C_{18} N_2 H_{18} O_6$

$C_{36}N_4H_{36}O_{12}$.

[10] Die Analyse der aus dem Harn beim Zusatz von Salzsäure sich abscheidenden Krystalle ist nicht gemacht worden. Ure's Angabe, daß in Salpetersäure aufgelös'te Hippursäure beim Zusatz von Ammoniak sich röthet, ist übrigens falsch, sie beweis't, daß die von ihm erhaltenen Krystalle Harnsäure enthielten.

49. Wenn wir uns den Akt der Umsetzung der Gebilde in dem Körper der Gras-fressenden Thiere, auf eine ähnliche Weise denken, wie bei den Fleisch-fressenden, so wird ihr Blut, in den letzten Produkten der Umsetzung, von allen Organen zusammengenommen, Choleinsäure, Harnsäure und Ammoniak (S. 138) liefern müssen, und wenn wir der Harnsäure eine ähnliche Wirkung zuschreiben wie der Benzoesäure in Ure's Beobachtung, daß nämlich durch ihre Gegenwart die weitere Umsetzung eine andere Form annimmt, insofern ihre Elemente in die neuentstehenden Produkte mit aufgenommen werden, so ergiebt sich z. B., daß 2 At. Protein, zu welchen die Elemente von 3 At. Harnsäure und zwei Atome Sauerstoff treten, zur Bildung von Hippursäure und Harnstoff Veranlassung geben können.

2 At. Protein 2 $(C_{48}N_{12}H_{72}O_{14})$ = $C_{96} N_{24}H_{144}O_{28}$

3 „ Harnsäure 3 $(C_{10}N_8 H_8 O_6)$ = $C_{30} N_{24}H_{24} O_{18}$

2 „ Sauerstoff O_2

in Summa $C_{126}N_{48}H_{168}O_{48}$ =

6 At. Hippursäure 6 $(C_{18}N_2H_{16}O_5)$ = $C_{108}N_{12}H_{96} O_{30}$

= 9 „ Harnstoff 9 $(C_2 N_4H_8 O_2)$ = $C_{18} N_{36}H_{72} O_{18}$

$C_{126}N_{48}H_{168}O_{48}$.

50. Wenn wir zuletzt festhalten, daß bei den Gras-fressenden Thieren, die stickstofffreien Nahrungsmittel (Amylon u. s. w.) eine bestimmte Rolle in der Bildung der Galle spielen müssen, daß zu ihren Elementen ein stickstoffhaltiger Körper nothwendig treten muß, um die stickstoffhaltigen Bestandtheile der Galle hervorzubringen, so ergiebt sich als das bemerkenswertheste Resultat dieser Combinationen, daß die Elemente des

Amylons und die der Hippursäure, gleich sind, den Elementen der Choleinsäure, plus einer gewissen Menge Kohlensäure.

2 At. Hippursäure	$2\,(C_{18}N_2H_{16}O_5)$	=	$C_{36}N_4H_{32}O_{10}$
5 „ Amylon	$5\,(C_{12}H_{20}O_{10})$	=	$C_{60}H_{100}O_{50}$
2 „ Sauerstoff			O_2
			$C_{96}N_4H_{132}O_{62}$

	2 At. Choleinsäure	$C_{76}N_4H_{132}O_{22}$
=	20 „ Kohlensäure	$C_{20}O_{40}$
		$C_{96}N_4H_{132}O_{62}$.

51. Da nun die Hippursäure neben Harnstoff aus den Proteinverbindungen entstehen kann, wenn in die Zusammensetzung derselben die Elemente der Harnsäure aufgenommen werden (S. 154), da ferner Harnsäure, Ammoniak und Choleinsäure (S. 138) die Elemente des Proteins in einer nahe gleichen Anzahl von Elementen enthalten, so ist klar, daß, wenn beim Hinzutritt von Sauerstoff und den Elementen des Wassers, von 5 At. Protein die Bestandtheile der Choleinsäure und Ammoniak austreten, wir die Elemente der Hippursäure und des Harnstoffs übrig behalten, und wenn ferner bei diesem Austreten und der weiter vorgehenden Umsetzung die Elemente von Amylon sich gegenwärtig befinden und in die neu entstehenden Verbindungen eintreten, so erhalten wir eine neue Menge Choleinsäure, sowie eine gewisse Quantität gasförmige Kohlensäure.

Dies will also sagen, daß, wenn die Elemente von Protein und Amylon sich bei Gegenwart von Sauerstoff und Wasser neben und mit einander umsetzen, wir als Produkte dieser Umsetzung Harnstoff, Choleinsäure, Ammoniak und Kohlensäure und außer diesen kein anderes Produkt erhalten.

Die Elemente von

5 At. Protein		9 At. Choleinsäure.
15 „ Amylon		9 „ Harnstoff.
12 „ Wasser		60 „ Kohlensäure.
5 „ Sauerstoff	=	6 „ Ammoniak.

Es sind nemlich:

5 At. Protein = $5\,(C_{48}N_{12}H_{72}O_{14})$ = $C_{240}N_{60}H_{360}O_{70}$

15 „ Amylon	=	15 $(C_{12}H_{20}O_{10})$	=	$C_{180}H_{300}O_{150}$
12 „ Wasser	=	12 (H_2O)	=	$H_{24}O_{12}$
5 „ Sauerstoff	=	5 (O)	=	O_5
		in Summa	=	$C_{420}N_{60}H_{684}O_{237}$

	9 At. Choleinsäure	=	9 $(C_{38}N_2H_{66}O_{11})$	=	$C_{342}N_{18}H_{594}O_{99}$
	9 „ Harnstoff	=	9 $(C_2N_4H_8O_2)$	=	$C_{18}N_{36}H_{72}O_{18}$
-	60 „ Kohlensäure	=	60 (CO_2)	=	$C_{60}O_{120}$
=	6 „ Ammoniak	=	6 (NH_3)	=	N_6H_{18}
			in Summa	=	$C_{420}N_{60}H_{684}O_{237}$.

Die Umsetzung der in dem Thierkörper vorhandenen Protein-Verbindungen wird bewirkt durch den im arteriellen Blut zugeführten Sauerstoff, und wenn die Bestandtheile des in dem Magen des Thieres löslich gewordenen und in allen Theilen des Körpers verbreiteten Amylons in die neu entstandenen Verbindungen mit aufgenommen werden, so erhalten wir die Hauptbestandtheile der Se- und Excretionen des Thierkörpers; Kohlensäure als Excretion der Lunge, Harnstoff und kohlensaures Ammoniak als Excretion der Nieren, Choleinsäure als Secret der Leber.

Der Ansicht, daß ein Theil des Kohlenstoffs der stickstofffreien Nahrungsmittel in die Galle übergehen kann, steht mithin in der chemischen Zusammensetzung der Stoffe, welche denkbarer Weise an dem Stoffwechsel im Thier Antheil nehmen können, kein Hinderniß entgegen.

52. Das Fett verschwindet in dem Thierkörper bei gehöriger Zufuhr von Sauerstoff, beim Mangel an Sauerstoff kann die Choleinsäure übergehen in Hippursäure, Lithofellinsäure und Wasser. Die Lithofellinsäure[E37] ist bekanntlich der Hauptbestandtheil der in gewissen Gras-fressenden Thieren vorkommenden Bezoare.

2 At. Choleinsäure	$C_{76}N_4H_{132}O_{22}$	2 At. Hippursäure	$C_{36}N_4H_{32}O_{10}$
		- 1 „ Lithofellinsäure	$C_{40}H_{72}O_8$
10 „ Sauerstoff	O_{10}	14 „ Wasser	$H_{28}O_{14}$

$C_{76}N_4H_{132}O_{32}$ $C_{76}N_4H_{132}O_{32}$

53. Zur Erzeugung von Galle im Thierkörper gehört unter allen Umständen eine gewisse Quantität Natron, ohne die Gegenwart einer Natronverbindung kann sich keine Galle bilden. Bei Abwesenheit von Natron kann sich durch Umsetzung der Proteingebilde nur Fett und Harnstoff bilden. Denken wir uns das Fett nach der empirischen Formel $C_{11}H_{20}O$ zusammengesetzt, so haben wir beim Hinzutreten von Wasser und Sauerstoff zu den Elementen des Proteins die Bestandtheile des Fettes, der Kohlensäure und des Harnstoffs.

Protein.			Wasser.			Sauerstoff.				
2	$(C_{48}N_{12}H_{72}O_{14})$	+	12	H_2O	+	14	O	=	$C_{96}N_{24}H_{168}O_{54}$	=

					C	N	H	O
=	6	At.	Harnstoff	=	C_{12}	N_{24}	H_{48}	O_{12}
			Fett	=	C_{66}		H_{120}	O_6
	18		Kohlensäure	=	C_{18}			O_{36}
					C_{96}	N_{24}	H_{168}	O_{54}.

Die Zusammensetzung aller Fette liegt zwischen den empirischen Formeln $C_{11}H_{20}O$ oder $C_{12}H_{20}O$. Gehen wir von der letzteren aus, so geben die Elemente von Protein (2 Pr.) beim Hinzutreten von 2 At. Sauerstoff und 12 At. Wasser, 6 At. Harnstoff, Fett ($C_{72}H_{120}O_6$) und 12 At. Kohlensäure.

Bemerkenswerth in Beziehung auf die Bildung des Fettes bleibt es immer, daß die Abwesenheit des Kochsalzes (eine Natrium-Verbindung, welche dem Organismus das Natron liefert) die Fettbildung begünstigt, daß das Mästen eines Thieres unmöglich gemacht wird, wenn wir seiner Nahrung einen Ueberfluß von Kochsalz, wiewohl weniger als nöthig wäre, um Purgiren zu bewirken, zusetzen.

54. Als eine Art von Ueberblick über die Metamorphosen der stickstoffhaltigen Secrete des Thierkörpers, ist es hier ganz an seinem Orte, die Aufmerksamkeit darauf hinzulenken, daß die stickstoffhaltigen Producte der Metamorphose der Galle, identisch sind mit den Bestandtheilen des Harns, mit welchen die Elemente des Wassers in Verbindung getreten sind.

1	At.	Harnsäure	C_{10}	N_8	H_8	O_6	=	3	At.	Taurin	C_{12}	N_6	H_{42}	O_{30}
1	„	Harnstoff	C_2	N_4	H_8	O_2								

			C	N	H	O					C	N	H	O
22	„	Wasser			H_{44}	O_{22}		3	„	Ammoniak		N_6	H_{18}	
			C_{12}	N_{12}	H_{60}	O_{30}					C_{12}	N_{12}	H_{60}	O_{30}.

			C	N	H	O					C	N	H	O
1	At.	Allantoin	C_4	N_4	H_6	O_3		1	At.	Taurin	C_4	N_2	H_{14}	O_{10}
7	„	Wasser			H_{14}	O_7	=	1	Aeq.	Ammoniak		N_2	H_6	
			C_4	N_4	H_{20}	O_{10}					C_4	N_4	H_{20}	O_{10}.

55. Für die Metamorphosen der Harnsäure und der stickstoffhaltigen Umsetzungsproducte der Galle, ist es nicht minder bedeutungsvoll, daß beim Hinzutreten von Sauerstoff und Wasser zu den Bestandtheilen der Harnsäure, Taurin und Harnstoff, oder Taurin, Kohlensäure und Ammoniak entstehen kann.

				C	N	H	O					C	N	H	O
	1	At.	Harnsäure	C_{10}	N_8	H_8	O_6		2	At.	Taurin	C_8	N_4	H_{28}	O_{20}
	14	„	Wasser			H_{28}	O_{14}		1	„	Harnstoff	C_2	N_4	H_8	O_2
	2	„	Sauerstoff				O_2	=				C_{10}	N_8	H_{36}	O_{22}
				C_{10}	N_8	H_{36}	O_{22}		2	At.	Taurin	C_8	N_4	H_{28}	O_{20}
Hierzu	2	At.	Wasser			H_4	O_2		2	„	Kohlensäure	C_2			O_4
				C_{10}	N_8	H_{40}	O_{24}	=	2	„	Ammoniak		N_4	H_{12}	
												C_{10}	N_8	H_{40}	O_{24}

56. Alloxan plus einer gewissen Menge Wasser, ist in seiner Zusammensetzung gleich der des Taurin, das letztere enthält zuletzt die Elemente des sauren oxalsauren Ammoniaks.

									Taurin.			
1	At.	Alloxan[F11]	C_8	N_4	H_8	O_{10}		2	(			)
10	„	Wasser			H_{20}	O_{10}	=		C_4	N_2	H_{14}	O_{10}

											C	N	H	O
1	At.	Taurin	C_4	N_2	H_{14}	O_{10}	=	2	At.	Oxalsäure	C_4			O_6
								1	„	Ammoniak		N_2	H_6	

										4	„	Wasser			H_8	O_4
													C_4	N_2	H_{14}	O_{10}

[11] Es wäre von großem Interesse, die Wirkung des Alloxans auf den menschlichen Körper zu untersuchen; zwei bis drei Drachmen im krystallisirten Zustande Kaninchen gegeben, gaben keine schädlichen Wirkungen zu erkennen. Beim Menschen schien eine starke Dosis nur auf die Urinsecretion von Einfluß zu sein. Bei gewissen Krankheiten der Leber dürfte das Alloxan eins der wichtigsten Arzneimittel abgeben.

57. Die Vergleichung des Kohlenstoffgehaltes der in dem Körper eines Gras-fressenden Thieres secernirten Galle, mit der Kohlenstoffmenge seiner Gebilde oder seiner stickstoffhaltigen Nahrungsmittel, welche in Folge des Stoffwechsels in Galle übergehen können, führt, wie sich aus dem Vorhergehenden ergiebt, auf einen großen Unterschied.

Die Kohlenstoffmenge der secernirten Galle beträgt im geringsten Falle mehr wie das 5fache, von dem was durch den Stoffwechsel ihrer Gebilde oder die stickstoffhaltigen Bestandtheile ihrer Nahrung der Leber zugeführt werden kann, und der Schluß, daß an der Bildung der Galle bei diesen Thieren, die stickstofffreien Bestandtheile ihrer Nahrung einen ganz bestimmten Antheil nehmen, darf als wohlbegründet angesehen werden, denn es giebt keine Erfahrung oder Beobachtung, die seiner Richtigkeit entgegenstände.

58. Es ist in dem Obigen der analytische Beweis niedergelegt, daß aus allen Bestandtheilen des Harns, aus Hippursäure, Harnsäure und Allantoin, die stickstoffhaltigen Producte der Umsetzung der Galle, nämlich Ammoniak und Taurin entstehen können, und wenn wir uns daran erinnern, daß durch ein bloßes Austreten von Sauerstoff und Wasser, aus den Bestandtheilen des Amylon, Choloidinsäure gebildet werden kann,

6 At. Amylon = 6 $(C_{12}H_{20}O_{10})$ = $C_{72}H_{120}O_{60}$

hiervon ab

44 At. Sauerstoff

4 „ Wasser H_8 O_{48}

bleibt Choloidinsäure = $C_{72}H_{112}O_{12}$

daß zuletzt die Choloidinsäure, das Ammoniak und Taurin die Elemente der Choleinsäure in sich schließen,

1 At. Choloidinsäure		$C_{72}\ H_{112}O_{12}$
1 „ Taurin		$C_4\ N_2H_{14}\ O_{10}$
2 „ Ammoniak		N_2H_6
Choleinsäure	=	$C_{76}N_4H_{132}O_{22}$

so wird durch die Kenntniß dieser Thatsachen, ein jeder Widerspruch gegen die Möglichkeit dieser Vorgänge entfernt.

59. Die chemische Analyse sowohl wie die Beobachtung des lebenden Thierkörpers unterstützen sich alle gegenseitig; sie führen beide zu dem Schlusse, daß eine gewisse Quantität des Kohlenstoffs der stickstofffreien Nahrungsstoffe (Respirationsstoffe) von der Leber in der Form von Galle secernirt wird, daß ferner die stickstoffhaltigen Producte der Umsetzung der Gebilde der Gras-fressenden Thiere nicht direct und unmittelbar wie bei den Fleischfressern zu den Nieren gelangen, sondern daß sie vor ihrem Austreten durch die Harnblase, in gewissen anderen Processen, und namentlich in der Bildung der Galle eine Rolle übernehmen.

Mit den Elementen der stickstofffreien Nahrungsstoffe werden sie der Leber zugeführt, sie kehren in der Form von Galle wieder in den Körper zurück und werden erst zuletzt, wenn sie zur Bildung des allgemeinsten Respirationsmittels gedient haben, durch die Nieren aus dem Körper entfernt.

60. Wenn wir den Harn sich selbst überlassen, so verwandelt sich der darin enthaltene Harnstoff in kohlensaures Ammoniak; seine Elemente sind genau in dem Verhältniß zugegen, daß mit dem Hinzutreten der Elemente des Wassers aller Kohlenstoff in Kohlensäure, aller Wasserstoff in Ammoniak übergehen kann.

1 At. Harnstoff	$C_2N_4H_8O_2$		2 At. Kohlensäure	$C_2\ O_4$
2 „ Wasser	H_4O_2	=	2 Aeq. Ammoniak	N_4H_{12}

61. Wären wir im Stande, aus Harnsäure oder Allantoin geradezu Taurin und Ammoniak darzustellen, so möchte dies wohl als ein weiterer Beweis für den Antheil angesehen werden dürfen, welcher diesen Materien an der Bildung der Galle zugeschrieben worden ist, allein es darf nicht als Einwurf betrachtet werden, wenn diese Verwandlung mit den Mitteln, die uns zu Gebote stehen, nicht bewirkt werden kann. Ein solcher Einwurf verliert seine Bedeutung, wenn man berücksichtigt, daß das Vorhandensein von Taurin und Ammoniak in der Galle schlechterdings nicht vorausgesetzt werden kann, ja daß es sogar nicht einmal wahrscheinlich ist, daß sie in der

Form, wie wir sie als Zersetzungsproducte der Galle bekommen, wirkliche Bestandtheile davon ausmachen.

Durch die Einwirkung der Salzsäure auf Galle zwingen wir gewissermaßen ihre Elemente in solchen Formen zusammenzutreten, welche durch den nämlichen einwirkenden Körper keiner weiteren Veränderung mehr fähig sind, und wenn wir uns anstatt der Salzsäure des Kali's bedienen, so erhalten wir die nämlichen Elemente, wiewohl in einer andern und ganz verschiedenen Weise geordnet. Wäre Taurin als solches in der Galle vorhanden, so müßte man durch Alkalien die nämlichen Producte erhalten, wie durch Säuren. Alles dies ist gegen die Erfahrung.

Wenn wir also auch im Stande wären, das Allantoin oder Harnsäure und Harnstoff, in Taurin und Ammoniak überzuführen, so würden wir an Einsicht in den wahren Vorgang nicht reicher sein, eben weil die Präexistenz von Ammoniak und Taurin in der Galle bezweifelt werden muß, und weil wir keinen Grund haben zu glauben, daß Harnstoff als Harnstoff, Allantoin als Allantoin zur Bildung der Galle vom Organismus verwendet wird; wir können darthun, daß ihre Elemente zu diesem Zwecke dienen, allein es ist uns gänzlich unbekannt, in welcher Weise diese Elemente eingetreten sind, welchen chemischen Charakter die stickstoffhaltige Verbindung besitzt, die sich mit den Elementen des Amylons zu Galle oder vielmehr zu Choleinsäure vereinigt.

62. Choleinsäure kann entstehen aus den Elementen des Amylons, der Harnsäure und des Harnstoffs, oder des Allantoins, oder der Harnsäure, oder des Alloxan's, oder der Oxalsäure und des Ammoniaks, oder der Hippursäure; diese verschiedenen Formen von Stickstoffverbindungen zeigen an und für sich schon, daß sich alle stickstoffhaltigen Producte des Stoffwechsels im Thierkörper zur Bildung von Galle eignen, ohne daß wir damit wissen, in welcher Weise sie dazu verwendet werden.

Wir können durch Behandlung mit kaustischen Alkalien das Allantoin zerlegen in Oxalsäure und Ammoniak; die nämlichen Producte erhalten wir aus dem Oxamid, ohne daß wir aus der Gleichheit derselben einen Schluß rückwärts auf ihre Identität, auf eine gleiche Constitution dieser Verbindungen machen können. So gestatten uns denn die Producte, die wir aus Choleinsäure durch die Einwirkung von Säuren erhalten, in keiner Weise einen Schluß über die Art und Weise, wie ihre Elemente sich darin geordnet befinden.

63. Wenn die Aufgabe der organischen Chemie in der Untersuchung der Veränderungen besteht, welche die Nahrungsmittel im Thierkörper erfahren, so hat sie darzuthun, welche Elemente hinzu-, welche ausgetreten sind, um die Verwandlung einer gegebenen Verbindung in eine zweite und dritte zu bewirken oder überhaupt möglich zu machen, allein synthetische

Beweise können von ihr nicht erwartet werden, weil alle Vorgänge im Organismus unter dem Einfluß einer immateriellen Thätigkeit stehen, über welche der Chemiker nicht nach Willkühr verfügen kann.

Die Beobachtung der Erscheinungen, welche die Metamorphosen der Nahrungsmittel im Organismus begleiten, die Ermittelung des Antheils, den die Atmosphäre oder die Bestandtheile des Wassers an diesen Veränderungen nehmen, führen von selbst auf die Bedingungen, welche sich zur Entstehung eines Secretes oder eines Theiles oder Bestandtheiles eines Organs vereinigen müssen.

64. Das Vorhandensein von freier Salzsäure im Magen, sowie der Natrongehalt des Blutes setzen die Nothwendigkeit des Kochsalzes für den organischen Proceß außer allen Zweifel, allein die Quantität von Natron, welche verschiedene Thierklassen zur Unterhaltung der vitalen Processe bedürfen, ist außerordentlich ungleich.

Wenn wir uns denken, daß eine gegebene Menge Blut als Natronverbindung betrachtet, in dem Körper eines Fleisch-fressenden Thieres in Folge des Stoffwechsels in eine neue Natronverbindung, in Galle nämlich, übergeht, so muß vorausgesetzt werden, daß im normalen Zustande der Gesundheit der Natrongehalt des Blutes vollkommen hinreicht, um mit den entstandenen Producten der Umsetzung Galle zu bilden. Das zu den vitalen Processen verbrauchte oder überflüssige Natron wird, durch die Nieren von dem Blute geschieden, in der Form eines Salzes austreten müssen.

Wenn es nun wahr ist, daß in dem Körper eines Gras-fressenden Thieres eine weit größere Menge Galle gebildet wird, als der Quantität des erzeugten oder umgesetzten Blutes entspricht, daß der größte Theil ihrer Galle von gewissen Bestandtheilen ihrer Nahrung stammt, so kann das Natron des zu Gebilden gewordenen (assimilirten, umgesetzten) Blutes bei weitem nicht hinreichen, um den zur Bildung von Galle täglich nöthigen Bedarf an Natron zu liefern. Das Natron der Galle der Gras-fressenden Thiere muß demzufolge direct von den Nahrungsmitteln geliefert werden; ihr Organismus muß die Fähigkeit haben, alle in den Speisen vorhandenen und von dem Organismus zerlegbaren Natronverbindungen unmittelbar zur Bildung von Galle zu verwenden. Alles Natron im Thierkörper stammt, wie sich von selbst versteht, von den Speisen, allein die Speise des Fleisch-fressenden Thieres enthält im Maximo nur die zur Blutbildung erforderliche Menge Natron; in den meisten Fällen kann man bei dieser Thierklasse voraussetzen, daß nur eine der Menge des zur Blutbildung verwendeten Natrons entsprechende Quantität durch ihren Harn wieder austritt.

Wenn sie eine zur Blutbildung hinreichende Quantität Natron zu sich nehmen, so wird eine dieser gleiche Menge durch den Harn ausgeleert, genießen sie weniger, so behält ihr Organismus einen Theil des zur Ausleerung bestimmten Natronsalzes zurück.

Ueber alle diese Verhältnisse giebt die Zusammensetzung des Harns der verschiedenen Thierklassen die unzweideutigsten Belege.

65. Als letztes Product der Veränderung aller Natronverbindungen im Thierkörper erhalten wir im Harn, das Natron in der Form eines Salzes, den Stickstoff als Ammoniak oder Harnstoff.

Das Natron in dem Harn der Fleisch-fressenden Thiere finden wir an Schwefelsäure und Phosphorsäure gebunden, nie fehlt neben diesen Natronsalzen eine gewisse Menge eines Ammoniaksalzes, Salmiak oder phosphorsaures Ammoniak. Es kann keinen entscheidenderen Beweis für die Meinung abgeben, daß das Natron ihrer Galle oder ihrer umgesetzten Blutbestandtheile bei weitem nicht hinreicht, um die austretenden Säuren zu neutralisiren, als wie die Gegenwart dieser Ammoniaksalze im Harn; dieser Harn reagirt sauer.

Im graden Gegensatz hierzu finden wir in dem Harn der Gras-fressenden Thiere eine überwiegende Menge von Natron und zwar nicht an Schwefelsäure oder Phosphorsäure gebunden, sondern an Kohlensäure, Benzoesäure oder Hippursäure.

66. Diese wohlbegründeten Erfahrungen beweisen, daß die Gras-fressenden Thiere eine weit größere Menge Natron genießen als zur Neubildung ihres täglichen Bedarfes an Blut erforderlich ist. In ihrer Nahrung finden wir alle Bedingungen vereinigt zur Erzeugung einer zweiten Natronverbindung, welche zum Respirationsmittel bestimmt ist, und nur eine geringe Erfahrung in dem Wesen der mit so großer Weisheit geordneten Natureinrichtungen dürfte den Natrongehalt der Speise und des Harns der Gras-fressenden Thiere für zufällig erklären.

Es kann kein Zufall sein, daß das Leben, die Entwickelung einer Pflanze abhängig ist von der Gegenwart der Alkalien, die sie dem Boden entzieht; diese Pflanze dient zur Nahrung einer großen Thierklasse, deren vitale Processe aufs engste an die Gegenwart dieser Alkalien geknüpft ist. Wir finden diese Alkalien in der Galle, ihre Gegenwart im Thierkörper ist die unerläßliche Bedingung zur Erzeugung des ersten Nahrungsstoffs des jungen Thieres, ohne eine reichliche Menge Kali kann die Bildung der Milch nicht gedacht werden.

67. Alle Beobachtungen führen, wie sich aus dem Vorhergehenden ergiebt, zu der Ansicht, daß gewisse stickstofffreie Bestandtheile der Nahrung der Gras-fressenden Thiere (Amylon, Zucker, Gummi &c.) die

Form einer Natronverbindung erhalten, welche in ihrem Körper zu den nämlichen Zwecken dient, wozu, wie wir mit Bestimmtheit wissen, die Galle (das kohlenstoffreichste Product der Umsetzung ihrer Gebilde) in dem Körper des Fleisch-fressenden Thieres verwendet wird. Sie dienen zur Unterhaltung gewisser vitalen Processe, und werden zuletzt zur Hervorbringung der animalischen Wärme, zum Widerstand gegen die Einwirkung der Atmosphäre verbraucht; bei den Fleischfressern ist der rasche Umsatz ihrer Gebilde eine Bedingung ihres Bestehens, eben weil erst in Folge des Stoffwechsels die Materien gebildet werden müssen, welche zur Verbindung mit dem Sauerstoff der Luft bestimmt sind; in diesem Sinne kann man sagen, daß die stickstofffreien Nahrungsmittel den Stoffwechsel hindern, daß sie ihn verlangsamen und eine ebenso rasche Beschleunigung wie bei den Fleischfressern jedenfalls unnöthig machen.

68. Mit dieser Fähigkeit der stickstofffreien Nahrungsstoffe, als Respirationsmaterie zu dienen, steht die verhältnißmäßig so geringe Menge von stickstoffhaltiger Nahrung, die sie zur Unterhaltung ihrer Lebensfunctionen bedürfen, in dem engsten Zusammenhang, und es dürfte vielleicht sich herausstellen, daß die Nothwendigkeit zusammengesetzterer Verdauungsorgane in dem Körper der Pflanzen-fressenden Thiere weit mehr durch die Schwierigkeit bedingt ist, gewisse stickstofffreie Nahrungsmittel (Gummi? stärkemehlartige Faser?) löslich und geschickt zu machen, an den vitalen Processen Antheil zu nehmen, als die Ueberführung und Verwandlung des Pflanzen-Fibrins, -Albumins und -Caseins in Blut zu bewirken, denn für diesen Zweck finden wir die minder zusammengesetzten Apparate der Carnivoren vollkommen ausreichend.

69. Wenn in dem Körper des Menschen, der an gemischte Nahrung gewöhnt ist, das Amylon eine ähnliche Rolle übernimmt, wie in dem Körper der Gras- und Körner-fressenden Thiere, wenn also vorausgesetzt wird, daß ihre Elemente an der Bildung ihrer Galle einen ebenso bestimmten Antheil nehmen, so folgt hieraus von selbst, daß ein Theil der stickstoffhaltigen Producte der Umsetzung ihrer Organe, ehe sie durch die Harnblase austreten, von der Leber aus, in der Form von Galle, in den Kreislauf zurückkehren und erst als letztes Product des Respirationsprocesses durch die Nieren von dem Blute geschieden werden.

70. Beim Mangel an stickstofffreien Substanzen in der Nahrung des Menschen wird diese Form der Gallenbildung nicht stattfinden können, die Secrete müssen in diesem Fall eine andere Beschaffenheit besitzen, und das Erscheinen von Harnsäure im Harn in gewissen Krankheiten, die Ablagerung von Harnsäure in den Gliedern und in der Harnblase, sowie der Einfluß, den ein Ueberfluß von Fleischnahrung, der als gleichbedeutend angesehen werden muß einem Mangel an Amylon, auf die Absonderung der Harnsäure bei gewissen Individuen ausübt, dürfte hierin seine Erklärung

finden. Fehlt es an Amylon, an Zucker &c., so wird ein Theil der durch den Stoffwechsel gebildeten oder sich bildenden Stickstoffverbindungen entweder an dem Orte beharren, wo sie erzeugt worden sind, sie werden nicht von der Leber aus als Respirationsmittel in den Organismus zurückkehren, und durch die Einwirkung des Sauerstoffs die letzten Veränderungen erfahren, die sie überhaupt zu erleiden fähig sind, sondern von den Nieren in irgend einer andern Form abgeschieden werden müssen.

71. In dem Vorhergehenden ist der Beweis zu führen versucht worden, daß die stickstofffreien Nahrungsmittel einen ganz bestimmten Einfluß auf die Natur und Beschaffenheit der Secrete des Thierkörpers ausüben; ob dies direct geschieht, ob ihre Elemente nämlich unmittelbar an dem Acte der Umsetzung der Gebilde Antheil nehmen, oder indirect, möchte durch sorgfältige und umsichtige Versuche und Beobachtungen entschieden werden können. Möglich ist es, daß die stickstofffreien Nahrungsmittel, in irgend einer Weise verändert, von den Eingeweiden aus gradezu der Leber zugeführt werden, daß sie in diesem Organ, wo sie mit den Producten der umgesetzten Gebilde zusammentreten, die Verwandlung in Galle erfahren und dann erst ihren Kreislauf im Körper vollenden.

Diese Meinung gewinnt an Wahrscheinlichkeit, wenn man in Betracht zieht, daß in dem arteriellen Blute bis jetzt noch niemals weder eine Spur Amylon noch Zucker aufgefunden worden ist, selbst nicht bei Thieren, die man ausschließlich mit diesen Materien zu ernähren versuchte. Diesen Materien kann man demnach, da sie in dem arteriellen Blute fehlen, keinen Antheil an dem Ernährungsprocesse zuschreiben, und das Erscheinen von Zucker im Harne Diabetischer, von Zucker, welcher, nach allen Beobachtungen, von der Nahrung stammt, sowie die völlige Abwesenheit dieses Zuckers in dem Blute der an dieser Krankheit Leidenden, beweis't offenbar, daß Amylon und Zucker als solche in die Blutcirculation nicht aufgenommen werden.

72. Ueber die Anwesenheit gewisser Bestandtheile der Galle im Blute des gesunden Menschen findet man in den Schriften der Physiologen viele Belege, wiewohl sie quantitativ schwerlich bestimmbar darin ist; denken wir uns in der That, daß in einer Minute zehn Pfund Blut (120 Unzen) durch die Leber gehen und von diesem Blute 2 Tropfen Galle (zu drei Gran den Tropfen) abgesondert wurden, so macht dies $1/9600$ von dem Gewichte der Blutmasse aus, ein Gehalt, der durch die Analyse nicht mehr festgestellt werden kann.

73. Der größte Theil der Galle entsteht nach dem Vorhergehenden in dem Körper der Gras- und Körner-fressenden Thiere, sowie in dem des Menschen, der an gemischte Nahrung gewöhnt ist, aus den Bestandtheilen seiner stickstofffreien Nahrungsmittel; ihre Bildung kann aber nicht gedacht

werden, ohne ein Hinzutreten eines stickstoffhaltigen Körpers, denn die Galle ist eine Stickstoffverbindung. Alle bis jetzt untersuchten Gallen geben bei der trocknen Destillation Ammoniak und stickstoffhaltige Producte; aus der Ochsengalle hat man Taurin und Ammoniak dargestellt; der Beweis, daß diese beiden Producte aus allen anderen Gallen darstellbar sind, ist nur deshalb nicht geführt worden, weil es schwer hält, sich von anderen Thieren hinlängliche Mengen von Galle zu verschaffen.

Mag nun die stickstoffhaltige Verbindung, die sich mit den Bestandtheilen des Amylons zu Galle vereinigt, von den Speisen oder von der Substanz der umgesetzten Gebilde stammen, der Schluß, daß die Gegenwart derselben als eine Bedingung der Gallensecretion anzusehen ist, kann nicht in Zweifel gezogen werden.

Da nun die Gras- und Körner-fressenden Thiere in ihren Nahrungsmitteln nur solche stickstoffhaltige Materien genießen, welche identisch sind mit ihren Blutbestandtheilen, so stammt der stickstoffhaltige Bestandtheil, den wir in der Galle finden, jedenfalls von einer Proteinverbindung ab, er ist entweder durch eine Veränderung entstanden, welche die Proteinverbindungen der Speise erlitten haben, oder er ist aus dem Blute oder aus der Substanz der Gebilde in Folge des Stoffwechsels erzeugt worden.

74. Wenn nun der Schluß wahr ist, daß stickstoffhaltige Verbindungen, gleichgültig, ob sie von der Substanz des Blutes oder den stickstoffhaltigen Nahrungsmitteln stammen, an der Bildung der Secrete und namentlich an der Bildung der Galle einen bestimmten Antheil zu nehmen vermögen, so ist klar, daß der Organismus die Fähigkeit besitzen muß, fremde Materien, welche weder Theile, noch Bestandtheile der Träger der Lebensthätigkeit ausmachen, zu gewissen vitalen Zwecken dienen zu machen; alle stickstoffhaltigen, der Auflösung fähigen Substanzen ohne Unterschied dem Blute oder den Verdauungsorganen zugeführt, wenn sie sich durch ihre Zusammensetzung zu diesen Zwecken eignen, werden von dem Organismus in ähnlicher Weise dazu verwendet werden müssen, wie die stickstoffhaltigen Producte, die sich durch den Stoffwechsel gebildet haben.

Wir kennen eine Menge Materien, welche auf den Akt der Umsetzung der Gebilde, sowie auf den Ernährungsproceß einen ganz bestimmten Einfluß ausüben, ohne daß ihre Elemente an den vor sich gehenden Veränderungen Antheil nehmen, es sind dies lauter solche Substanzen, deren Theile sich in einem gewissen Zustand der Zersetzung befinden, der sich allen Theilen des Organismus überträgt, welche fähig sind, eine ähnliche Umsetzung zu erfahren.

75. Die Arzneistoffe und Gifte umfassen eine zweite außerordentlich zahlreiche Klasse von Verbindungen, welche die Fähigkeit haben, durch ihre

Elemente direct oder indirect Antheil an den Secretionsprocessen oder dem Stoffwechsel zu nehmen. Sie lassen sich in drei große Klassen eintheilen, von denen die eine (wozu die metallischen Gifte gerechnet werden müssen) eine chemische Verbindung mit gewissen Theilen oder Bestandtheilen des animalischen Körpers eingeht, welche durch die Lebensthätigkeit nicht aufgehoben wird. Die zweite Klasse (ätherische Oele, Camphor, empyreumatische Materien, Antiseptica &c.) besitzt die Eigenschaft, den Zustand der Umsetzung ihrer Elementartheile, welchen gewisse sehr zusammengesetzte, organische Atome zu erleiden vermögen (Umsetzungsprocesse, die man, wenn sie außerhalb des Thierkörpers vor sich gehen, gewöhnlich mit Gährung und Fäulniß bezeichnet) zu hindern oder zu verlangsamen.

Die dritte Klasse von Arzneistoffen nimmt durch ihre Elemente an den im Thierkörper vor sich gehenden Veränderungen einen directen Antheil; dem Organismus zugeführt, steigern und erhöhen sie die vitale Thätigkeit einzelner oder mehrerer Organe, sie bringen im gesunden Körper Krankheitserscheinungen hervor; alle üben schon in verhältnißmäßig sehr kleinen Gaben eine bemerkbare Wirkung aus, viele wirken in größeren Massen als Gifte. Von keinem dieser Körper läßt sich behaupten, daß er in dem Ernährungsprocesse eine entschiedene Rolle spiele, daß er von dem Organismus zur Blutbildung verwendet werden könne, theils, weil ihre Zusammensetzung von der der Blutbestandtheile abweicht, theils, weil die Masse, in der sie die Wirkung äußern, gegen die Blutmasse verschwindend klein ist.

In die Blutcirculation aufgenommen, ändern sie, wie man gewöhnlich sagt, die Qualität des Bluts, und um durch den Magen in die Blutgefäße mit ihrer ganzen Wirksamkeit überzugehen, muß vorausgesetzt werden, daß sie durch die organische Thätigkeit, welche dieses Organ besitzt, keine Veränderung in ihrer Zusammensetzung erfahren, sie werden im unlöslichen Zustande darin löslich gemacht (verdaut), aber nicht zerstört, denn in letzterem Fall würden sie keine Wirkung ausüben können.

76. Das Blut besitzt im normalen Zustande der Gesundheit zwei Qualitäten, welche mit einander in engem Zusammenhange stehen, obwohl eine von der andern als ganz unabhängig gedacht werden kann.

In den Blutkörperchen enthält das Blut die Träger des zur Neubildung gewisser Theile des Thierkörpers, sowie zur Hervorbringung der animalischen Wärme dienenden Sauerstoffs; durch die Fähigkeit dieser Blutkörperchen, den in der Lunge aufgenommenen Sauerstoff wieder abzugeben, ohne daß sie damit ihren Character verlieren, bedingen sie im Allgemeinen den Stoffwechsel.

Die zweite Qualität des Blutes, seine Fähigkeit, zu Bestandtheilen von Organen zu werden, sich für die Zunahme an Masse und Neubildung der Organe, sowie zum Ersatz von verbrauchtem Stoff zu eignen, verdankt es vorzugsweise dem in Auflösung vorhandenen Fibrin und Albumin. Diese beiden Hauptbestandtheile, welche zur Nutrition und Reproduction dienen, sättigen sich bei ihrem Durchgang durch die Lunge mit Sauerstoff, sie nehmen jedenfalls soviel davon aus der Atmosphäre auf, daß sie die Fähigkeit völlig verlieren, den anderen Materien, die sich im Blute befinden, Sauerstoff zu entziehen.

Mit Bestimmtheit wissen wir, daß die Blutkörperchen des venösen Blutes in der Lunge, bei ihrer Berührung mit der Atmosphäre, ihre Farbe ändern, daß dieser Farbenwechsel begleitet ist von einer Absorbtion von Sauerstoff; alle Bestandtheile des Blutes, welche die Fähigkeit überhaupt besitzen, sich mit Sauerstoff zu verbinden, nehmen in der Lunge Sauerstoff auf und sättigen sich damit. Neben diesen anderen Materien behalten die Blutkörperchen ihre hochrothe Farbe bis in die feinsten Verzweigungen der Arterien, erst bei ihrem Durchgange durch die Capillargefäße beobachten wir, daß sie dieselbe wechseln und die dunkelrothe Farbe annehmen, welche die Blutkörperchen des venösen Blutes characterisirt. Aus diesen Thatsachen muß gefolgert werden, daß den Bestandtheilen des arteriellen Blutes die Fähigkeit völlig abgeht, den Sauerstoff der im arteriellen Blute circulirenden Blutkörperchen, welchen sie aus der Luft aufgenommen haben, zu entziehen, und aus der in den Capillargefäßen stattfindenden Farbenveränderung läßt sich kein anderer Schluß ziehen, als daß sie (die Blutkörperchen des arteriellen Blutes) während diesem Durchgang, in den Zustand zurückkehren, den sie im venösen Blut besitzen, daß sie also den in der Lunge aufgenommenen Sauerstoff abgegeben und damit das Vermögen wieder erlangt haben, sich mit Sauerstoff aufs Neue zu verbinden.

78. Wir finden demnach in dem arteriellen Blut Albumin, was sich, wie alle anderen Bestandtheile, bei seinem Durchgange durch die Lunge mit Sauerstoff gesättigt hat, und Sauerstoffgas, was jedem Körpertheilchen durch die Blutkörperchen in chemischer Verbindung zugeführt wird. So weit unsere Beobachtungen (bei der Bebrütung des Ei's) reichen, vereinigen sich darin die Bedingungen zur Erzeugung aller Gebilde; der zur Neubildung oder in dem Proceß der Reproduction nicht verbrauchte Sauerstoff vereinigt sich mit der Substanz der belebten Körpertheilchen, er bedingt, indem er in ihre Elemente aufgenommen wird, den Act der Umsetzung, den wir mit Stoffwechsel bezeichnet haben.

79. Es ist klar, daß alle in den Capillargefäßen vorhandenen oder abgeschiedenen oder durch Endosmose oder Imbibition zugeführten Stoffe, welcher Art sie auch sein mögen, wenn ihnen die Fähigkeit nicht völlig abgeht, sich mit Sauerstoff zu vereinigen, daß sie, bei Berührung mit den

Trägern des Sauerstoffs, sich ähnlich verhalten müssen, wie die lebendigen Körpertheilchen selbst, sie werden, oder ihre Elemente werden mit diesem Sauerstoff in Verbindung treten, es wird in diesem Fall entweder kein Stoffwechsel stattfinden, oder er wird sich in einer andern Form, in der Bildung von Producten anderer Art, zu erkennen geben.

80. Der Begriff einer Aenderung der beiden in dem Vorhergehenden berührten Qualitäten des Blutes durch einen in dem Blute enthaltenen oder aufgenommenen fremden Stoff (Arzneistoff) setzt demnach zweierlei Wirkungsweisen voraus.

Angenommen, daß der Arzneistoff keine, der Lebensthätigkeit eine Grenze setzende, chemische Verbindung mit den Bestandtheilen des Blutes einzugehen vermag, daß er ferner sich nicht im Zustande einer Umsetzung befindet, die sich auf die Bestandtheile des Blutes oder der Organe fortpflanzen und übertragen kann, daß ihm die Fähigkeit abgeht, durch seinen Contact mit den lebenden Körpertheilchen ihren Stoffwechsel, die Umsetzung ihrer Elemente, zu hindern, so bleibt für diese Art von Stoffen, um ihre Wirkungsweise erklärlich zu finden, nichts anders übrig, als anzunehmen, daß ihre Elemente an der Erzeugung gewisser Bestandtheile des lebenden Thierkörpers oder an der Bildung gewisser Secrete Antheil nehmen.

81. Insoweit der vitale Act der Secretion mit dem Chemismus in Beziehung steht, ist er in dem Vorhergehenden einer Untersuchung unterworfen worden; bei den Fleisch-fressenden Thieren haben wir Grund zu glauben, daß ohne Hinzutreten eines fremden Stoffes von Außen, die Galle und die Bestandtheile des Harns an dem Orte gebildet werden, wo der Stoffwechsel vor sich geht; bei den anderen Thierclassen hingegen kann angenommen werden, daß in dem Secretionsorgan selbst, aus gewissen zugeführten Stoffen (bei den Gras-fressenden Thieren aus den Bestandtheilen des Amylons und einem stickstoffhaltigen Product der umgesetzten Organe) die Erzeugung der Secrete vermittelt wird. Diese Vorstellung schließt die Meinung übrigens nicht aus, daß bei den Fleisch-fressenden Thieren die Producte der umgesetzten Organe, eine Spaltung in Galle, Harnsäure oder Harnstoff, erst in den Secretionsorganen erleiden, oder daß die Bestandtheile der stickstofffreien Nahrungsstoffe, direct den Körpertheilen zugeführt, wo Stoffwechsel stattfindet, mit den Elementen der umgesetzten Gebilde zu den Bestandtheilen des Harns und der Galle zusammentreten.

82. Wenn nun vorausgesetzt wird, daß gewisse Arzneimittel zu Bestandtheilen von Secreten werden können, so kann dies nur auf zweierlei Weise geschehen; entweder gelangen sie in die Blutcirculation und nehmen

an dem Stoffwechsel directen Antheil, insofern ihre Elemente in die Zusammensetzung der neuen Producte eintreten, oder sie werden den Secretionsorganen zugeführt, wo sie auf die Bildung oder auf die Beschaffenheit des Secretes einen Einfluß durch Hinzutreten ihrer Elemente äußern.

In beiden Fällen müssen sie in dem Organismus ihren chemischen Character verlieren, und wir wissen mit genügender Sicherheit, daß diese Classe von Arzneistoffen spurlos im Körper verschwindet. Schreibt man ihnen in der That eine Wirkung zu, so können sie durch den Magen ihre Eigenthümlichkeit nicht verlieren, sie können durch den Verdauungsproceß nicht zerstört worden sein; ihr Verschwinden setzt also voraus, daß sie zu gewissen Zwecken verwendet worden sind, was ohne Aenderung ihrer Zusammensetzung nicht denkbar ist.

83. So wenig man nun auch, bis auf die Galle, mit der Zusammensetzung der übrigen Secrete bekannt sein mag, mit Bestimmtheit weiß man, daß alle Secrete Stickstoff in chemischer Verbindung enthalten; sie gehen in stinkende Fäulniß über und liefern entweder in diesem Zersetzungsproceß oder bei der trocknen Destillation ammoniakhaltige Producte; selbst der Speichel, mit Kalihydrat zusammengebracht, entwickelt reichlich Ammoniak.

84. Durch ihre Zusammensetzung theilen sich die Arzneimittel in zwei Klassen, in stickstoffhaltige und in stickstofffreie. Vor allen ausgezeichnet durch ihre medizinischen Wirkungen auf den Organismus sind die stickstoffhaltigen Pflanzenstoffe, deren Zusammensetzung von den eigentlichen, stickstoffhaltigen Nahrungsstoffen, welche der Organismus der Pflanze ebenfalls erzeugt, abweicht.

Die Arzneiwirkungen dieser Materien sind außerordentlich verschieden; von der mildesten Form der Wirkung der Aloe bis zum furchtbarsten Gifte, dem Strychnin, beobachten wir Unterschiede der mannigfaltigsten Art.

Bis auf drei Verbindungen, bringen alle diese Materien im gesunden Organismus Krankheitszustände hervor und wirken in gewissen Gaben giftig, die meisten besitzen den chemischen Character der Basen.

Kein stickstofffreies Arzneimittel übt in gleichen Gaben eine giftige Wirkung aus[F12].

[12] Diese Betrachtung oder Vergleichung hat zu einer neuen und genaueren Untersuchung des Picrotoxins geführt und Herr Francis hat einen bis jetzt übersehenen Stickstoffgehalt darin unzweifelhaft dargethan und seine Menge bestimmt.

85. Die arzneiliche oder giftige Wirkung der stickstoffhaltigen Pflanzenstoffe steht mit ihrer Zusammensetzung in einer bestimmten Beziehung, sie kann nicht unabhängig von ihrem Stickstoffgehalte gedacht werden, allein sie steht keineswegs in directem Zusammenhang mit diesem Stickstoffgehalte.

Das Solanin[E38], das Picrotoxin[E39], welche die geringste Stickstoffmenge enthalten, sind starke Gifte, Chinin[E40] enthält mehr Stickstoff wie Morphin[E41]; Caffein[E42] und Theobromin[E43], die stickstoffreichsten Pflanzenstoffe, die man kennt, sind nicht giftig.

86. Ein stickstoffhaltiger Körper, der durch seine Elemente auf die Bildung oder die Qualität eines Secretes eine Wirkung äußert, muß in Beziehung auf seinen chemischen Character die Rolle übernehmen können, welche die stickstoffhaltigen Producte des Thierkörpers in der Bildung der Galle spielen, die Rolle also eines Productes des Lebensprocesses. Ein stickstofffreies Arzneimittel, insofern seine Wirkung sich in den Secreten äußert, muß in dem Thierkörper dieselbe Rolle spielen können, die wir den stickstofffreien Nahrungsstoffen zugeschrieben haben.

Wenn wir uns also denken, daß die Elemente der Hippur- oder Harnsäure von den Trägern der Lebensthätigkeit stammen, daß sie als Producte ihrer Umsetzung den Character des Lebens, aber keineswegs die Fähigkeit verlieren, Veränderungen durch den eingeathmeten Sauerstoff oder durch die Einwirkung der Secretionsapparate zu erleiden, so läßt sich kaum ein Zweifel hegen, daß Stickstoffverbindungen ähnlicher Art, Producte des Lebensprocesses der Pflanzen, in den Thierkörper gebracht, wenn sie sich zu gleichen Zwecken eignen, ganz auf die nämliche Weise von dem Thierorganismus verwendet werden können, wie die stickstoffhaltigen Producte der Metamorphosen der Thiergebilde selbst; und wenn Hippur- oder Harnsäure oder eins ihrer Elemente Antheil z. B. zu nehmen vermögen an der Bildung und Erzeugung von Galle, so muß anderen stickstoffhaltigen Substanzen ein ähnliches Vermögen zugeschrieben werden.

Unerforschlich wird es immer bleiben, wie die Menschen auf den Genuß eines heißen Aufgusses von Blättern gewisser Stauden oder der Abkochung gerösteter Samen gekommen sind; es muß eine Ursache geben, welche erklärt, wie er ganzen Nationen zu einem Lebensbedürfniß geworden ist. Noch weit merkwürdiger ist es gewiß, daß die wohlthätigen Wirkungen auf die Gesundheit, in beiden Pflanzenstoffen, einer und derselben Materie zugeschrieben werden müssen, deren Vorhandensein in zwei Pflanzen, welche verschiedenen Pflanzenfamilien und Welttheilen angehören, die kühnste Phantasie nicht voraussetzen konnte.

Nicht minder bemerkenswerth ist es gewiß, daß der Fleisch-essende Indianer in dem Tabacksrauchen ein Mittel entdeckte, welches den Umsatz seiner Gebilde verlangsamt und damit den Hunger erträglicher macht, daß er dem Genusse des Branntweins nicht zu widerstehen vermag, der in seinem Körper als Respirationsmittel dient und die Function seiner umgesetzten Gebilde übernimmt. Thee und Caffee treffen wir ursprünglich bei Nationen an, welche vorzugsweise vegetabilische Nahrung genießen.

87. Ohne auf die medicinischen Wirkungen des Caffeins und Theins einzugehen, wird man es jedenfalls, selbst wenn man sich darin gefallen sollte, ihren Einfluß auf den Secretionsproceß zu leugnen, höchst auffallend finden, daß Caffein und Thein, durch ein Hinzutreten von Wasser und Sauerstoff in Taurin, in den der Galle eigenthümlichen stickstoffhaltigen Bestandtheil übergehen können.

1 At. Caffein, Thein $C_8N_4H_{10}O_2$

9 „ Wasser $H_{18}O_9$

9 „ Sauerstoff O_9

2 „ Taurin 2 $(C_4N_2H_{14}O_{10})$

Eine ganz ähnliche Beziehung beobachten wir in dem Hauptbestandtheil der Spargeln, dem Althäin oder Asparagin; beim Hinzutreten von Sauerstoff und Wasser bekommen wir ebenfalls die Elemente des Taurin's.

1 At. Asparagin $C_8N_4H_{16}O_6$

6 „ Wasser $H_{12}O_6$

8 „ Sauerstoff O_8

2 „ Taurin 2 $(C_4N_2H_{14}O_{10})$

Beim Hinzutreten der Elemente des Wassers und einer gewissen Menge Sauerstoff zu den Elementen des Theobromins, des Hauptbestandtheils der Cacaobohnen, haben wir Harnstoff und Taurin oder Harnsäure, Taurin und Wasser.

1	At.	Theobromin	C_{18}	N_{12}	H_{20}	O_4			4	At.	Taurin	C_{16}	N_8	H_{56}	O_{40}
22	„	Wasser			H_{44}	O_{22}									
16	„	Sauerstoff				O_{16}	=		1	„	Harnstoff	C_2	N_4	H_8	O_2
			C_{18}	N_{12}	H_{64}	O_{42}						C_{18}	N_{12}	H_{64}	O_{42}

oder:

1	At.	Theobromin	C_{18}	N_{12}	H_{20}	O_4		4	At.	Taurin	C_{16}	N_8	H_{56}	O_{40}
24	„	Wasser			H_{48}	O_{24}	- -	2	„	Kohlensäure	C_2			O_4
16	„	Sauerstoff				O_{16}	=	2	„	Ammoniak		N_4	H_{12}	
			C_{18}	N_{12}	H_{68}	O_{44}					C_{18}	N_{12}	H_{68}	O_{44}

oder:

1	At.	Theobromin	C_{18}	N_{12}	H_{20}	O_4		2	At.	Taurin	C_8	N_4	H_{28}	O_{20}
8	„	Wasser			H_{16}	O_8	- -							
14	„	Sauerstoff				O_{14}	=	1	„	Harnsäure	C_{10}	N_8	H_8	O_6
			C_{18}	N_{12}	H_{36}	O_{26}					C_{18}	N_{12}	H_{36}	O_{26}

88. Um die Wirkung des Caffeins, Asparagins &c. auf den Organismus erklärlich zu finden, muß man sich erinnern, daß der Hauptbestandtheil der Galle nur 3,8 pCt. Stickstoff enthält, von dem nur die Hälfte dem Taurin angehört (1,9 pCt.).

Die Galle enthält im natürlichen Zustande 80 Theile Wasser und 10 Theile feste Substanz. Nehmen wir nun an, diese 10 Theile seien Choleinsäure mit 3,87 pCt. Stickstoff, so enthalten 100 Gewichtstheile Galle im natürlichen Zustande in der Form von Taurin 0,171 Gewichtstheile Stickstoff. Diese Quantität Stickstoff ist aber in 0,6 Caffein enthalten oder 2⁸⁄₁₀ Gran Caffein können in der Form von Taurin, einer Unze Galle den Stickstoff liefern, und wenn ein Theeaufguß auch nur den zehnten Theil eines Grans Thein enthält, so kann, wenn es überhaupt zur Gallenbildung beiträgt, seine Wirkung nicht gleich Null gesetzt werden. Man wird eben so wenig leugnen können, daß bei einem Ueberfluß von stickstofffreien Nahrungsmitteln und bei Mangel an Bewegung, welche den Umsatz der Gebilde bedingt und die zur Gallenbildung nöthige Stickstoffverbindung liefert, daß in diesem Zustande der Genuß von Stoffen der Gesundheit zuträglich sein mag, welche die Rolle der zur Respirationsmaterie unentbehrlichen Stickstoffverbindung, die der Körper erzeugt, zu übernehmen vermögen. In chemischer Beziehung und dies allein soll mit Obigem dargethan werden, eignen sich Thein, Caffein, Theobromin, Asparagin mehr, wie alle anderen stickstoffhaltigen Pflanzenstoffe, ihrer Zusammensetzung nach, zu dieser Verwendungsweise. Ihre Wirkungen sind für die gewöhnlichen Zustände nicht in die Augen fallend, wiewohl unleugbar vorhanden.

89. Was die Wirkung der andern stickstoffhaltigen Pflanzenstoffe betrifft, des Chinins, der Bestandtheile des Opiums &c. &c., die sich nicht in den Secretionsprocessen, sondern in anderen Erscheinungen äußert, so sind die Physiologen und Pathologen nicht zweifelhaft, daß sie vorzugsweise auf die Nerven und das Gehirn gerichtet ist; sie ist, wie man gewöhnlich sagt, dynamischer Art, was ausdrücken will, daß sie die Bewegungserscheinungen des Thierlebens entweder beschleunigt oder verlangsamt, oder in irgend einer Form ändert. Beachtet man nun, daß die Wirkung materiellen, mit der Hand greifbaren und wägbaren Stoffen angehört, daß sie in dem Organismus verschwinden, daß eine doppelte Portion stärker wirkt, wie eine einfache, daß nach einiger Zeit eine neue Dosis gegeben werden muß, wenn man die Wirkung zum zweitenmal hervorbringen will, so läßt dies Verhalten, in chemischer Beziehung, nur eine einzige Form von Erklärung, die Vorstellung nämlich zu, daß sie durch ihre Elemente Theil an der Bildung oder Umsetzung der Gehirn- und Nervensubstanz nehmen.

So sonderbar nun auch der Gedanke auf den ersten Blick zu sein scheint, daß die Bestandtheile des Opiums, oder der Chinarinde, die Elemente des Codeins, Morphins, Chinins &c. in Bestandtheile der Gehirn- und Nervensubstanz, zu Trägern der Thätigkeit übergehen, von denen aus die Bewegungen der Organe im Thierkörper vermittelt werden, daß sie zu einem Bestandtheil der Substanz werden, mit deren Hinwegnahme der Sitz des geistigen Lebens, des Gefühls und des Bewußtseins vernichtet wird, so bleibt nicht minder gewiß, daß alle diese Fähigkeiten und Thätigkeiten auf's engste mit der Existenz und einer gewissen Beschaffenheit der Gehirn-, Rückenmark- und Nervensubstanz im Zusammenhange stehen, in der Art, daß alle Aeußerungen des Lebens dieser Stoffe, die in der Erscheinung sich als Bewegung, Empfindung, Gefühl zu erkennen geben, eine andere Form annehmen, so wie ihre Zusammensetzung sich ändert. Die Gehirn- und Nervensubstanz erzeugte der Organismus des Thieres aus Materien, die ihm von den Pflanzen geliefert wurden; es sind die Bestandtheile ihrer Nahrung, welche in Folge einer Reihe von Veränderungen die Eigenschaften und die Beschaffenheit annehmen, die wir an ihnen kennen.

90. Wenn nun als eine unbestreitbare Wahrheit angesehen werden muß, daß aus den Bestandtheilen des Pflanzen-Fibrins, -Caseins, -Albumins allein, oder mit Zuhülfenahme der Bestandtheile der stickstofffreien Nahrungsmittel, oder des daraus gebildeten Fettes die Gehirn- und Nervensubstanz erzeugt wird, so hat die Meinung nichts Absurdes, daß andere Bestandtheile der Vegetabilien, die in ihrer Zusammensetzung

zwischen beiden (den Fetten nämlich und den Proteinverbindungen) stehen, daß diese in dem Organismus zu gleichem Zwecke verwendet werden können.

91. Nach Frémy's Untersuchung ist der Hauptbestandtheil des Gehirnfettes die Natronverbindung von einer eigenthümlichen Säure, der Cerebrinsäure, welche in 100 Th. enthält:

Kohlenstoff	66,7
Wasserstoff	10,6
Stickstoff	2,3
Phosphor	0,9
Sauerstoff	19,5

Wie man leicht bemerkt, weicht die Zusammensetzung der Cerebrinsäure von der der fetten Körper und der stickstoffhaltigen Bestandtheile des Blutes gänzlich ab; die Fette sind frei von Stickstoff, die Proteinverbindungen enthalten nahe an 17 pCt. Stickstoff. Bis auf den Phosphor(säure?)gehalt kann die Zusammensetzung der Gehirnsubstanz am nächsten nur mit der Zusammensetzung der Choleinsäure verglichen werden, obwohl beide mit einander nicht verwechselt werden können.

92. Die Gehirn- und Nervensubstanz sind jedenfalls auf eine ähnliche Weise entstanden wie die Galle, entweder durch Austreten einer stickstoffreichen Materie aus den Bestandtheilen des Blutes, oder durch Zusammentreten eines stickstoffhaltigen Productes des Lebensprocesses mit einem stickstofffreien (einem fetten!) Körper. Alles was in dem Vorhergehenden über die verschiedene Art und Weise der Entstehung der Galle gesagt worden ist, alle Schlüsse, zu denen wir über die Mitwirkung stickstoffhaltiger oder stickstofffreier Nahrungsstoffe gelangt sind, lassen sich mit gleichem Rechte oder mit gleicher Wahrscheinlichkeit auf die Bildung und Erzeugung der Gehirn- und Nervensubstanz anwenden.

Man darf nicht aus den Augen verlieren, daß, wie man auch die vitalen Vorgänge betrachten mag, die Entstehung der Gehirnsubstanz aus Blut eine Aenderung in der Zusammensetzung und den Qualitäten der Blutbestandtheile voraussetzt; diese Aenderung findet eben so gewiß statt, als die Existenz der Gehirnsubstanz nicht geleugnet werden kann. In diesem Sinne muß angenommen werden, daß aus einer Proteinverbindung ein erstes, zweites, drittes &c. Product hervorgeht, ehe eine gewisse Anzahl ihrer Elemente zu Bestandtheilen der Gehirnsubstanz werden können, und es muß als vollkommen gewiß angesehen werden, daß ein Product des Lebensprocesses einer Pflanze, dem Blute zugeführt, die Rolle der ersten, zweiten, dritten Producte der Veränderung der Proteinverbindung übernehmen wird, wenn ihre Zusammensetzung sich zu diesem Zwecke eignet. Es kann in der That nicht als zufällig angesehen werden, daß die Zusammensetzung der wirksamsten Arzneistoffe, der organischen Basen, mit keinem Bestandtheil des Thierkörpers außer mit der Gehirnsubstanz in Beziehung gebracht werden kann; alle enthalten eine gewisse Menge Stickstoff; sie stehen, in Beziehung auf ihre Elemente, in der Mitte zwischen den Proteinverbindungen und den Fetten.

93. Im Gegensatz zu ihrem chemischen Charakter finden wir in der Gehirnsubstanz die Eigenschaft einer Säure; sie enthält eine weit größere Menge von Sauerstoff wie die organischen Basen. Wir beobachten, daß Chinin und Cinchonin, Morphin und Codein, Strychnin und Brucin, die sich in ihrer Zusammensetzung so nahe stehen, wenn nicht eine gleiche Wirkung äußern, doch darin sich näher stehen, als den anderen, welche größere Unterschiede in ihrer Zusammensetzung zeigen. Wir finden, daß mit ihrem Sauerstoffgehalte (wie beim Narcotin) ihre energische Wirkung abnimmt, daß im strengsten Sinne keine durch die andere vollkommen ersetzt werden kann. Es giebt aber keinen entscheidenderen Beweis für die Art und Weise ihrer Wirkung, als das letztere Verhalten, sie muß in der engsten Beziehung zu ihrer Zusammensetzung stehen. Wenn diese Stoffe in der That eine Rolle in Beziehung auf die Bildung oder Aenderung der Qualitäten der Gehirn- und Nervensubstanz ausüben, so erklären sich ihre Wirkungen auf den gesunden so wie auf den kranken Organismus auf eine überraschend einfache Weise, und wenn man nicht versucht ist zu leugnen, daß der Hauptbestandtheil der Fleischbrühe in dem Körper des Menschen oder der organische Bestandtheil der Knochen in dem Leibe eines Hundes, obwohl sie zur Blutbildung schlechterdings nicht geeignet sind, daß also Stickstoffverbindungen, welche den Proteinverbindungen durchaus unähnlich sind, eine ihrer Zusammensetzung entsprechende Verwendung finden, so werden wir daraus schließen dürfen, daß ein anderes, dem Protein ebenfalls unähnliches, aber einem Bestandtheil des Thierkörpers ähnliches Product des Pflanzenlebens in dem Organismus des Thieres eine ähnliche Verwendung findet, wie das Product, welches durch die vitale Thätigkeit seiner Organe ursprünglich ebenfalls aus einer Pflanzensubstanz erzeugt worden ist.

Die Zeit ist noch nicht lange vorübergegangen, wo man über die Ursache der verschiedenartigen Wirkungen des Opiums nicht die allergeringste Vorstellung hatte, wo die Wirkung der Chinarinde in ein unbegreifliches Dunkel gehüllt schien. Jetzt, wo man weiß, daß sie kristallisirbaren, chemischen Verbindungen angehört, welche in ihrer Zusammensetzung ebenso verschieden sind, wie sie in ihrer Wirkung auf den Organismus von einander abweichen, jetzt also, wo man die Stoffe kennt, denen die arzneiliche oder giftige Wirkung zukommt, kann nur der Unverstand ihren Antheil an dem Lebensproceß für unerforschbar halten; sie deshalb, wie Manche gethan haben, für unerforschbar erklären, weil sie in kleinen Gaben wirken, ist eben so ungereimt, wie wenn man die Schärfe eines Rasirmessers beurtheilen wollte nach seinem Gewichte.

94. Es wäre völlig zwecklos, diesen Schlüssen eine größere Ausdehnung zu geben, sie verdienen, so hypothetisch sie sich auch darstellen mögen, nur in so fern Beachtung, als sie den Weg andeuten, den die Chemie verfolgt, oder den sie nicht verlassen darf, wenn sie in der That der Physiologie und Pathologie Dienste leisten soll. Die Combinationen des Chemikers beziehen sich stets auf den Stoffwechsel vorwärts und rückwärts, auf den Uebergang der Nahrung in die mannigfaltigen Gebilde und Secrete und ihrer Umsetzung in leblose Verbindungen; seine Untersuchungen sollen zeigen, was im Körper vor sich gegangen ist, und was vor sich gehen kann. Sonderbarer Weise sehen wir die Arzneiwirkungen alle abhängig von gewissen Stoffen, die sich in ihrer Zusammensetzung nicht ähnlich sind, und wenn durch die Hinzuführung eines Stoffes gewisse abnormale Zustände zu normalen werden, so wird man die Ansicht nicht zurückweisen können, daß diese Erscheinung in einer Aenderung der Zusammensetzung der Bestandtheile des kranken Organismus beruht, an welcher die Elemente des Arzneimittels einen bestimmten Antheil haben, einen ähnlichen Antheil, wie der ist, den die Bestandtheile der Pflanzen an der Bildung des Fettes und der Membranen, des Speichels, der spermatischen Materie &c. genommen haben; ihr Kohlenstoff, ihr Wasserstoff, Stickstoff, oder was sonst zu ihrer Zusammensetzung gehört, sie stammen ja von dem Organismus der Pflanze ab; die Wirkungen des Chinins, des Morphins, der vegetabilischen Gifte sind zuletzt keine Hypothesen.

95. Aehnlich also wie man in gewissem Sinne von Caffein, Thein, Asparagin, so wie von den stickstofffreien Nahrungsstoffen sagen kann, daß sie Nahrungsstoffe für die Leber sind, indem sie die Elemente enthalten, durch deren Gegenwart dieses Organ befähigt wird, seinen Functionen vorzustehen, lassen sich die stickstoffhaltigen, durch ihre Wirkung auf das Gehirn und die Substanz der Bewegungsapparate so merkwürdigen Arzneistoffe als Nahrungsstoffe für die unbekannten Organe betrachten, welche zur Metamorphose der Blutbestandtheile in Gehirn- und Nervensubstanz bestimmt sind, Organe, die in dem Thierkörper nicht fehlen können, und wenn im Zustande der Krankheit ein abnormaler Proceß der Bildung oder Umsetzung der Bestandtheile der Nerven- und Gehirnsubstanz sich eingestellt hat, wenn in den dazu bestimmten Organen die Fähigkeit vermindert ist, aus den Blutbestandtheilen Nerven- und Gehirnsubstanz zu erzeugen, oder einer abnormalen Umsetzung Widerstand zu leisten, so steht der Ansicht in chemischer Beziehung kein Hinderniß entgegen, daß Materien

von einer der Gehirn- und Nervensubstanz ähnlichen Zusammensetzung, die sich für die Bildung derselben eignen, statt der aus dem Blute erzeugten zum Widerstand oder zur Herstellung des normalen Zustandes verwendet werden können. Beide sind Producte des Lebensprocesses; die Blutbestandtheile sowohl, wie die Körper, welche wir Arzneimittel nennen, stammen von den Pflanzen, nur in ihrer Form zeigen sie Verschiedenheiten.

96. Einige Physiologen und Chemiker haben die Eigenthümlichkeit der Cerebrinsäure, welche ihrem Kohlenstoff- und Wasserstoffgehalte und ihren physikalischen Eigenschaften nach einer stickstoffhaltigen fetten Säure gleicht, in Zweifel gezogen; ein stickstoffhaltiges Fett, was einen sauren Charakter besitzt, ist aber in der That keine Anomalie. Die Hippursäure ist in manchen ihrer Eigenschaften den fetten Säuren sehr ähnlich, sie ist aber durch ihren Stickstoffgehalt wesentlich davon unterschieden; die organischen Bestandtheile der Galle, sie gleichen in ihren physikalischen Eigenschaften den sauren Harzen und sind ebenfalls stickstoffhaltig; die organischen Basen stehen in ihren physikalischen Eigenschaften zwischen den fetten Körpern und den Harzen, alle sind stickstoffhaltig; eine stickstoffhaltige fette Säure ist eben so wenig unwahrscheinlich, wie die Existenz eines stickstoffhaltigen Harzes, was die Eigenschaften einer Salzbase besitzt.

97. Ein genaues Studium möchte wahrscheinlich in der Substanz des Gehirns, des Rückenmarks und der Nerven Verschiedenheiten darthun. Nach den Beobachtungen von Valentin ändert sich die Beschaffenheit der Gehirn- und Nervensubstanz von dem Tode an, mit großer Schnelligkeit, und ganz besondere Sorgfalt müßte auf die Sonderung fremder, der Mark- und Gehirnsubstanz nicht angehörender Materien zu verwenden sein. So groß nun auch die Schwierigkeiten sich darstellen mögen, so scheint die Untersuchung dennoch ausführbar. Vorläufig wissen wir, daß gegen einen großen Kohlenstoff- und Wasserstoffgehalt in der Gehirnsubstanz alle Erfahrungen sprechen; die Abwesenheit von Stickstoff als Bestandtheil der Nerven- und Gehirnsubstanz erscheint jedenfalls unwahrscheinlich. Sie darf ferner nicht zu den Fetten gerechnet werden, denn wir finden sie mit Natron vereinigt; alle Fette sind aber Glycerylverbindungen. Was den Phosphorgehalt der Gehirnsubstanz betrifft, so haben wir über den Zustand, in welchem der Phosphor darin enthalten ist, nur Vermuthungen. Walchner beobachtete vor Kurzem, daß sich aus einem Brunnentroge in Carlsruhe, auf dessen Boden Fische faulten, selbstentzündliches Phosphorwasserstoffgas in Blasen entwickelte, und auch in der Fäulniß der Gehirnsubstanz sind phosphorreiche Gase beobachtet worden[F13].

[13] Das Museum zu Genf übergab eine große Portion Weingeist, der zur Aufbewahrung von Thieren (Fischen) gedient hatte, an Herrn Leroyer,

Apotheker, der seine Reinigung übernahm. Er destillirte denselben über ein Gemenge von Chlorcalcium mit gebranntem Kalk und dampfte den Rückstand an der Luft über Feuer ab. Sobald die Masse eine gewisse Consistenz und eine höhere Temperatur angenommen hatte, entwickelte sich eine außerordentliche Menge entzündliches Phosphorwasserstoffgas (Dumas V. 267.)

Dritter Theil.
Die
Bewegungserscheinungen
im
Thierorganismus.

I.

Die zahllosen Bilder, welche sich der menschliche Geist über die Natur und das Wesen der eigenthümlichen Ursache geschaffen hat, welche als der letzte Grund der Erscheinungen angesehen werden muß, die das Thier- und Pflanzenleben characterisiren, mit einem neuen zu vermehren, dürfte nicht der Beachtung werth gehalten werden, wenn sich nicht aus den Vorstellungen über diese Ursache, welche im Eingang zum ersten Theil dieser Schrift entwickelt worden sind, gewisse Begriffe als nothwendige Folgerungen ergäben, deren nähere Erörterung in dem Folgenden versucht werden soll.

Von vorne herein muß zugegeben werden, daß alle diese Folgerungen ihre Bedeutung verlieren, wenn der Beweis geführt werden kann, daß die Ursache der Lebensthätigkeit mit anderen bekannten Ursachen, welche Bewegung oder Form- und Beschaffenheitsänderungen der Materie bewirken, in ihren Aeußerungen nichts gemein hat.

Eine Vergleichung ihrer Eigenthümlichkeiten mit der Wirkungsweise dieser anderen Ursachen, kann übrigens schon deshalb keinen Nachtheil bringen, weil die Natur und das Wesen einer Naturerscheinung nicht durch Abstraction, sondern nur durch vergleichende Beobachtungen erkennbar sind.

Wenn die Lebenserscheinungen nämlich als Aeußerungen einer eigenthümlichen Kraft angesehen werden, so müssen die Wirkungen dieser Kraft an gewisse erforschbare Gesetze gebunden sein, die mit den allgemeinsten Gesetzen des Widerstandes und der Bewegung im Einklange sind, welche die Weltkörper und Weltkörpersysteme in ihren Bahnen erhalten, wodurch Form- und Beschaffenheitsänderungen in den Körpern bedingt werden, ganz abgesehen von dem Stoff, welcher als Träger der Lebenskraft sich darstellt, oder der Form, in der sich die Lebenskraft äußert.

Die Lebenskraft giebt sich in einem belebten Körpertheil als eine Ursache der Zunahme an Masse, sowie des Widerstandes gegen äußere Thätigkeiten zu erkennen, welche die Form, Beschaffenheit und Zusammensetzung der Elementartheilchen ihres Trägers zu ändern streben.

Als eine Kraft der Bewegung, Form- und Beschaffenheitsänderung der Materie zeigt sie sich durch Störung und Aufhebung des Zustandes der Ruhe, in dem sich die chemischen Kräfte befinden, durch welche die Bestandtheile der ihren Trägern zugeführten Verbindungen, die wir als Nahrungsstoffe kennen, zusammengehalten werden.

Die Lebenskraft bewirkt eine Zersetzung dieser Nahrungsstoffe, sie hebt die Kraft der Anziehung auf, die zwischen ihren kleinsten Theilchen unausgesetzt thätig ist, sie ändert die Richtung der chemischen Kräfte in der Art, daß die Elemente der Nahrungsstoffe sich in einer andern Weise ordnen, daß sie zu neuen, den Trägern der Lebenskraft gleichen oder unähnlichen Verbindungen zusammentreten; sie ändert die Richtung und Stärke der Cohäsionskraft, sie hebt den Cohäsionszustand der Nahrungsmittel auf und zwingt die neuen Verbindungen, zu Formen zusammenzutreten, welche keine Aehnlichkeit mit den Formen haben, welche durch die frei (ohne Widerstand) wirkende Cohäsionskraft gebildet werden.

Die Lebenskraft äußert sich als eine Kraft der Anziehung, insofern die durch die Form- und Beschaffenheitsänderung des Nahrungsstoffes neu gebildete Verbindung, bei gleicher Zusammensetzung mit ihrem Träger, zu einem Bestandtheil dieses Trägers wird.

Die dem Träger der Lebenskraft unähnlichen, neuerzeugten Verbindungen treten aus dem Körpertheile aus, sie erleiden in der Form gewisser Secretionen, anderen Körpertheilen zugeführt, bei ihrer Berührung damit, eine Reihe ähnlicher Veränderungen.

Als Widerstand giebt sich die Lebenskraft in belebten Körpertheilen zu erkennen, insofern durch sie, durch ihr Vorhandensein in ihren Trägern, die Elemente derselben das Vermögen erlangen, Störungen und Aenderungen in ihrer Form und Zusammensetzung durch äußere Thätigkeiten zu widerstehen, eine Fähigkeit, die sie für sich als chemische Verbindungen nicht besitzen.

Wie bei anderen Kräften umfaßt der Begriff einer ungleichen Intensität der Lebenskraft in einem belebten Körpertheil nicht nur die ungleiche Fähigkeit der Zunahme an Masse und der Ueberwindung von (chemischen) Widerständen, sondern man bezeichnet damit auch gradezu die Verschiedenheit in der Größe des Widerstandes selbst, den die Theile oder Bestandtheile eines belebten Körpertheils einer Aenderung in der Form und Zusammensetzung durch neue äußere einwirkende Ursachen entgegensetzen; ganz ähnlich wie die Stärke der Cohäsionskraft oder der Affinität in gradem Verhältniß steht zu dem Widerstande, den diese Kräfte einer äußern mechanischen oder chemischen Ursache entgegensetzen, welche die Theile einer Verbindung von einander zu trennen strebt.

Die Aeußerungen der Lebenskraft sind abhängig von einer gewissen Form ihrer Träger und einer bestimmten Zusammensetzung der Substanz des lebendigen Körpertheils.

Die Fähigkeit der Zunahme an Masse in einem belebten Körpertheil wird bedingt durch die unmittelbare Berührung mit Stoffen, die sich zu einer Zersetzung eignen, oder deren Elementartheile zu Bestandtheilen des Trägers der Lebensthätigkeit übergehen können.

Die Aeußerung der Zunahme setzt voraus, daß die einwirkende Lebenskraft mächtiger ist, als der Widerstand, den die chemische Kraft einer Zersetzung oder Umsetzung der Elementartheile der Nahrungsstoffe ihr entgegensetzt.

Die Aeußerungen der Lebenskraft sind abhängig von einer gewissen Temperatur; weder in einer Pflanze, noch in einem Thiere zeigen sich Lebenserscheinungen, wenn die Temperatur in gewissen Verhältnissen abnimmt.

Die Lebenserscheinungen eines belebten Organismus nehmen an Stärke und Intensität durch Wärmeentziehung ab, wenn die Temperatur, welche er besitzt, nicht durch andere Ursachen wieder erneuert wird.

Entziehung von Nahrungsstoff setzt allen Lebensäußerungen eine bestimmte Grenze.

Der Contact der belebten Körpertheile mit Nahrungsstoff wird in dem Thierorganismus bedingt durch eine mechanische Kraft, welche in ihm selbst erzeugt wird und gewissen Organen die Fähigkeit giebt, Ortsveränderungen zu bewirken, eine mechanische Bewegung hervorzubringen, mechanische Widerstände aufzuheben.

Man kann einem ruhenden Körper eine gewisse Bewegung ertheilen durch eine Menge in ihren Aeußerungen höchst verschiedener Kräfte; wir setzen ein Uhrwerk in Bewegung durch ein fallendes Gewicht (durch die Schwere), durch eine gespannte Feder (durch Elasticität). Wir bringen jede Art von Bewegungen hervor durch die elektrische oder magnetische Kraft, sowie durch die chemischen Kräfte, ohne daß wir im Stande sind zu sagen, wenn wir die Aeußerung dieser Thätigkeiten nur in ihrer Erscheinung ins Auge fassen, durch welche von diesen verschiedenen Ursachen des Ortswechsels der ruhende Körper die Bewegung oder Geschwindigkeit empfangen hat.

In dem Organismus des Thieres kennen wir nur eine Quelle der bewegenden Kraft, und diese Quelle ist die nämliche Ursache, welche die Zunahme belebter Körpertheile an Masse bedingt, welche ihnen das

Vermögen giebt, äußeren Actionen Widerstand zu leisten, es ist die Lebenskraft.

Um zu einer klaren Einsicht dieser in ihrer Form so verschiedenen Aeußerungen der Lebenskraft zu gelangen, muß man sich erinnern, daß eine jede Kraft sich in einer Materie durch zwei für die Beobachtung durchaus verschiedene Zustände der Thätigkeit zu erkennen giebt.

Die in den Theilchen eines Steins vorhandene Kraft der Schwere ertheilt ihnen ein unausgesetztes Streben, sich nach dem Mittelpunkte der Erde hinzubewegen.

Für die Wahrnehmung verschwindet diese Thätigkeit, wenn der Stein z. B. auf einem Tische liegt, dessen Theile der Aeußerung seiner Schwere einen Widerstand entgegensetzen. Die auf ihn wirkende Kraft ist stets vorhanden, sie äußert sich als Druck auf die Unterlage, allein er bleibt auf seinem Platze, er besitzt keine Bewegung. Mit Gewicht bezeichnen wir die Aeußerung seiner Schwere im Zustande der Ruhe.

Was den Stein am Fallen hindert, ist ein Widerstand, welcher bewirkt wird durch eine Kraft der Anziehung, mit welcher die Theilchen des Holzes zusammenhängen; eine Wassermasse würde ihn am Fallen nicht gehindert haben.

Wenn die Kraft, welche die Theilchen des Steins nach dem Mittelpunkte der Erde hintreibt, größer wäre als die Kraft, womit die Holztheilchen zusammenhängen, so würde die Cohäsionskraft überwunden werden, sie würde den Stein am Fallen nicht hindern können.

Nehmen wir den Tisch und damit die Kraft hinweg, welche die Aeußerung der Schwere aufgehoben hatte, so zeigt sich die letztere als die Ursache der Ortsveränderung des Steins, er kommt in Bewegung, d. h. er fällt: Widerstand ist stets eine Kraft.

Je nachdem wir ihn kürzere oder längere Zeit fallen lassen, erlangt er Fähigkeiten, die er im ruhenden Zustande nicht besaß, er erhält nämlich das Vermögen, schwächere oder stärkere Widerstände (Kräfte) aufzuheben, oder ruhenden Körpern Bewegung mitzutheilen.

Von einer gewissen Höhe herabfallend macht er einen bleibenden Eindruck an dem Orte, den er berührt, von einer noch größern Höhe (längere Zeit) fallend, macht er ein Loch in die Tischplatte; seine eigene Bewegung theilt sich einer gewissen Anzahl Holztheilchen mit, die nun mit dem Steine selbst fallen. Keine dieser Eigenschaften besaß der ruhende Stein.

Die erlangte Geschwindigkeit ist stets die Wirkung der bewegenden Kraft. Sie ist unter sonst gleichen Umständen dem Druck proportional.

Ein frei fallender Körper gewinnt nach einer Sekunde eine Geschwindigkeit von 30 Fuß. Derselbe Körper auf dem Monde fallend, würde in einer Sekunde nur eine Geschwindigkeit von $^{30}/_{3600}$ = 0,1 Zoll gewinnen, weil dort die Intensität der Schwere (der Druck, welcher auf den Körper wirkt, die bewegende Kraft) 3600 mal kleiner ist.

Wenn der Druck gleichförmig fortwirkt, so steht die Geschwindigkeit genau im Verhältniß zum Druck, dergestalt, daß z. B. der 3600mal langsamer fallende Körper nach 3600 Sekunden dieselbe Geschwindigkeit annimmt, wie der andere nach einer Sekunde.

Die Wirkung ist folglich nicht der bewegenden Kraft allein, noch der Zeit allein, sondern dem Druck, multiplicirt mit der Zeit = Kraftmoment, proportional.

In zwei gleichen Körpermassen bezeichnet die Geschwindigkeit das Kraftmoment. Unter dem Einfluß desselben Drucks bewegt sich aber ein Körper um so langsamer, je größer seine Masse; die doppelte Masse braucht, um in gleicher Zeit eine gleiche Geschwindigkeit zu erlangen, einen doppelten Druck, oder sie muß unter dem einfachen Drucke eine doppelt so lange Zeit in Bewegung bleiben.

Um einen Ausdruck für die ganze eingetretene Wirkung zu haben, muß man daher, die Masse mit ihrer Geschwindigkeit multipliciren.

Dieses Product heißt Bewegungsgröße.

Die Größe der Bewegung eines Körpers muß in allen Fällen dem Kraftmoment genau entsprechen.

Größe der Bewegung und Kraftmoment wird auch schlechtweg mit Kraft bezeichnet, weil man sich vorstellt, daß ein kleiner Druck, der z. B. 10 Sekunden gewirkt hat, ebensoviel werth ist, als ein zehnmal größerer Druck, der nur eine Sekunde thätig war.

Bewegungsmoment heißt in der Mechanik die Wirkung einer Kraft ohne Rücksicht auf die Zeit (Geschwindigkeit), in welcher sie zur Aeußerung kam. — Wenn ein Mann z. B. dreißig Pfunde 100 Fuß hoch hebt, ein zweiter dreißig Pfund auf 200 Fuß Höhe, so hat der zweite doppelt so viel Kraft wie der erste verwendet; ein dritter welcher 60 Pfund auf 50 Fuß Höhe gehoben hat, verbraucht dazu nicht mehr Kraft wie der erste, um 30 Pfund 100 Fuß hoch zu heben. Die Bewegungsmomente des ersten (30 × 100) und des dritten (60 × 50) sind sich gleich, das Bewegungsmoment des zweiten (30 × 200) ist doppelt so groß.

Kraftmomente und Bewegungsmomente sind demnach in der Mechanik Ausdrücke oder Maßstäbe für Kraftwirkungen, die sich auf eine in gegebener Zeit erlangte Geschwindigkeit oder auf einen gegebenen Raum beziehen; in diesem Sinne lassen sie sich auf die Wirkungen aller anderen Ursachen der Bewegung, Form- und Beschaffenheitsveränderung übertragen, wie groß oder wie klein auch der Raum oder die Zeit sein mag, in der sich ihre Wirkung für die Sinne offenbart.

Eine jede Kraft äußert sich demnach in der Materie als Widerstand gegen äußere Ursachen der Orts- (Form- und Beschaffenheits-) Veränderung; als Bewegung-erzeugende Kraft zeigt sie sich, wenn ihr keine Widerstände entgegenstehen oder in der Ueberwindung von Widerständen.

Eine und dieselbe Kraft wirkt Bewegung mittheilend und Bewegungen vernichtend; in dem einen Falle, wenn ihrer Thätigkeitsäußerung keine Widerstände entgegenstehen; in dem andern, wenn sie selbst die Aeußerung einer andern Ursache der Bewegung (Form- und Beschaffenheits-Aenderung) aufhebt. Gleichgewicht (oder Ruhe) heißt der Zustand der Thätigkeit, wo ein Kraft- oder Bewegungsmoment, durch ein entgegengesetztes Kraft- oder Bewegungsmoment aufgehoben ist.

Beide Thätigkeitsäußerungen beobachten wir an der Kraft, welche den belebten Körpertheilen ihre eigenthümlichen Eigenschaften giebt.

Durch Aufhebung der zwischen den Bestandtheilen der Nahrungsstoffe wirkenden chemischen Kräfte (der Cohäsion und Affinität), durch Aenderung der Lage oder des Ortes, in welchem sich ihre Elementartheilchen befinden, giebt sich die Lebenskraft als bewegende Kraft zu erkennen; sie äußert sich als Bewegung erzeugende Kraft durch Ueberwindung der chemischen Anziehung der Bestandtheile der Nahrungsstoffe und als die Ursache, die sie zwingt, sich in einer neuen Ordnung mit einander zu vereinigen.

Es ist klar, daß einem belebten Körpertheil, welcher also die Fähigkeit besitzt, Widerstände aufzuheben und den Elementartheilchen der Nahrungsstoffe eine Bewegung mitzutheilen durch die in ihm frei sich äußernde Lebenskraft, ein Bewegungsmoment zukommen muß, was ja nichts anderes ist, als das Maß der eingetretenen Bewegung, Form- und Beschaffenheits-Aenderung.

Wir wissen, daß dieses Bewegungsmoment der Lebenskraft in einem belebten Körpertheil verwendbar ist, um ruhenden Materien Bewegung zu ertheilen (Zersetzung zu bewirken, Widerstände aufzuheben), und wenn die Lebenskraft in ihren Aeußerungen sich ähnlich verhält wie andere Kräfte, so muß dieses Bewegungsmoment mitgetheilt oder fortgepflanzt werden können durch Materien, die in sich selbst durch eine entgegenwirkende Thätigkeit seine freie Aeußerung nicht aufheben.

Die durch irgend eine Ursache gewonnene Bewegung eines Stoffes oder einer Materie kann in sich selbst nicht vernichtet werden, sie kann zwar für die Wahrnehmung verschwinden, allein auch aufgehoben durch Widerstände (durch entgegengesetzte Kraftwirkungen) wird ihr Effect nicht vernichtet. Der fallende Stein übt durch seine im Fallen gewonnene Bewegungsgröße, auf dem Tische angelangt, eine Wirkung aus; der hervorgebrachte Eindruck auf das Holz, die Geschwindigkeit, welche von der seinigen sich auf die Holztheile überträgt, ist sein Effect.

Uebertragen wir die Begriffe von Bewegung, Gleichgewicht und Widerstand auf die chemischen Kräfte, die in ihrer Wirkungsweise der Lebenskraft unendlich näher stehen, als die Schwere, so wissen wir mit der größten Bestimmtheit, daß sie nur bei unmittelbarer Berührung sich thätig zeigen; wir wissen, daß die ungleiche Fähigkeit chemischer Verbindungen, Widerstand gegen äußere Störungen zu leisten, gegen die Einwirkung der Wärme, der elektrischen Kraft, die ihre Theilchen zu trennen streben, so wie ihr Vermögen Widerstände in anderen Verbindungen aufzuheben (Zersetzung zu bewirken), daß mit einem Worte die in einer Verbindung thätige Kraft, abhängig ist von einer gewissen Ordnung, in welcher sich ihre Elementartheilchen berühren.

Die nämlichen Elemente in einer andern Ordnung mit einander vereinigt, äußern mit anderen Verbindungen in Berührung eine höchst ungleiche Fähigkeit Widerstand zu leisten oder Widerstände aufzuheben, in der einen Form ist die zur Aeußerung gelangte Kraft verwendbar (der Körper ist activ, eine Säure z. B.), in der andern nicht (er ist indifferent), in einer dritten Form ist sein Kraftmoment der ersten entgegengesetzt (er ist activ, aber eine Basis).

Aendern wir die Ordnung der Elemente, so sind wir im Stande, die Bestandtheile einer Verbindung durch einen andern activen Körper zu trennen, die, in einer andern Form vereinigt, seiner Action einen unüberwindlichen Widerstand entgegensetzten.

Aehnlich wie zwei gleiche unelastische Massen von gleicher Geschwindigkeit, die aus entgegengesetzter Richtung getrieben, mit einander in Berührung kommend, zur Ruhe gelangen, ähnlich also wie zwei gleiche aber entgegengesetzte Bewegungsmomente sich gegenseitig aufheben, kann das Kraftmoment einer chemischen Verbindung, durch ein gleiches aber entgegengesetztes Kraftmoment einer zweiten Verbindung ganz oder zum Theil aufgehoben, allein es kann nicht vernichtet werden, so lange die

Ordnung nicht gestört wird, durch welche die in ihnen wohnende Kraft zur Aeußerung gelangt ist.

Die chemische Kraft der Schwefelsäure ist im Gyps eben so ungeschwächt vorhanden, als im Vitriolöl, aber für die Wahrnehmung ist sie verschwunden; nehmen wir die Ursache hinweg, die ihre Aeußerung auf andere Materien aufhob, so zeigt sie sich in ihrem Träger mit ihrer ganzen Stärke.

So kann die Cohäsionskraft eines festen Körpers durch eine chemische Kraft (in der Auflösung), durch Wärme (beim Schmelzen), für die Beobachtung völlig verschwinden, ohne daß sie nur entfernt geschwächt oder vernichtet wäre. Entfernen wir die ihr entgegenwirkende Kraftäußerung (den Widerstand), so zeigt sie sich in der Krystallisation unverändert.

Durch die elektrische Kraft, durch die Wärme, sind wir im Stande, der chemischen Kraft in ihren Aeußerungen die mannigfaltigsten Richtungen zu geben; wir stellen damit die Ordnung fest, in welcher sich die Elementartheilchen vereinigen sollen. Nehmen wir die Ursache hinweg (Wärme, elektrische Kraft), die ihrer schwächeren Anziehung nach der einen Richtung hin das Uebergewicht gab, so wird die stärkere Anziehung nach einer andern Richtung hin sich unausgesetzt thätig zeigen, und wenn diese stärkere Anziehung das Beharrungsvermögen der Elementartheilchen überwinden kann, so werden sich die Elementartheile in einer neuen Form mit einander vereinigen, das ist, es wird eine neue Verbindung von veränderten Eigenschaften gebildet werden müssen.

In Verbindungen dieser Art, in welchen also die freie Aeußerung der chemischen Kraft, durch andere Kräfte gehindert wurde, kann ein Stoß, eine mechanische Reibung, die Berührung mit einer Materie, deren Elementartheile sich im Zustande der Bewegung (Umsetzung, Zersetzung) befinden, irgend eine Ursache von Außen, deren Thätigkeit sich der stärkeren Anziehung der Elementartheilchen nach einer andern Richtung hinzufügt, hinreichen, um dieser stärkeren Anziehung das Uebergewicht zu geben, das Beharrungsvermögen zu überwinden, ihre Form und Beschaffenheit, welche sie der Mitwirkung fremder Ursachen verdanken, zu ändern, ein Zerfallen der Verbindung in eine oder mehrere neue Körper von veränderten Eigenschaften zu bewirken.

Umsetzungen, oder wenn man will, Bewegungserscheinungen, können in Verbindungen dieser Classe, bewirkt werden durch die in einer andern chemischen Verbindung frei und verwendbar wirkende chemische Kraft, und zwar ohne daß ihre Aeußerung durch Widerstände erschöpft oder aufgehoben wird. So wird das Gleichgewicht in der Anziehung der Elemente des Rohrzuckers, durch Berührung mit einer sehr kleinen Menge Schwefelsäure aufgehoben; er verwandelt sich in Traubenzucker; ganz ähnlich sehen wir die Elemente des Amylons sich mit den Elementen des Wassers zu einer neuen Form ordnen, ohne daß die Schwefelsäure, welche gedient hatte, um diese Umsetzung zu bewirken, ihren chemischen Charakter verliert, sie bleibt in Bezug auf andere Materien, auf die sie eine Wirkung äußert, ebenso activ als wie vorher, grade so, als wenn sie keine Art von Wirkung auf das Amylon ausgeübt hätte.

Ganz verschieden von der Aeußerung der sogenannten mechanischen Kräfte haben wir in den chemischen Kräften Ursachen von Bewegungserscheinungen, von Form- und Beschaffenheitsänderungen, ohne wahrnehmbare Erschöpfung der Kraft, wodurch sie hervorgerufen werden, erkannt; allein der Grund der fortdauernden Thätigkeitsäußerung bleibt stets derselbe, es ist der Mangel einer entgegengesetzten Thätigkeit (eines Widerstandes), der sie aufzuheben oder ins Gleichgewicht zu setzen fähig ist.

Aehnlich wie die Aeußerungen der chemischen Kräfte (das Kraftmoment einer chemischen Verbindung) abhängig erscheinen von einer bestimmten Ordnung, in der sich ihre Elementartheilchen berühren, zeigt die Erfahrung, daß die Lebenserscheinungen unzertrennlich von der Materie sind, daß die Aeußerungen der Lebenskraft in einem belebten Körpertheil bedingt werden durch eine gewisse Form des Trägers und durch eine gewisse Ordnungsweise seiner Elementartheilchen; heben wir die Form oder Zusammensetzung des Organs auf, so verschwinden alle Lebensäußerungen.

Nichts hindert uns, die Lebenskraft als eine besondere Eigenschaft zu betrachten, die gewissen Materien zukommt, und wahrnehmbar wird, wenn ihre Elementartheilchen zu einer gewissen Form zusammengetreten sind.

Diese Vorstellung nimmt den Lebenserscheinungen nichts von ihrer wunderbaren Eigenthümlichkeit, man kann sie als einen Anhaltspunkt betrachten, von dem aus sich eine Untersuchung derselben, sowie die Erforschung ihrer Gesetze anknüpfen läßt, ganz so wie man die Eigenschaften und Gesetze der Bewegungen des Lichts, als abhängig von einer Lichtmaterie, oder einem Aether betrachtet, der mit den erforschten Gesetzen nichts weiter zu thun hat.

In dieser Form gedacht, vereinigt die Lebenskraft in ihren Aeußerungen alle Eigenthümlichkeiten der chemischen Kräfte und der nicht minder wunderbaren Ursache, die wir als den letzten Grund der elektrischen Erscheinungen ansehen.

Die Lebenskraft äußert sich nicht wie die Schwerkraft oder magnetische Kraft in unendlichen Entfernungen, sondern sie ist, wie die chemischen Kräfte, nur bei unmittelbarer Berührung thätig, sie wird durch einen Complex materieller Theile wahrnehmbar.

Ein belebter Körpertheil erhält nach obiger Voraussetzung die Fähigkeit, Widerstand zu leisten und Widerstände aufzuheben, durch das Zusammentreten seiner Elementartheilchen in einer gewissen Form und er muß, so lange diese Form und Ordnung durch entgegengesetzte Kräfte nicht aufgehoben wird, seine Kraft unausgesetzt zu behaupten vermögen.

Wenn durch den Act der Thätigkeitsäußerung eines belebten Körpertheils die Elemente der Nahrungsstoffe in der ihm gleichen Form und Beschaffenheit zusammengetreten sind, so erlangen sie eine ihm gleiche Fähigkeit; es gelangt durch dieses Zusammentreten die in ihnen wohnende Lebenskraft zur freien Aeußerung, sie wird in gleicher Weise verwendbar.

Wenn man sich nun erinnert, daß alle Nahrungsstoffe belebter Organismen Verbindungen zweier oder mehrerer Elemente sind, welche durch chemische Kräfte zusammengehalten werden, wenn man erwägt, daß in dem Act der Thätigkeitsäußerung eines belebten Körpertheils die Elemente der Nahrungsstoffe in einer andern Ordnung zusammentreten, so ist völlig gewiß, daß das Kraft- oder Bewegungsmoment der Lebenskraft stärker war, als die zwischen den Elementen der Nahrung sich äußernde chemische Anziehung[F14].

[14] Die Hände eines Mannes, welcher mit einem Seile 30 Pfund 100 Fuß hoch hebt, legen einen Weg von 100 Fuß zurück, während seine Muskelthätigkeit einem Widerstand (Druck) von 30 Pfunden das Gleichgewicht hält. Wäre die von dem Manne anwendbare Kraft nicht größer, als um dem Druck von dreißig Pfunden das Gleichgewicht zu halten, so würde er nicht vermögend sein, das Gewicht zu der angegebenen Höhe zu heben.

Die chemische Kraft, welche die Bestandtheile zusammenhielt, wirkte gleich einem Widerstande, welcher überwunden wurde durch die active Lebenskraft.

Wären beide gleich gewesen, so würde keine Art von wahrnehmbarer Wirkung eingetreten sein; bei überwiegender chemischer Action würde der belebte Körpertheil eine Veränderung erlitten haben.

Wenn wir uns nun denken, daß eine gewisse Quantität von Lebenskraft dazu verwendet werden mußte, um sich mit der chemischen Kraft ins Gleichgewicht zu setzen, so bleibt immer noch ein Ueberschuß von Kraft, durch welchen die Zersetzung bewirkt wurde; in diesem Ueberschuß besteht das Kraftmoment des belebten Körpertheils, durch den die Zersetzung bewerkstelligt wurde; er erhält durch ihn ein dauerndes Vermögen, weitere Zersetzungen zu bewirken und seinen Zustand, seine Form und Beschaffenheit gegen äußere Actionen zu behaupten.

Wir können uns denken, daß dieser Ueberschuß hinweggenommen und in einer andern Weise verwendet werden kann; das Bestehen des belebten Körpertheils würde dadurch nicht gefährdet werden, eben weil in diesem Falle ein Ruhe- und Gleichgewichtszustand eintreten würde; allein mit der Hinwegnahme dieses Ueberschusses würde er seine Fähigkeit der Zunahme an Masse, sein Vermögen weitere Zersetzungen zu bewirken, äußeren Ursachen von Störungen zu widerstehen, verlieren. Wenn ihm in diesem Gleichgewichtszustande Sauerstoff (eine chemische Action) zugeführt werden würde, so würde dessen Streben, sich mit einem Elemente des belebten Körpertheils zu vereinigen, kein Hinderniß entgegenstehen, eben weil ihm das Vermögen, Widerstand zu leisten, durch anderweitige Verwendung von Lebenskraft genommen worden ist. Je nach der Menge des zugeführten Sauerstoffs würde eine entsprechende Menge des belebten Körpertheils seinen Zustand des Lebens verlieren und die Form einer chemischen Verbindung erhalten von einer dem belebten Stoff unähnlichen Zusammensetzung, es würde mit einem Worte ein Wechsel in den Eigenschaften der belebten Verbindung, ein Stoffwechsel entstehen.

Wenn wir erwägen, daß die Fähigkeit der Zunahme an Masse in der Pflanze beinahe keine Grenze hat, daß hundert Weidenzweige, von einem Baume genommen, zu hundert Bäumen werden, so kann man kaum einen Zweifel hegen, daß mit dem Zusammentreten der Elemente des Nahrungsstoffs zu einem Bestandtheil der Pflanze, zu dem vorhandenen Kraftmoment, in dem neugebildeten Pflanzentheile ein neues Kraftmoment hinzukommt, in der Art, daß mit der Zunahme an Masse die Summe von Lebenskraft wächst.

Je nach der Quantität verwendbarer Lebenskraft ändern sich die Producte, die durch ihre Thätigkeit aus dem zugeführten Nahrungsstoff gebildet werden. Die Bestandtheile der Knospe, der Wurzelfaser, des Blattes, der Blüthe und Frucht sind höchst verschieden; die chemische Kraft, wodurch ihre Elemente zusammen gehalten werden, ist sehr ungleich.

Von den stickstofffreien Bestandtheilen der Pflanzen kann man behaupten, daß kein Theil des Kraftmomentes verwendet wird, um ihre Form und Beschaffenheit zu behaupten, sobald ihre Elemente einmal in der Ordnung zusammengetreten sind, in der sie zu Trägern der Lebenskraft werden.

Ganz verschieden verhalten sich die stickstoffhaltigen Pflanzenstoffe, denn sie gehen, wie man gewöhnlich sagt, von der Pflanze getrennt, von selbst in Gährung und Fäulniß über. Die Ursache dieser Zersetzung oder Umsetzung ihrer Elemente ist die chemische Action, welche der Sauerstoff auf einen ihrer Bestandtheile ausübt. Wir wissen nun, daß, so lange die Pflanze Lebenserscheinungen zeigt, Sauerstoffgas von ihrer Oberfläche abgeschieden wird, daß dieser Sauerstoff ohne alle Wirkung ist auf die Bestandtheile der lebendigen Pflanze, zu denen er sonst die größte Anziehung besitzt, und es ist klar, daß eine gewisse Quantität Lebenskraft verwendet werden muß, theils um die Elemente der complexen stickstoffhaltigen Bestandtheile, in der Form, Beschaffenheit und Ordnung zu erhalten, die ihnen zukommt, theils als Widerstand gegen die unaufhörliche Einwirkung des Sauerstoffs der Luft auf ihre Elemente, so wie des Sauerstoffs, der in ihrem Organismus durch den Lebensproceß abgeschieden wird.

Mit der Zunahme an diesen veränderlichen Bestandtheilen, in der Blüthe z. B. und in der Frucht, wächst die Summe von chemischer Kraft, deren freie Aeußerung durch ein entsprechendes Maß von Lebenskraft im Gleichgewicht gehalten, als Widerstand verbraucht wird.

Die Pflanze nimmt so lange an Masse zu, bis sich die in ihr wohnende Lebenskraft mit allen äußeren Ursachen, die ihrer Aeußerung entgegenwirken, ins Gleichgewicht gesetzt hat, eine jede neue Ursache von Störung, die sich den vorhandenen hinzufügt (Temperaturwechsel &c.), nimmt ihr jetzt die Fähigkeit, Widerstand zu leisten, sie stirbt ab.

In den perennirenden Pflanzen (den Holzpflanzen z. B.) ist die Masse der veränderlichen Bestandtheile (der stickstoffhaltigen), verglichen mit den stickstofffreien, so klein, daß von der ganzen Summe von Kraft, als Widerstand, nur ein verschwindendes Moment verbraucht wird; bei den jährigen Pflanzen ist dieses Verhältniß umgekehrt.

In allen Perioden des Lebens einer Pflanze wird die vorhandene active (durch Widerstände nicht aufgehobene) Lebenskraft nur zu einer Form von Lebensäußerung verwendet, zur Zunahme an Masse nämlich, zur Ueberwindung von Widerständen; kein Theil der Kraft wird zu anderen Zwecken verbraucht.

In dem Organismus des Thieres zeigt sich die Lebenskraft, wie in der Pflanze in der Fähigkeit der Zunahme an Masse, als die Ursache des Widerstandes gegen äußere Einwirkungen, allein die Zunahme so wie der Widerstand sind in gewisse Grenzen eingeschlossen.

Wir beobachten nämlich, daß der Uebergang der Nahrungsstoffe in Blut, die Berührung des Blutes mit den belebten Körpertheilen bedingt wird von einer mechanischen Kraft, deren Aeußerung von besonderen Organen ausgeht und vermittelt wird durch ein besonderes System von Apparaten, denen die Fähigkeit zukommt, die empfangene Bewegung fortzupflanzen und zu verbreiten; von einem zweiten Systeme ähnlicher Apparate finden wir das Vermögen des Thieres abhängig, den Ort zu wechseln und durch seine

Glieder mechanische Effecte hervorzubringen. Diese Apparate, so wie die von ihnen ausgehenden Bewegungserscheinungen, fehlen in der Pflanze.

Um sich ein klares Bild über den Ursprung und die Quelle der mechanischen Bewegungen im Thierkörper zu verschaffen, dürfte es eine Erleichterung sein, sich an die Wirkungsweise anderer Kräfte zu erinnern, welche der Lebenskraft in ihren Aeußerungen am nächsten stehen.

Wenn wir eine Anzahl Zink- und Kupferplatten in einer gewissen Weise geordnet mit einer Säure in Berührung bringen, so tritt, wenn man die beiden äußersten Punkte des Apparates mit einem Metalldraht in Verbindung setzt, eine chemische Action an den Zinkplatten ein, und der Draht erhält in Folge dieser Action die merkwürdigsten und wunderbarsten Eigenschaften.

Dieser Draht zeigt sich nämlich als der Träger einer Kraft, welche durch ihn mit außerordentlicher Schnelligkeit nach allen Richtungen hingeleitet und fortgepflanzt werden kann; er ist der Leiter oder Fortpflanzer einer ununterbrochenen Reihe von Thätigkeits-Aeußerungen.

Eine solche Fortpflanzung von Bewegung ist nicht denkbar, wenn in dem Drahte eine Ursache des Widerstandes zu überwinden wäre, jeder Widerstand würde einen Theil der bewegenden Kraft zur ruhenden machen.

Wird der Draht in der Mitte zerschnitten, sein Zusammenhang unterbrochen, so hört damit die Fortpflanzung der Kraft auf, und wir sehen, daß in diesem Falle die Action der Säure auf das Zink augenblicklich aufhört.

Stellen wir die Verbindung wieder her, so tritt die verschwundene Action mit ihrer ganzen Energie wieder ein.

Wir können durch die in dem Drahte vorhandene Thätigkeit eine Menge der verschiedenartigsten Effecte bewirken, Widerstände aller Art überwältigen, Lasten heben, Schiffe in Bewegung setzen, und, was noch weit merkwürdiger ist, dieser Draht verhält sich wie eine hohle Röhre, in welcher ein Strom von chemischer Kraft frei und ohne Hinderniß circulirt.

Die Eigenschaften, die wir als festgekettet an gewisse Materien mit dem Ausdruck der stärksten und energischsten Verwandtschaft bezeichnen, wir finden sie, dem Anschein nach, frei und ungebunden an diesem Drahte wieder, wir können sie, von ihm aus, auf andere Materien übertragen und ihnen damit eine Affinität (die Fähigkeit, Verbindungen einzugehen) ertheilen, die ihnen für sich nicht zukommt; je nach der Quantität der Kraft, die in dem Drahte circulirt, können wir damit Verbindungen zerlegen, deren Elemente die mächtigste Verwandtschaft zu einander haben, und an allen diesen Thätigkeitsäußerungen nimmt die Substanz des Drahtes nicht den geringsten Antheil, er ist nur der Leiter der Kraft.

An diesem Drahte beobachten wir noch überdies Erscheinungen der Anziehung und Abstoßung, die wir dem aufgehobenen Gleichgewichtszustande der elektrischen und magnetischen Kraft zuschreiben müssen, und es stellen sich bei der Wiederherstellung des Gleichgewichts des gestörten elektrischen Zustandes, Licht und Wärme, als ihre nie fehlenden Begleiter ein.

Alle diese merkwürdigen Erscheinungen werden hervorgerufen durch die chemische Action, welche Säure und Zink auf einander ausüben, sie sind begleitet von einer Form- und Beschaffenheitsänderung, welche beide erleiden.

Die Säure verliert ihren chemischen Character, das Zink geht eine Verbindung mit ihr ein. Die in dem Metalldrahte hervorgerufenen Thätigkeitsäußerungen, sie sind eine unmittelbare Folge des Wechsels in ihren Eigenschaften.

Ein Theilchen Säure nach dem andern verliert seine, ihm zukommenden, chemischen Eigenschaften und wir sehen, daß in eben diesem Grade der Draht eine chemische, mechanische, galvanische oder magnetische Kraft, oder wie man sie nennen will, empfängt; je nach der Anzahl von Theilchen der Säure, welche in einer und derselben Zeit diese Veränderung erfahren (je nach der Oberfläche des Zinks), empfängt der Draht eine größere oder geringere Quantität von diesen Kräften.

Die Fortdauer des Stromes von Kraft hängt ab von der Fortdauer der chemischen Action, die Fortdauer der chemischen Action ist aufs engste geknüpft, an die Ableitung der Kraft.

Hindern wir die Fortpflanzung der Kraft, so behält die Säure ihren chemischen Character; wird sie zur Ueberwindung von chemischen oder mechanischen Widerständen verbraucht, zur Zersetzung chemischer Verbindungen oder zur mechanischen Bewegung, so dauert die chemische Action fort, das heißt, ein Theilchen Säure nach dem andern wechselt seine Eigenschaften.

Wir haben in dem Vorhergehenden diese merkwürdigen Erscheinungen in einer Form aufgefaßt, welche unabhängig von den Erklärungen der Schule ist. Ist die in dem Drahte circulirende Kraft, die elektrische Kraft? ist es Affinität? pflanzt sie sich in dem Leiter wie eine in Bewegung gesetzte Flüssigkeit, oder als eine Reihe von Bewegungsmomenten, wie der Schall, das Licht, von einem Theilchen des Leiters zu dem andern fort? Alles dieses weiß man nicht, und wird es nie ermitteln. Auf die Wahrheit der Erscheinungen haben alle Vorstellungen, die man ihnen als Erklärungen unterlegt, nicht den geringsten Einfluß, denn sie beziehen sich lediglich auf die Form, in welcher sie sich äußern.

Nur darüber ist man nicht im Zweifel, daß nämlich alle Effecte, welche durch den Draht hervorgebracht werden können, bedingt werden von dem Wechsel in den Eigenschaften des Zinks und der Säure, denn der Ausdruck »chemische Action« bezeichnet ja nicht mehr und nicht weniger, als den Act ihrer Veränderung; daß sie abhängig sind, von dem Vorhandensein eines Leiters, einer Substanz, welche die eintretende Thätigkeitsäußerung, das Kraftmoment, fortpflanzt nach allen Richtungen hin, wo es durch Widerstände nicht aufgehoben wird, daß es also in ein Bewegungsmoment übergeht, mit dem man mechanische Bewegungen hervorbringen kann, was, auf andere Körper übertragen, diesen alle Eigenschaften giebt, deren letzte Ursache die chemische Kraft selbst ist; sie erhalten das Vermögen, Zersetzungen und Verbindungen zu bewirken, was ihnen, ohne Zufuhr an Kraft, durch den Leiter, völlig abgehen würde.

Wenn wir diese wohlbekannten Erfahrungen als Mittel benutzen, um, durch sie geführt, die letzte Ursache der mechanischen Effecte im Thierorganismus zu erforschen, so giebt die Beobachtung zu erkennen, daß die Bewegung des Blutes und der Säfte von ganz bestimmten Organen ausgeht, welche, wie das Herz und die Eingeweide, die bewegende Kraft nicht in sich selbst erzeugen, sondern von anderen Seiten her empfangen.

Wir kennen mit zweifelloser Gewißheit in den Nerven die Leiter und Verbreiter mechanischer Effecte, wir wissen, daß durch sie die Bewegung nach allen Seiten hin fortgepflanzt wird. Für jede Bewegung kennen wir einen besondern Nerven, einen besondern Leiter, mit dessen Leitungsvermögen, mit dessen Unterbrechung sich die Fortpflanzung verändert oder eine Grenze findet.

Durch die Nerven empfangen alle Theile des Thierkörpers, die Glieder, die zu ihren Functionen, zum Ortswechsel, zur Hervorbringung mechanischer Effecte unentbehrliche Kraft der Bewegung, wo die Nerven fehlen, vermissen wir Bewegung; die an einem Orte im Ueberfluß erzeugte Kraft wird den anderen durch die Nerven zugeleitet, was das eine Organ in sich selbst an Kraft nicht zu erzeugen vermag, wird ihm von anderen Seiten zugeführt, was ihm an Lebenskraft fehlt, um Widerstand zu leisten gegen äußere Ursachen von Störungen, um Widerstände aufzuheben, empfängt es als Ueberschuß von einem andern Organe, welches ihn für sich selbst nicht zu verwenden vermag.

Wir beobachten ferner, daß die willkührlichen und unwillkührlichen Bewegungen, daß alle mechanischen Effecte im Thierorganismus begleitet, daß sie abhängig sind von einer eigenthümlichen Form- und Beschaffenheitsänderung in der Substanz gewisser belebter Körpertheile, deren Zu- oder Abnahme im engsten Zusammenhange steht mit dem Maß von Bewegung oder mit der Quantität von Kraft, welche durch die Bewegungen verzehrt worden ist.

Als eine unmittelbare Folge der zur Aeußerung gelangten, mechanischen Kraft sehen wir, daß ein Theil der Muskelsubstanz ihre vitalen Eigenschaften, ihren Character des Lebens verliert, daß sie aus dem belebten Körpertheile austritt, daß dieser Theil seine Fähigkeit der Zunahme an Masse, sein Vermögen Widerstand zu leisten, einbüßt; wir finden, daß dieser Wechsel in den Eigenschaften begleitet ist von der Aufnahme eines fremden Elementes, des Sauerstoffs, in die Zusammensetzung der belebten Muskelsubstanz (ähnlich wie die Säure ihren chemischen Character durch Aufnahme von Zink verlor), und alle Erfahrungen beweisen, daß dieser Uebergang der belebten Muskelsubstanz, in Verbindungen ohne alle Lebensäußerungen, beschleunigt oder verlangsamt wird, je nach der Quantität der verbrauchten Kraft zur Bewegung; ja daß sie sich gegenseitig proportional sind, daß ein rascher Uebergang der Muskelsubstanz, sagen wir, ein rascher Stoffwechsel, eine größere Quantität von mechanischer Kraft und ein größeres Maß von mechanischer Bewegung (verbrauchter, mechanischer Kraft) einen rascheren Stoffwechsel gegenseitig bedingen.

Aus diesem ganz bestimmten Zusammenhange des Stoffwechsels im Thierkörper mit der durch mechanische Bewegungen verzehrten Kraft kann kein anderer Schluß gezogen werden, als daß die in gewissen, belebten Körpertheilen active oder verwendbare Lebenskraft die Ursache ist der mechanischen Effecte des Thierkörpers.

Die bewegende Kraft stammt zweifellos von belebten Körpertheilen, sie besaßen ein Kraft- oder Bewegungsmoment, was sie in eben dem Grade verloren, als andere ein Kraft- oder Bewegungsmoment empfangen haben; sie verlieren ihre Fähigkeit der Zunahme an Masse, ihr Vermögen, Widerstand gegen äußere Ursachen von Störungen zu leisten; es ist klar, die letzte Ursache, die Lebenskraft, von denen sie diese Eigenschaften erhielten, sie hat zur Hervorbringung der mechanischen Kraft gedient, sie ist als Bewegung verzehrt worden.

Wie ließe sich in der That einsehen, daß ein belebter Körpertheil den Zustand des Lebens verliert, daß er unfähig wird, der Einwirkung des im arteriellen Blute ihm zugeführten Sauerstoffs zu widerstehen, daß er das Vermögen einbüßt, chemische Widerstände aufzuheben, wenn das Kraftmoment der Lebenskraft, was ihm alle diese Eigenschaften gab, nicht zu anderen Zwecken verwendet worden wäre!

Durch das Vermögen der Leiter (der Nerven), das Kraftmoment eines belebten Körpertheils, den Effect, den die in ihm thätige Lebenskraft auf alle seine Umgebungen äußert, fortzupflanzen nach anderen Orten hin, wo die

Kraft (d. h. ihr Bewegungsmoment) ohne alle Widerstände verzehrt wird (ohne Bewegung tritt kein Stoffwechsel ein, ist die Bewegung eingetreten, so steht ihr kein Widerstand entgegen), wird offenbar in dem belebten Körpertheil ein Gleichgewichtszustand zwischen den chemischen Kräften und der noch in ihm wohnenden Lebenskraft herbeigeführt, der ohne diesen Verbrauch an Lebenskraft zur mechanischen Bewegung nicht eingetreten wäre.

Eine jede dem Organismus fremde Ursache, welche auf die Form, Beschaffenheit und Zusammensetzung des Organs eine Wirkung auszuüben vermag, findet jetzt keinen Widerstand mehr. Ohne die Ableitung der Kraft und ihre Verwendung zu anderen Zwecken, ohne das Hinzutreten von Sauerstoff würde das Organ seinen Zustand, aber ohne alle Lebensäußerung behauptet haben, erst durch die chemische Action des Sauerstoffs findet der Stoffwechsel, d. h. das Austreten in der Form einer unbelebten Verbindung statt.

Stoffwechsel, mechanische Kraftäußerung und Sauerstoffaufnahme, stehen in dem Thierkörper in so enger Beziehung zu einander, daß man die Quantität von Bewegung, die Menge des umgesetzten, belebten Stoffes, in einerlei Verhältniß setzen kann mit einer gewissen Menge, des, von dem Thiere, in einer gegebenen Zeit aufgenommenen und verbrauchten Sauerstoffs. Für ein bestimmtes Maß von Bewegung, für eine Proportion als mechanische Kraft verbrauchter Lebenskraft, gelangt ein Aequivalent von chemischer Kraft zur Aeußerung, d. h. es wird ein Aequivalent Sauerstoff zum Bestandtheil des Organs, was die Lebenskraft verlor, und ein ihm gleiches Verhältniß von der Materie dieses Organs tritt aus dem Körpertheil, in der Form einer Sauerstoffverbindung aus.

Alle Theile des Thierkörpers, welche die Natur zum Stoffwechsel (zur Hervorbringung von mechanischer Kraft) bestimmt hat, sind nach allen Richtungen hin von den feinsten Kanälen durchzogen, in denen unausgesetzt ein Strom von Sauerstoff in der Form von arteriellem Blut circulirt, der zum Austreten ihrer Bestandtheile (zur Störung des Gleichgewichtes) unumgänglich nöthig ist.

So lange die Lebenskraft dieser Körpertheile nicht zu anderen Zwecken verbraucht und abgeleitet wird, äußert der Sauerstoff des arteriellen Blutes nicht die geringste Wirkung auf ihre Substanz und stets wird nur eine der Ableitung entsprechende (den hervorgebrachten mechanischen Effecten correspondirende) Menge davon aufgenommen.

Der Sauerstoff der Atmosphäre ist die von außen her wirkende Ursache des Verbrauchs an Stoff im Thierkörper, er wirkt wie eine Kraft, welche die Aeußerung der Lebenskraft in jedem Zeitmomente stört und aufzuheben strebt; als chemische Action wird aber seine Einwirkung, die von ihm ausgehende Störung, im Gleichgewicht gehalten durch die in dem belebten Körpertheile frei wirkende Lebenskraft, oder sie wird vernichtet durch eine der seinigen entgegengesetzte, chemische Thätigkeit, deren Aeußerung immer als abhängig angesehen werden muß von der Lebenskraft.

Nach chemischen Begriffen heißt die chemische Action des Sauerstoffs vernichten, ihm Stoffe darbieten, Theile von Materien, die sich mit ihm zu verbinden vermögen.

Die Action des Sauerstoffs (Affinität) wird entweder durch die Bestandtheile des Organs (nach Ableitung der Lebenskraft), die sich mit ihm zu verbinden vermögen, ausgeglichen, oder das Organ setzt ihr (der Action des Sauerstoffs) die Producte von anderen Organen, oder gewisse Stoffe entgegen, welche aus den Bestandtheilen der Nahrung, in Folge der vitalen Thätigkeit gewisser Apparate entstanden sind.

Nur das Muskularsystem producirt in diesem Sinne, in sich selbst, einen Widerstand gegen die chemische Action des Sauerstoffs und gleicht sie vollständig aus.

Die Substanz der Zellen, Membranen und Häute, deren kleinste Theilchen sich nicht im unmittelbaren Contact mit arteriellem Blut (mit Sauerstoff) befinden, ist nicht zum Stoffwechsel bestimmt. Welche Art von Veränderungen sie auch im Lebensprocesse erleiden mag, sie treffen unter allen Umständen nur ihre Oberfläche.

Die Leimgebilde, Schleimhäute, Sehnen &c. sind nicht zur Hervorbringung von mechanischer Kraft bestimmt, sie enthalten in ihrer Substanz keine Leiter der mechanischen Effecte. Das Muskularsystem ist mit zahllosen Nerven durchwebt. Die Substanz des Uterus ist von der übrigen Muskelsubstanz chemisch, in keiner Weise verschieden, allein sie ist nicht zum Stoffwechsel, zur Krafterzeugung bestimmt, sie enthält keine Ableiter der bewegenden Kraft.

Den Membranen, Schleimhäuten und Zellen geht das Vermögen, sich bei Gegenwart von Feuchtigkeit mit Sauerstoff zu verbinden, keineswegs ab, wir wissen, daß sie im feuchten Zustande mit Sauerstoff nicht in Berührung gebracht werden können, ohne eine fortschreitende Veränderung zu erfahren. Die eine Oberfläche der Eingeweide, die Lungenzellen, sind aber unausgesetzt in Berührung mit Sauerstoff; es ist klar, daß sie eine eben so rasche Umsetzung, Veränderung durch seine chemische Action erfahren müßten, wenn in dem Organismus selbst, nicht eine Quelle von Widerstand existirte, der die Einwirkung des Sauerstoffs völlig vernichtete. Unter diesem Widerstande lassen sich alle Materien zusammenfassen, welche die Fähigkeit haben oder unter dem Einfluß der Lebenskraft erhalten, sich mit Sauerstoff zu verbinden und in ihrem Vermögen seine chemische Action auszugleichen, die Substanz der Leimgebilde übertreffen.

Alle Bestandtheile des Thierkörpers, welche in sich selbst durch die Lebenskraft, der Einwirkung des Sauerstoffs nicht zu widerstehen vermögen, müssen sich zu diesem Zwecke weit mehr eignen, wie die unter dem Einfluß der Lebenskraft, wenn auch nur durch die Nerven, stehenden Gebilde; die Bedeutung der Galle für die Substanz der Eingeweide, der Lungenzellen, so wie die des Fettes, Schleimes und der Secretionen überhaupt, kann nach dieser Betrachtung nicht verkannt werden.

Wenn die Membranen durch ihre eigne Substanz Widerstand gegen die Einwirkung des Sauerstoffs produciren müssen, wenn es also an den Stoffen fehlt, welche die Natur zu ihrem Schutze bestimmt hat, so werden sie, da ihre Erneuerung in enge Grenzen eingeschlossen ist, der chemischen Action unterliegen müssen. Eingeweide und Lunge werden immer gleichzeitig abnormale Veränderungen erfahren.

In dem Stoffwechsel selbst, in der Umsetzung der belebten Substanz des Muskularsystems, erhalten diese Organe den zu ihrem Bestehen unentbehrlichen Widerstand gegen die Einwirkung des Sauerstoffs; je nach seiner Beschleunigung nimmt die Quantität der secernirten Galle zu, die Menge des vorhandenen Fettes nimmt in gradem Verhältniß ab.

Zur Unterhaltung der unwillkürlichen Bewegungen im Thierkörper wird in jedem Zeitmomente seines Lebens eine gewisse Quantität Lebenskraft verbraucht und es findet deshalb ein unaufhörlicher Stoffwechsel statt, allein die Menge der Substanz, welche in Folge der verbrauchten Kraft ihren Zustand des Lebens, ihre Fähigkeit der Zunahme an Masse verliert, ist in enge Grenzen eingeschlossen; sie steht in gradem Verhältniß zu der, zu diesen Bewegungen, nöthigen Kraft.

Wenn wir uns nun auch denken können, daß die belebte Muskelsubstanz bei hinreichender Zufuhr an Nahrung ihre Fähigkeit der Zunahme in keinem Zeitmomente verliert, daß sich diese Form der Lebens-Aeußerung unausgesetzt geltend macht, so kann dies keineswegs für diejenigen Körpertheile angenommen werden, deren frei wirkende Lebenskraft zur mechanischen Bewegung verbraucht worden ist. Der Verbrauch an Stoff durch Bewegung und Anstrengung ist bei je zwei Individuen höchst verschieden.

Wenn man nun erwägt, daß die unmerklichste Bewegung eines Fingers und der Glieder Kraft verbraucht, daß, in Folge der verzehrten mechanischen Kraft, ein correspondirender Theil der Muskeln an Volumen abnimmt, so ist klar, daß ein Gleichgewicht im Ersatz und Verbrauch an Stoff (an belebten Körpertheilen) nur dann sich herstellen kann, wenn der ausgetretene Körpertheil in dem nämlichen Augenblicke, wo er seinen Zustand des Lebens verliert, wieder an einer andern Stelle erneuert wird.

Die Fähigkeit der Zunahme an Masse ist abhängig von dem, einem jeden Körpertheile zukommenden Kraftmomente, sie muß sich unausgesetzt äußern können, so lange (bei hinlänglicher Zufuhr von Nahrungsstoff) er dieses Kraftmoment nicht verliert (durch Verwendung z. B. zur mechanischen Bewegung).

Unter allen Umständen ist die Zunahme selbst an die Zeit gebunden, d. h. sie kann für eine begrenzte Zeit nicht unbegrenzt sein.

In dem nämlichen Augenblick, in welchem ein belebter Körpertheil seinen Zustand des Lebens verliert und aus dem Organ in der Form einer unbelebten Verbindung austritt, kann dieser Theil nicht zunehmen, seine Masse, seine Volumen nehmen ja ab.

Durch die fortdauernde Verwendung der Kraftmomente belebter Körpertheile zu mechanischen Effecten, wird demnach ein fortdauerndes Austreten von Masse bedingt, und erst von dem Augenblicke an, wo die Ursache des Verbrauchs nicht mehr wirkt, kann sich die Fähigkeit der Zunahme wieder äußern.

Da nun verschiedene Individuen in 24 Stunden, je nach der zur Hervorbringung willkürlicher, mechanischer Effecte verwendeten Kraft, eine ungleiche Menge von ihren belebten Körpertheilen verbrauchen, so muß für ein jedes, wenn die Bewegungserscheinungen nicht ihre Grenze finden sollen, ein Zustand eintreten, in welchem alle willkürlichen Bewegungen völlig unterdrückt sind, wo also für diese kein Verbrauch stattfindet. Dieser Zustand heißt Schlaf.

Auf die Fähigkeit der Zunahme an Masse eines Körpertheils, dem sein Kraftmoment nicht genommen worden ist, kann der Verbrauch desselben zu mechanischen Effecten in einem andern Körpertheil, nicht den geringsten Einfluß äußern (der eine kann an Masse zunehmen, während der andere abnimmt, ohne daß sich beide Actionen stören), der Verbrauch in dem einen kann den Ersatz in dem andern nicht vermindern und nicht steigern.

Da nun der Verbrauch an mechanischer Kraft zu den unwillkürlichen Bewegungen im Schlafe fortdauert, so ist klar, daß auch ein Verbrauch an Stoff im Schlafe fortdauert, und es muß, wenn das ursprüngliche Gleichgewicht wieder eintreten soll, vorausgesetzt werden, daß während des Schlafes eine eben so große Quantität von Kraft (in der Form belebter Körpertheile) sich wieder sammelt, als in der vorhergegangenen Zeit des

Wachens zu den willkürlichen und unwillkürlichen mechanischen Effecten verwendet worden ist.

Wird das Gleichgewicht in Ersatz und Verbrauch von Stoff im mindesten gestört, so giebt sich dies sogleich in einem Unterschied von verwendbarer Kraft zu mechanischen Effecten zu erkennen.

Es ist ferner klar, daß wenn ein Mißverhältniß in der Leitungsfähigkeit der Nerven der willkürlichen und unwillkürlichen Bewegungen stattfindet, so wird nach dem Grade, in welchem die einen oder die anderen dies Bewegungsmoment, was sie durch Stoffwechsel empfangen haben, fortzupflanzen vermögen, der Unterschied in den Bewegungserscheinungen selbst bemerklich sein. Mit der Zunahme der Blutbewegung und der Bewegung der Eingeweide wird die Hervorbringung mechanischer Effecte durch die Glieder in gradem Verhältniß abnehmen müssen (wie bei den sogenannten Fressern), und wenn in einer gegebenen Zeit für mechanische Bewegung (durch Anstrengung, Laufen, Tanzen &c.) mehr Lebenskraft verbraucht wird, als für die willkürlichen und unwillkürlichen Bewegungen überhaupt verwendbar ist (als sich in der gegebenen Zeit an Stoff umsetzen kann), so wird zur Ausgleichung der für die willkürlichen Bewegungen mehrverbrauchten mechanischen Kraft ein Theil der Kraft, die zu den unwillkürlichen Bewegungen nöthig ist, verwendet werden müssen. Die Bewegung des Herzens, der Eingeweide muß verlangsamt werden oder sie hört gänzlich auf.

Von dem ungleichen Grade der Leitungsfähigkeit der Nerven müssen die Zustände abgeleitet werden, die man mit Lähmung, Ohnmacht, Krampf bezeichnet. Die Lähmung der Nerven der willkürlichen Bewegung kann für sich keine Abmagerung nach sich ziehen; häufig wiederkehrende epileptische Anfälle (Verbrauch von Lebenskraft zu mechanischen Effecten) sind stets von einer außerordentlich raschen Abmagerung begleitet.

Es muß die höchste Bewunderung erwecken, wenn man erwägt, mit welcher unendlichen Weisheit der Schöpfer die Mittel vertheilt hat, die das Thier, die Pflanze, zu seinen Functionen, zu seinen ihm eigenthümlichen Lebensäußerungen befähigen.

Die ganze Richtung, die ganze Stärke der Lebenskraft behält der belebte Pflanzentheil durch die Abwesenheit aller Leiter der Kraft. Durch sie wird das Blatt befähigt, die stärksten chemischen Anziehungen zu überwinden, die Kohlensäure zu zerlegen und sich die Bestandtheile ihrer Nahrungsstoffe anzueignen.

Nur in der Blüthe der Pflanze findet ein dem Stoffwechsel im Thierkörper ähnlicher Proceß statt, es zeigen sich Bewegungserscheinungen, allein die mechanischen Effecte pflanzen sich nicht fort aus Mangel an Leitern der Kraft.

Die nämliche Lebenskraft, die wir in der Pflanze als eine beinahe unbegrenzte Fähigkeit der Zunahme an Masse kennen, verwandelt sich in dem Thierkörper in bewegende Kraft (in einen Strom von Lebenskraft), und eine wunderbare und weise Oekonomie bestimmt zur Ernährung des Thieres nur solche Stoffe, die eine mit den Organen der Krafterzeugung (dem Muskularsystem) identische Zusammensetzung besitzen. Der Aufwand von Kraft, den ihre belebten Theile bedürfen, um aus dem Blute sich selbst wiederzuerzeugen, der Widerstand der chemischen Kraft, welcher in den Bestandtheilen der stickstoffhaltigen Nahrungsstoffe durch die Lebensthätigkeit der Organe überwunden werden muß, welche bestimmt sind, sie zu Bestandtheilen des Blutes zu machen, ist für nichts zu achten gegen die Kraft und Energie, mit welcher die Bestandtheile der Kohlensäure zusammenhängen. Eine gewisse Quantität Kraft könnte nicht in bewegende Kraft übergehen, wenn sie zur Ueberwindung der chemischen Kräfte verwendet werden müßte; das Bewegungsmoment der Lebenskraft wird durch alle Widerstände verringert. Der Uebergang der Bestandtheile des Blutes in Muskelfaser (in ein Organ der Krafterzeugung) ist nur eine Formänderung, beide sind gleich zusammengesetzt; das Blut ist flüssig, die Muskelfaser ist festes Blut; man kann sich denken, daß er vor sich geht ohne allen Verbrauch von Lebenskraft, denn bei dem Uebergang eines flüssigen Körpers in einen festen bedarf es keiner Kraftäußerung, sondern nur der Beseitigung von Hindernissen (Wärme z. B.), die sich der Kraft, welche der Zustand bedingt (der Cohäsionskraft), in ihren Aeußerungen entgegensetzen.

In welcher Form, auf welche Weise die Lebenskraft die mechanischen Effecte im Thierkörper bewirkt, ist gänzlich unbekannt und wird durch Versuche so wenig ermittelt werden können, wie der Zusammenhang der chemischen Action mit den Bewegungserscheinungen, die wir mit der galvanischen Säule hervorzubringen vermögen; alle Erklärungen, die man zu geben versucht hat, sind immer nur Bilder der Erscheinung, es sind mehr oder weniger genaue Beschreibungen und Vergleichungen bekannter Erscheinungen mit diesen unbekannten; es geht uns in dieser Beziehung wie dem Unkundigen, dem das Aufundniedersteigen eines eisernen Stempels in einem Gefäße, worin das Auge nichts Sichtbares erkennen kann, und sein Zusammenhang mit dem Drehen und Bewegen von Tausenden von Rädern, die sich in einer gewissen Entfernung von dem Stempel befinden, unbegreiflich erscheint.

Wir wissen nicht, wie ein an sich unsichtbares, unwägbares Etwas, die Wärme, gewissen Materien die Fähigkeit ertheilt, den ungeheuersten Druck auf ihre Umgebungen zu äußern, wie überhaupt dieses Etwas hervorgebracht wird, wenn wir Holz oder Kohlen verbrennen.

So ist es denn auch mit der Lebenskraft und den Erscheinungen, welche belebte Körper darbieten; ihre Ursache ist nicht chemische Kraft, nicht Elektricität, nicht Magnetismus, es ist eine Kraft, welche die allgemeinsten Eigenschaften aller Ursachen der Bewegung, Form- und Beschaffenheitsänderung der Materie besitzt, und eine eigenthümliche Kraft, weil ihr Aeußerungen zukommen, welche keine der anderen Kräfte an sich trägt.

II.

In der belebten Pflanze überwiegt die Intensität der Lebenskraft bei weitem die chemische Action des Sauerstoffs.

Wir wissen mit der größten Bestimmtheit, daß der Sauerstoff durch den Einfluß der Lebenskraft von Elementen abgeschieden wird, zu denen er die stärkste Affinität besitzt; daß er in Gasform austritt, ohne die geringste Einwirkung auf die Bestandtheile der Säfte auszuüben.

Wie groß muß in der That der Widerstand erscheinen, den die Lebenskraft dem terpentinöl- oder gerbsäurehaltigen Blatte verleiht, wenn wir die Verwandtschaft in Betracht ziehen, welche der Sauerstoff zu diesen Bestandtheilen besitzt!

Diese Intensität der Wirkung oder des Widerstandes erhält das belebte Blatt durch das Sonnenlicht, dessen Einfluß in chemischen Actionen mit der eines hohen Wärmegrades (einer schwachen Glühhitze) vergleichbar ist und verglichen wird.

In der Nacht zeigt sich in der lebendigen Pflanze ein entgegengesetzter Proceß, wir sehen, daß sich die Bestandtheile der Blätter und grünen Theile mit dem Sauerstoff der Luft verbinden, eine Fähigkeit, die ihnen im Lichte abging.

Man kann hieraus keinen andern Schluß ziehen, als daß die Intensität der Lebenskraft mit der Abnahme des Lichts sich vermindert, daß mit der kommenden Nacht ein Gleichgewichtszustand eintritt und bei völliger Abwesenheit des Lichts alle Theile der Pflanze, die während des Tages die Fähigkeit besaßen, den Sauerstoff aus chemischen Verbindungen auszuscheiden oder seiner Einwirkung Widerstand zu leisten, diese Fähigkeit völlig verlieren.

Eine ganz ähnliche Erscheinung beobachten wir bei den Thieren.

Nur in gewissen Temperaturen zeigt der belebte Thierkörper die ihm zukommenden Lebensäußerungen. Einem bestimmten Kältegrade ausgesetzt, hören sie völlig auf.

Eine Entziehung von Wärme muß deshalb völlig gleichbedeutend angesehen werden, einer Verminderung der Lebensthätigkeit; der Widerstand, den die Lebenskraft belebten Körpertheilen gegen äußere Ursachen von Störungen verleiht, muß in gewissen Temperaturen in dem nämlichen Verhältniß abnehmen, wie die Fähigkeit ihrer Elementartheile zunimmt, sich mit dem Sauerstoff der Luft zu verbinden.

Durch die Verbindung des Sauerstoffs mit den Bestandtheilen der Gebilde, die sich umgesetzt haben, wird bei den fleischfressenden Thieren die zur Aeußerung der Lebensthätigkeit nöthige Temperatur erzeugt. Bei den grasfressenden Thieren wird eine gewisse Menge Wärme durch die Bestandtheile ihrer stickstofffreien Nahrungsmittel entwickelt, welche die Fähigkeit haben, eine Verbindung mit dem Sauerstoff einzugehen.

Es ist klar, daß die Temperatur eines Thierkörpers sich nicht ändern kann, wenn die Menge des eingeathmeten Sauerstoffs mit dem Wärmeverlust durch äußere Abkühlung in gradem Verhältniß zunimmt.

Zwei Individuen von gleichem Gewichte, welche ungleichen Kältegraden ausgesetzt sind, verlieren in einer gegebenen Zeit, nach Außen hin, eine ungleiche Menge Wärme. Die Erfahrung lehrt, daß sie, wenn die ihnen eigenthümliche Temperatur und ihr ursprüngliches Gewicht sich nicht ändern soll, einer ungleichen Menge Speise bedürfen; in der niedrigern Temperatur mehr Speise wie in der höhern.

Das Gleichbleiben des Gewichts bei ungleicher Quantität genossener Nahrung setzt, wie sich von selbst versteht, voraus, daß in derselben Zeit eine der Temperatur proportionale Menge Sauerstoff aufgenommen worden ist, in der niedern Temperatur mehr wie in der höhern.

Wir finden, daß das Gewicht beider Individuen nach 24 Stunden gleich ist dem ursprünglichen Gewichte; angenommen, daß die Nahrung zu Blut wird, daß das Blut zur Ernährung gedient hat, so ist klar, daß mit der Wiederkehr des ursprünglichen Gewichtes ein den Bestandtheilen der Speise gleiches Gewicht von den Bestandtheilen des Körpers seinen Zustand des Lebens verloren und mit dem Sauerstoff verbunden wieder ausgetreten ist.

Das eine Individuum, was bei dem höhern Kältegrade mehr Speise zu sich nahm, hat auch mehr Sauerstoff aufgenommen, es ist eine größere Menge seiner Körpertheile mit diesem Sauerstoff ausgetreten und in Folge der Verbindung des Sauerstoffs mit den umgesetzten Bestandtheilen ist ein größeres Maß von Wärme frei geworden, wodurch die entführte Wärme wieder ersetzt und die seinem Organismus zukommende Temperatur erhalten wurde.

Durch die Wärmeentziehung muß demnach, bei hinreichender Nahrung und ungehindertem Sauerstoffzutritt, der Stoffwechsel beschleunigt werden und mit der, in einer gegebenen Zeit beschleunigten Umsetzung der belebten Körpertheile muß gleichzeitig ein größeres Maß von Lebenskraft zu mechanischen Effecten verwendbar geworden sein.

Mit der äußern Abkühlung verstärken sich die Athembewegungen, mit der niedern Temperatur wird ein größeres Gewicht Sauerstoff dem Blute zugeführt, der Verbrauch an Stoff nimmt zu und wenn der Ersatz mit diesem Verbrauch nicht im Gleichgewicht (durch Zufuhr an Speise) erhalten wird, so nimmt die Temperatur des Körpers allmählig ab.

In einer gegebenen Zeit kann aber keine unbegrenzte Menge Sauerstoff in den Körper aufgenommen, es kann nur eine gewisse Quantität des belebten Stoffs seinen Zustand des Lebens verlieren, es kann nur ein begrenztes Maß von Lebenskraft als mechanische Kraft zur Aeußerung gelangen. Nur in dem Falle wird also die Temperatur des Thierkörpers sich nicht ändern, wenn Abkühlung, Krafterzeugung und Sauerstoffaufnahme sich einander im Gleichgewichte halten. Nimmt die Wärmeentziehung über einen bestimmten Punkt hinaus zu, so nehmen die Lebenserscheinungen in dem nämlichen Verhältnisse ab, denn die Temperatur nimmt ab, welche als eine sich gleichbleibende Bedingung, zu ihrer Aeußerung angesehen werden muß.

Die Erfahrung zeigt nun, daß bei der Abnahme der Temperatur des Körpers, das Vermögen der Glieder, mechanische Effecte hervorzubringen (die zu den willkürlichen Bewegungen nöthige Kraft) ebenfalls abnimmt, es tritt der Zustand ein, den man Schlaf nennt, zuletzt hören alle unwillkürlichen Bewegungen (des Herzens, der Eingeweide) auf, es tritt ein Scheintod ein.

Es ist klar, daß die Ursache der Krafterzeugung, der Stoffwechsel nämlich, deshalb abnimmt, weil mit der Entziehung von Wärme, ähnlich wie durch Abnahme des Lichtes bei der Pflanze, die Intensität der Lebenskraft sich vermindert; es ist klar, daß das Kraftmoment eines belebten Körpertheils abhängig ist von der ihm zukommenden Temperatur, ganz ähnlich, wie der Effect eines fallenden Körpers in einer bestimmten Beziehung steht zu gewissen andern Bedingungen, die man Masse nennt oder Geschwindigkeit.

Nimmt die Temperatur ab, so nimmt die Lebensthätigkeit ab; mit dem Steigen der Temperatur muß das Kraftmoment belebter Körpertheile in seiner ganzen Intensität wieder hergestellt werden.

Krafterzeugung zu mechanischen Effecten und Temperatur müssen deshalb, in einer ganz bestimmten Beziehung stehen, zu der Menge des in einer gegebenen Zeit von dem Thierkörper aufnehmbaren Sauerstoffs.

Die Menge von Sauerstoff, welche ein Wallfisch und ein Fuhrmannspferd in einer gleichen Zeit einzuathmen vermögen, ist sehr ungleich. Die Temperatur, sowie die Menge des Sauerstoffs, ist bei dem Pferde weit größer.

Die mechanische Kraft, welche ein harpunirter Wallfisch entwickelt, dessen Körper von dem umgebenden Medium getragen wird, so wie die Kraft eines Fuhrmannspferdes, was seinen eigenen Körper und eine schwere Last 8-10 Stunden lang fortzubewegen hat, muß mit dem von beiden verzehrten Sauerstoff in einerlei Verhältniß stehen. Wenn man die Zeit beachtet, in welcher die Kraft zur Aeußerung gelangt, so ist sie offenbar bei dem Pferde weit größer.

Beim Besteigen hoher Berge, wo durch das Einathmen einer sehr verdünnten Luft, in gleichen Zeiten, weit weniger Sauerstoff dem Blute zugeführt wird, wie in Thälern oder an dem Ufer des Meeres, nimmt der Stoffwechsel in dem nämlichen Verhältniß und damit die zu mechanischen Effecten verwendbare Kraft, ab; Neigung zum Schlaf, Mangel an Kraft für die willkürlichen Bewegungen stellt sich meistens ein; nach zwanzig oder dreißig Schritten zwingt die Ermüdung zu neuer Ansammlung von Kraft durch Ruhe (Einsaugung von Sauerstoff, ohne Verbrauch an Kraft für willkürliche Bewegungen).

Durch die Aufnahme von Sauerstoff in die Substanz belebter Körpertheile verlieren sie ihren Zustand des Lebens und treten als formlose Verbindungen aus, allein nicht aller eingeathmete Sauerstoff wird zu dieser Umsetzung verwendet; der größte Theil dient zur Vergasung, zur Entfernung aller dem Organismus nicht mehr angehörenden Stoffe, und wie erwähnt, wird in Folge der Verbindung ihrer Elemente mit diesem Sauerstoff, die dem Organismus zukommende Temperatur erzeugt.

Wärmeerzeugung und Stoffwechsel stehen in enger Beziehung zu einander, allein obwohl im Thierkörper Wärme hervorgebracht werden kann ohne allen Stoffwechsel, so kann der letztere dennoch nicht unabhängig von der Mitwirkung des Sauerstoffs gedacht werden.

Nach allen bis jetzt gemachten Beobachtungen enthält nach dem Genuß von geistigen Getränken, weder die ausgeathmete Luft, noch der Schweiß, noch der Urin, Spuren von Alkohol, und es kann keinem Zweifel unterliegen, daß seine Bestandtheile sich im Thierkörper mit Sauerstoff verbinden, daß sein Kohlenstoff und Wasserstoff als Kohlensäure und Wasser wieder austreten.

Der Sauerstoff, welcher diese Verwandlung bewirkt, muß nothwendig von dem arteriellen Blute genommen worden sein, denn wir kennen keinen andern Weg als die Blutcirculation, auf welchem Sauerstoff in das Innere des Körpers gelangen kann.

Vermöge seiner Flüchtigkeit und der Leichtigkeit, womit der Alkoholdampf von den Membranen und thierischen Geweben durchgelassen wird, kann er sich überall nach allen Orten im Körper hin verbreiten.

Wäre die Fähigkeit der Bestandtheile des Alkohols, sich mit Sauerstoff zu vereinigen, nicht größer, als die der Verbindungen, welche durch den Stoffwechsel gebildet werden, oder als die der Substanz der belebten Körpertheile ist, so würden sie (die Bestandtheile des Alkohols) sich mit Sauerstoff nicht verbinden können.

Es ist deßhalb einleuchtend, daß durch den Genuß von Alkohol, dem Stoffwechsel in gewissen Körpertheilen, eine rasche Grenze gesetzt werden muß. Der Sauerstoff des arteriellen Blutes, der sich ohne die Gegenwart des Alkohols mit belebtem Stoff verbunden haben würde, tritt jetzt an die Bestandtheile des Alkohols, ein Theil des arteriellen Blutes wird zu venösem Blut, ohne daß die Muskelsubstanz an dieser Umwandlung Antheil nimmt.

Wir beobachten nun, daß die Wärmeentwickelung im Organismus nach dem Genuß von Wein eher zu- als abnimmt, ohne daß damit ein entsprechendes größeres Maß von mechanischer Kraft zur Aeußerung gelangt.

Eine mäßige Quantität Wein bedingt bei Frauen und Kindern, welche an Weingenuß nicht gewöhnt sind, ganz im Gegentheil eine Abnahme der zu den willkürlichen Bewegungen nöthigen Kraft; Müdigkeit, Abgeschlagenheit der Glieder, Neigung zum Schlaf geben offenbar zu erkennen, daß die zu mechanischen Effecten verwendbare Kraft, dies will sagen, daß der Stoffwechsel abgenommen hat.

Gewiß kann an diesen Symptomen eine Verminderung der Leitungsfähigkeit der willkürlichen Bewegungsnerven einen gewissen Antheil haben, allein dies muß auf die Summe von verwendbarer Kraft ohne allen Einfluß sein.

Was die Leiter der willkürlichen Bewegungen an Krafteffecten nicht fortzupflanzen vermögen, wird von den Leitern der unwillkürlichen Bewegungen aufgenommen und dem Herzen, den Eingeweiden zugeführt werden müssen. Die Blutbewegung wird in diesem Fall, auf Kosten der zu willkürlichen Bewegungen durch die Glieder verwendbaren Kraft beschleunigt erscheinen, ohne daß aber, wie bemerkt, durch den Oxydationsproceß des Alkohols ein größers Maaß von mechanischer Kraft erzeugt worden ist.

Wir beobachten zuletzt bei den Winterschläfern, daß während ihres Winterschlafs die Fähigkeit der Zunahme an Masse (eine der Hauptäußerungen der Lebenskraft), durch den Ausschluß aller Speise, völlig unterdrückt ist; bei manchen tritt in Folge der niedern Temperatur und der hierdurch herabgestimmten Lebensthätigkeit ein Scheintod ein, bei anderen dauern die unwillkürlichen Bewegungen fort; das Thier behält eine von der Umgebung unabhängige Temperatur. Die Athembewegungen dauern fort, nach wie vor wird Sauerstoff als der Bedinger der Wärme- und Krafterzeugung aufgenommen; wir finden vor dem Winterschlaf alle Theile ihres Körpers, die in sich selbst keinen Widerstand gegen die Einwirkung des Sauerstoffs zu produciren vermögen, welche wie die Eingeweide und Membranen nicht zum Stoffwechsel bestimmt sind, mit Fett bedeckt, mit einer Materie umgeben, welche diesen Widerstand übernimmt.

Wenn wir uns nun denken, daß der während des Winterschlafs aufgenommene Sauerstoff nicht in die Zusammensetzung der belebten Körpertheile, sondern mit den Bestandtheilen des Fettes in Verbindung tritt, so wird der belebte Körpertheil, obwohl ein gewisses Bewegungsmoment zu der Unterhaltung des Blutumlaufs verwendet worden ist, nicht austreten.

Mit der höhern Temperatur wächst in gleichem Grade die Fähigkeit der Zunahme an Masse, die Blutbewegung nimmt mit der Sauerstoffaufnahme zu. Manche dieser Thiere magern während dem Winterschlafe, andere erst mit dem Erwachen aus dem Winterschlafe ab.

Bei den Winterschläfern wird die in den belebten Körpertheilen thätige Kraft ausschließlich nur zur Unterhaltung der unwillkürlichen Bewegungen verbraucht, alle Kraftverwendung zu willkürlichen Bewegungen ist völlig unterdrückt.

Im Gegensatz zu diesen Erscheinungen wissen wir, daß bei Uebermaß von Bewegung und Anstrengung, die in den belebten Körpertheilen thätige Kraft ausschließlich und vollständig zur Hervorbringung willkürlicher mechanischer Effecte verzehrt werden kann, in der Art, daß für die unwillkürlichen Bewegungen keine Kraft mehr zu verwenden übrig bleibt. Ein Hirsch kann zu Tode gehetzt werden, aber dies kann nicht geschehen ohne Umsetzung aller belebten Theile seines Muskularsystems, sein Fleisch ist nicht genießbar; der Zustand der Umsetzung, in den es durch einen enormen Kraft- und Sauerstoffverbrauch übergegangen ist, setzt sich mit dem Aufhören aller Bewegungserscheinungen fort; in seinen belebten Körpertheilen ist aller Widerstand der Lebenskraft gegen äußere Ursachen und Störungen völlig aufgehoben.

So eng mit einander verknüpft nun auch die Bedingungen der Wärme- und Krafterzeugung zu mechanischen Effecten sich der Beobachtung darstellen mögen, so kann die Wärmeentwicklung für sich allein in keiner Weise als die Ursache der mechanischen Effecte angesehen werden.

Alle Erfahrungen beweisen, daß es im Organismus nur eine Quelle von mechanischer Kraft giebt und diese Quelle ist der Uebergang belebter Körpertheile in leblose Verbindungen.

Von dieser Wahrheit ausgehend, welche unabhängig ist von jeder Theorie, läßt sich das animalische Leben als bedingt durch die Wechselwirkung entgegengesetzter Kräfte betrachten, von denen die einen als Ursachen der Zunahme (des Ersatzes an Stoff), die andern als Ursachen der Abnahme (des Verbrauchs an Stoff) angesehen werden müssen.

Die Zunahme an Masse wird in belebten Körpertheilen bewirkt durch die Lebenskraft; ihre Aeußerung ist abhängig von der Wärme (von einer gewissen einem jeden Organismus eigenthümlichen Temperatur).

Die Ursache des Verbrauchs ist die chemische Action des Sauerstoffs, ihre Aeußerung ist abhängig von einer Entziehung von Wärme, so wie von der Verwendung der Lebenskraft zu mechanischen Effecten.

Der Act des Verbrauchs heißt Stoffwechsel, er tritt ein in Folge der Aufnahme von Sauerstoff in die Substanz belebter Körpertheile; diese Aufnahme von Sauerstoff findet nur dann statt, wenn der Widerstand, welchen die Lebenskraft belebter Körpertheile der chemischen Action des Sauerstoffs entgegensetzt, kleiner ist als diese chemische Action selbst, und dieser schwächere Widerstand wird bedingt durch Entziehung von Wärme oder durch Verwendung der in den Körpertheilen thätigen Kraft zu mechanischen Bewegungen.

In Folge der Verbindung des im arteriellen Blute zugeführten Sauerstoffs mit allen Bestandtheilen des Thierkörpers, die seiner chemischen Action keinen Widerstand entgegensetzen, wird die zur Aeußerung der Lebensthätigkeit nöthige Temperatur erzeugt.

Aus den Beziehungen des Sauerstoffverbrauches zu dem Stoffwechsel und zur Wärmeentwickelung im Thierkörper ergeben sich die folgenden allgemeinen Regeln.

Für jedes Verhältniß Sauerstoff, was in dem Körper in Verbindung tritt, muß eine entsprechende Menge Wärme erzeugt werden.

Die Summe der zu mechanischen Effecten verwendbaren Kraft muß gleich sein der Summe von Lebenskraft aller zum Stoffwechsel geeigneten Gebilde.

Wenn in gleichen Zeiten eine ungleiche Menge von Sauerstoff verzehrt worden ist, so zeigt sich dies in einem ungleichen Maß von freigewordener Wärme und mechanischer Kraft.

Ein ungleiches Maß von verbrauchter mechanischer Kraft oder von Wärme bedingt die Aufnahme einer entsprechenden Menge Sauerstoff.

Zum Uebergang belebter Körpertheile in leblose Verbindungen, sowie zur Verbindung des Sauerstoffs mit den Bestandtheilen des Thierkörpers, welche Verwandtschaft zu ihm haben, gehört Zeit.

In einer gegebenen Zeit kann nur ein begrenztes Maß von mechanischen Effecten zur Aeußerung gelangen, es kann nur eine begrenzte Menge von Wärme in Freiheit gesetzt werden.

Was in den mechanischen Effecten an Geschwindigkeit verbraucht wird, geht an Zeit ab, d. h. je rascher die hervorgebrachten Bewegungen sind, desto schneller wird die Kraft erschöpft.

Die Summe der im Thierkörper in einer gegebenen Zeit erzeugten mechanischen Kraft ist gleich der Summe der in der nämlichen Zeit zur Hervorbringung der willkürlichen und unwillkürlichen Bewegungen nöthigen Kraft, d. h. alle Kraft, welche das Herz, die Eingeweide &c. zu ihren Bewegungen bedürfen, geht für die willkürlichen Bewegungen verloren.

Die Menge der zur Herstellung des Gleichgewichts zwischen Verbrauch und Ersatz nöthigen, stickstoffhaltigen Speise steht im graden Verhältniß zu der Menge der umgesetzten Gebilde.

Die Menge des belebten Stoffs, welcher in dem Thierkörper seinen Zustand des Lebens verliert, steht bei gleichen Temperaturen in geradem Verhältniß zu den in der gegebenen Zeit hervorgebrachten mechanischen Effecten.

Die Quantität der in einer gegebenen Zeit umgesetzten Gebilde ist meßbar durch den Stickstoffgehalt des Harns.

Die Summe der bei gleichen Temperaturen in zwei Individuen hervorgebrachten mechanischen Effecte ist proportional dem Stickstoffgehalt ihres Harns, gleichgültig ob die mechanische Kraft zu den willkürlichen oder unwillkürlichen Bewegungen verwendet, ob sie durch die Glieder, oder das Herz und die Eingeweide verzehrt worden ist.

Der Zustand des Thierkörpers, den man mit Gesundheit bezeichnet, umfaßt den Begriff eines Gleichgewichts zwischen allen Ursachen des Verbrauchs und den Ursachen des Ersatzes, und das Thierleben giebt sich hiernach zu erkennen als die Wechselwirkung beider Ursachen, es zeigt sich als eine sich wiederholende Aufhebung und Wiederherstellung des Gleichgewichtszustandes.

Der Masse nach ist in den verschiedenen Lebensaltern der Ersatz und Verbrauch an Stoff ungleich, allein im Zustand der Gesundheit muß die verwendbare Lebenskraft stets als eine der Summe der belebten Körpertheile entsprechende, unveränderliche Größe angesehen werden.

Die Zunahme an Masse steht in jedem Lebensalter in einem ganz bestimmten Verhältniß zu der als bewegende Kraft verbrauchten Lebenskraft.

Die Lebenskraft, welche zu mechanischen Effecten verwendet wird, geht von der Summe an Kraft ab, welche zur Zunahme verwendbar ist.

Die thätige Kraft, welche in dem Thierkörper zur Ueberwindung von Widerständen, sagen wir zu Bildungseffecten (zur Zunahme an Masse), verwendet wird, ist gleichzeitig nicht zur Hervorbringung mechanischer Effecte verwendbar.

Hieraus folgt von selbst, daß wenn der Masse nach, wie in dem Kindesalter, der Ersatz (die Zunahme an Masse) größer ist, als der Verbrauch, daß die hervorgebrachten mechanischen Effecte in demselben Verhältniß kleiner gewesen sein müssen.

Mit der Steigerung der mechanischen Effecte vermindert sich in dem nämlichen Verhältniß die Fähigkeit der Zunahme oder des Ersatzes an belebten Körpertheilen.

Ein vollkommnes Gleichgewicht in dem Verbrauch der Lebenskraft zu Bildungseffecten und mechanischen Effecten findet demnach nur in dem erwachsenen Zustande statt; es zeigt sich unverkennbar an dem vollkommnen Ersatz von verbrauchtem Stoff. Im Greisenalter wird mehr verbraucht, im Kindesalter wird mehr ersetzt als verbraucht.

Die zu mechanischen Effecten von einem erwachsenen Manne verwendbare Kraft wird in der Mechanik zu einem Fünftel seines eigenen Gewichts angenommen, was er acht Stunden lang mit einer Geschwindigkeit von 5 Fuß in zwei Secunden fortbewegen kann.

Nehmen wir das Gewicht eines Mannes zu 150 Pfund an, so ist seine Kraft gleich einem Gewicht von 30 Pfunden, die er 72000 Fuß weit trägt. Für jede Secunde ist sein Kraftmoment 30 × 2,5 = 75 und für die ganze Tageszeit sein Bewegungsmoment 30 × 72000 = 216000.

Durch die Wiederherstellung seines Körpergewichts sammelt der Mann nun eine Summe von Kraft wieder an, die ihm den zweiten Tag gestattet, ohne Erschöpfung eine gleiche Anzahl von mechanischen Effecten hervorzubringen.

Dieser Ersatz an Kraft geschieht in einem siebenstündigen Schlaf.

In den Fabriken von gewalztem Eisen kommt es häufig vor, daß für den gewöhnlichen Gang der Maschine ihr Druck nicht stark genug ist, um eine Eisenstange von einer gewissen Dicke durch die Cylinder der Walze durchgehen zu machen. Man hilft sich in diesem Fall, indem man die ganze Kraft des Dampfs auf das Schwungrad wirken läßt und alsdann erst, wenn dieses eine große Geschwindigkeit erlangt hat, die Eisenstange unter die Walze bringt, wo sie dann (während das Schwungrad seine Geschwindigkeit verliert) mit großer Leichtigkeit zu einer Tafel zusammengepreßt wird. Was das Schwungrad an Geschwindigkeit zunahm, gewann die Walze an Kraft; durch dieses Verfahren ist offenbar in der Geschwindigkeit Kraft angesammelt worden; allein in diesem Sinne häuft sich im lebendigen Organismus keine Kraft an.

Die Wiederherstellung der Kraft geschieht im Thierkörper durch die Neubildung der ausgetretenen, zur Krafterzeugung bestimmten Körpertheile, durch die Verwendung der thätigen Lebenskraft zu Bildungseffecten und mit der Wiederherstellung der ausgetretenen Körpertheile, erhält der Organismus eine der verwendeten, gleiche Kraft zurück.

Es ist einleuchtend, daß die während des Schlafs in Bildungseffecten sich äußernde Lebenskraft, gleich sein muß, der ganzen Summe der im wachenden Zustande zu allen mechanischen Effecten zusammengenommenen verwendeten bewegenden Kraft, plus einer gewissen Quantität von Kraft, welche zur Unterhaltung der im Schlafe fortdauernden, unwillkürlichen Bewegungen erforderlich war.

Von Tag zu Tag erhält der arbeitende Mann bei hinlänglicher Nahrung durch sieben Stunden Schlaf diese ganze Summe von Kraft zurück, und abgesehen von der zu den unwillkürlichen Bewegungen nöthigen Kraft, die in allen Individuen gleich ist, kann man annehmen, daß die zur Arbeit verwendbare, mechanische Kraft in gradem Verhältniß steht zu der Anzahl von Stunden Schlaf.

Der Mann schläft 7 und wacht 17 Stunden; bei Wiederherstellung des Gleichgewichtes nach 24 Stunden sind demnach die in 17 Stunden geäußerten mechanischen Effecte gleich den in 7 Schlafstunden verwendeten Bildungseffecten.

Wenn ein Greis nur 3½ Stunden schläft und alles übrige gleich wie bei dem Manne gesetzt wird, so würde er jedenfalls nur die Hälfte der mechanischen Effecte hervorzubringen vermögen, wie der Mann von gleichem Gewicht, er würde nur 15 Pfund die nämliche Strecke weit tragen können.

Der Säugling schläft 20 Stunden und wacht 4 Stunden; die in ihm thätige Kraft, welche zu Bildungseffecten verwendet wird, verhält sich zu der, welche zu mechanischen Effecten (zur Bewegung der Glieder) verwendet wird, wie 20 : 4; aber seine Glieder besitzen kein Kraftmoment, denn er kann seinen eigenen Körper noch nicht tragen. Nehmen wir an, der Greis und Säugling verbrauche zu mechanischen Effecten eine dem Verhältniß, der von dem Manne verwendbaren, entsprechende Menge Kraft, so stehen die mechanischen Effecte im Verhältniß zu der Anzahl der Stunden des Wachens, die Bildungseffecte im Verhältniß zu der Anzahl der Stunden Schlaf, und wir haben:

	Kraftverbrauch zu mechanischen Effecten	Kraftverbrauch zu Bildungs-effecten
beim Mann	17	7
beim Säugling	4	20
beim Greis	20,5	3,5

Bei dem Manne findet zwischen Verbrauch und Ersatz ein vollkommnes Gleichgewicht statt, beim Säugling und Greis weichen Ersatz und Verbrauch von einander ab. Setzen wir den Kraftverbrauch in den siebzehn Stunden des Wachens gleich dem Kraftverbrauch zur Wiederherstellung des Gleichgewichts im Schlaf = 100 = 17 Wachestunden = 7 Schlafstunden, so ergeben sich folgende Verhältnisse.

Die mechanischen Effecte verhalten sich zu den Bildungseffecten

beim Mann	= 100 : 100
beim Säugling	= 25 : 250
beim Greis	= 125 : 50

oder die Zunahme zur Abnahme

beim Erwachsenen	= 100 : 100
beim Säugling	= 100 : 10
beim Greis	= 100 : 250

Es ist hiernach klar, daß wenn der Greis eine den Schlafstunden des Mannes proportionale Arbeit verrichtet, so wird der Verbrauch größer sein wie der Ersatz, d. h. sein Körper wird rasch abnehmen, im Fall er 15 Pfund, mit einer Geschwindigkeit von 2½ Fuß in der Sekunde 72000 Fuß weit trägt, aber 6 Pfund Last wird er diese Strecke weit fortbewegen können.

Beim Kinde verhält sich die Zunahme zur Abnahme wie 10 : 1 und wenn wir den Verbrauch an mechanischen Effecten bei ihm also um das zehnfache steigern, so wird erst dann ein Gleichgewicht an Ersatz und Verbrauch eintreten; das Kind wird in diesem Fall freilich nicht an Masse zunehmen, allein es wird daran auch nicht abnehmen.

Wenn bei dem Erwachsenen der Kraftverbrauch zu mechanischen Effecten in 24 Stunden, über die in 7 Schlafstunden ersetzbare Quantität gesteigert wird, so muß, wenn das Gleichgewicht sich wiederherstellen soll, in den folgenden 24 Stunden, in dem nämlichen Verhältniß, weniger Kraft zu mechanischen Effecten verwendet werden, im entgegengesetzten Fall nimmt die Masse des Körpers ab und es tritt mehr oder weniger schnell der Zustand ein, welcher das Greisenalter characterisirt.

Mit jeder Stunde Schlaf mehrt sich beim Greise die Summe der verwendbaren Krafteffecte, oder nähert sich dem Gleichgewichtsverhältniß an Ersatz und Verbrauch wie beim erwachsenen Menschen.

Es ist ferner klar, daß wenn ein Theil der Kraft, welche zu mechanischen Bewegungen ohne Störung des Gleichgewichtes verwendbar ist, zur Bewegung der Glieder, Hebung von Lasten, Arbeit &c. nicht verzehrt wird, so wird sie durch die unwillkürlichen Bewegungen verwendbar sein. Wenn die Bewegung des Herzens und der Säfte, der Eingeweide (der Blutumlauf und die Verdauung) sich in dem nämlichen Verhältniß beschleunigt findet, wie zu mechanischen Effecten durch die Glieder weniger Kraft verbraucht wird, so wird das Gewicht des Körpers in 24 Stunden weder zu- noch abnehmen; der Körper nimmt an Masse also nur dann zu, wenn die in den Schlafstunden gesammelte und zu mechanischen Effecten verwendbare Kraft weder für die willkürlichen, noch unwillkürlichen Bewegungen verzehrt wird.

Die angeführten approximativen Zahlenwerthe für den Kraftverbrauch im Organismus des Menschen beziehen sich, wie ausdrücklich hervorgehoben worden, nur auf eine gegebene, unveränderliche Temperatur; in ungleicher Temperatur und bei Mangel an Nahrung müssen sich alle diese Verhältnisse ändern.

Wenn wir einen Körpertheil mit Eis und Schnee umgeben, während die übrigen in ihrer gewöhnlichen Beschaffenheit bleiben, so tritt mehr oder weniger schnell in Folge der Entziehung von Wärme, ein rascherer Stoffwechsel an der abgekühlten Stelle ein.

Der Widerstand der belebten Körpertheile gegen die Einwirkung des Sauerstoffs an der abgekühlten Stelle ist kleiner, als an allen übrigen Orten, was im Resultate ganz gleich ist einer Erhöhung des Widerstandes an diesen andern Orten.

Das Kraftmoment der Lebenskraft an den nicht abgekühlten Stellen wird nach wie vor zur mechanischen Bewegung verbraucht, allein die ganze Wirkung des eingeathmeten Sauerstoffs wendet sich der abgekühlten Stelle zu.

Denken wir uns einen Cylinder von Eisen, in den wir Dampf unter einem gewissen Drucke einströmen lassen, so wird, wenn die Kraft, mit welcher die Theile des Eisens zusammenhängen, gleich ist der Kraft, welche sie zu trennen strebt, ein Gleichgewichtszustand eintreten, d. h. die ganze Wirkung des Dampfes wird durch den Widerstand aufgehoben. Wenn aber eine der Wände des Cylinders beweglich ist, ein Stempel z. B., dem Druck des Dampfes also einen geringeren Widerstand entgegensetzt, als die anderen Wände, so wird der ganze Druck in der Bewegung dieser einen Wand, in der Hebung des Stempels, verzehrt. Wenn wir nicht neuen Dampf (neue Kraft) hinzuströmen lassen, so wird sich bald ein Gleichgewichtszustand einstellen. Einen gewissen Druck hält die Wand aus ohne sich zu bewegen, durch einen größeren Druck wird der Stempel gehoben; wenn dieser Ueberschuß von Kraft verzehrt ist durch die Bewegung, so wird er nicht weiter gehoben werden; wenn immer neuer Dampf hinzuströmt, so wird seine Bewegung fortdauern.

An der abgekühlten Stelle setzen die belebten Körpertheile der chemischen Action des Sauerstoffs ein kleineres Hinderniß entgegen; seine Fähigkeit, mit ihren Bestandtheilen eine Verbindung einzugehen, ist an diesem Orte erhöht; einmal ausgetreten hört aller Widerstand völlig auf, und in Folge der Verbindung des Sauerstoffs mit den Bestandtheilen der umgesetzten Gebilde wird ein größeres Maß von Wärme frei.

Für eine gegebene Quantität Sauerstoff bleibt sich die erzeugte Wärmemenge völlig gleich; an der abgekühlten Stelle nimmt der Stoffwechsel und damit die Wärmeentwicklung zu, an den anderen nimmt der Stoffwechsel (die Wärmeentwicklung) ab. Hat aber die abgekühlte Stelle, durch die Verbindung des Sauerstoffs mit den ausgetretenen Körpertheilen, ihre ursprüngliche Temperatur wiedererhalten, so nimmt damit der Widerstand ihrer belebten Körpertheile gegen den nachströmenden Sauerstoff wieder zu, an allen übrigen Orten ist aber nun der Widerstand kleiner geworden, d. h. es tritt nun auch an diesen ein rascherer Stoffwechsel, eine Erhöhung der Temperatur ein, und mit dieser wird, wenn die Ursache des Stoffwechsels fortdauert, ein größeres Maß von Lebenskraft zu mechanischen Effekten verwendbar.

Denken wir uns nun, daß der ganzen Oberfläche des Körpers Wärme entzogen wird, so wird die ganze Wirkung des Sauerstoffs der Haut zugelenkt werden, in kurzer Zeit muß der Stoffwechsel im ganzen Körper zunehmen; das Fett, so wie alle Bestandtheile des Thierkörpers, welche die Fähigkeit haben, mit dem in größerer Quantität zugeführten Sauerstoff sich zu verbinden, werden in der Form von Sauerstoffverbindungen aus dem Körper treten.

Theorie der Krankheit.

Ein jeder Stoff oder Materie, eine jede chemische oder mechanische Thätigkeit, welche die Wiederherstellung des Gleichgewichtes in den Aeußerungen der Ursachen des Verbrauches und Ersatzes in der Art ändert oder stört, daß sich ihre Wirkung den Ursachen des Verbrauches hinzufügt, heißt Krankheits-Ursache; es entsteht Krankheit, wenn die Summe von Lebenskraft, welche alle Ursachen von Störungen aufzuheben strebt (wenn also der Widerstand der Lebenskraft), kleiner ist, als die einwirkende, störende Thätigkeit.

Tod heißt der Zustand, wo aller Widerstand der Lebenskraft völlig aufhört; so lange dieser Zustand nicht eintritt, äußern die belebten Körpertheile stets noch einen Widerstand.

In der Beobachtung zeigt sich die Wirkung einer Krankheitsursache in dem gestörten Verhältnisse zwischen dem, einem jeden Lebensalter zukommenden, Verbrauch und Ersatz. In der Heilkunde heißt Krankheit jeder abnorme Zustand des Ersatzes oder Verbrauchs, in allen Körpertheilen oder in einem einzelnen Körpertheil.

Es ist klar, daß eine und dieselbe Krankheitsursache auf den Organismus, je nach dem Lebensalter, eine höchst ungleiche Wirkung äußern muß, daß ein gewisses Maß von Störung, welche Krankheit in dem erwachsenen Zustande bewirkt, ohne Einfluß auf die Lebensäußerungen im Kindes- oder Greisenalter sein kann. Eine Krankheitsursache kann im Greisenalter, wenn sie sich der Wirkung der Ursache des Verbrauchs hinzufügt, den Tod bewirken (allen Widerstand der Lebenskraft vernichten), während sie im reifen Lebensalter nur ein Mißverhältniß im Verbrauch und Ersatz (Krankheit), und im Kindesalter nur ein Gleichgewichtsverhältniß zwischen Verbrauch und Ersatz, das ist, den abstracten Zustand von Gesundheit, hervorbringt.

Eine Krankheitsursache, welche die Ursache des Ersatzes verstärkt, entweder direct, oder insofern die Ursache des Verbrauchs in ihrer Wirkung dadurch geschwächt wird, hebt den relativ normalen Gesundheitszustand im Kindesalter und im reifen Alter auf, und setzt im Greisenalter Verbrauch und Ersatz in's Gleichgewicht.

Ein Kind erträgt, leicht gekleidet, Abkühlung durch hohe Kältegrade ohne Störung seiner Gesundheit, seine zu mechanischen Effekten verwendbare Kraft, so wie seine Temperatur nehmen mit dem durch Abkühlung sich einstellenden Stoffwechsel zu, während ein hoher Wärmegrad, welcher den Stoffwechsel hindert, einen krankhaften Zustand nach sich zieht.

Wir sehen im Gegensatze hierzu in den Hospitälern und in den wohlthätigen Anstalten (in Brüssel &c.), in welchen alte Leute ihre letzten Lebenstage zubringen, daß, wenn die Temperatur des Schlafraums (im Winter) zwei bis drei Grade unter die erwartete Temperatur fällt, daß durch diese schwache Abkühlung der Tod von den ältesten und an sich schwächsten Greisen und Greisinnen herbeigeführt wird; man findet sie in ihren Betten ruhig liegend ohne die geringsten Symptome von Krankheit oder anderen erkennbaren Ursachen des Todes.

Mangel an Widerstand eines belebten Körpertheils gegen die Ursachen des Verbrauchs ist, wie sich von selbst versteht, Mangel an Widerstand gegen die Einwirkung des atmosphärischen Sauerstoffs.

Wenn nun durch irgend eine Ursache der Störung in einem belebten Körpertheil dieser Widerstand abnimmt, so nimmt in gleichem Grade der Stoffwechsel zu.

Da nun die Bewegungserscheinungen in dem Thierkörper abhängig sind von dem Stoffwechsel, so folgt mit der Steigerung des Stoffwechsels in irgend einem Körpertheil, von selbst, eine Beschleunigung aller Bewegungen; je nach der Fortpflanzungsfähigkeit der Nerven vertheilt sich die verwendbare Kraft auf die Leiter der unwillkürlichen Bewegungen allein oder auf alle zusammengenommen.

Wird demnach in Folge einer krankhaften Umsetzung der belebten Körpertheile ein größeres Maß von Kraft erzeugt, als zur Hervorbringung der normalen Bewegung erforderlich ist, so zeigt sich dies in einer Beschleunigung aller oder einzelner, unwillkürlichen Bewegungen, so wie in einer höheren Temperatur des kranken Körpertheils.

Dieser Zustand heißt Fieber.

Bei einem Uebermaß von Krafterzeugung durch Stoffwechsel überträgt sich die Kraft (da sie nur durch Bewegung verzehrt werden kann), auf die Apparate der willkürlichen Bewegung.

Dieser Zustand heißt Fieberparoxysmus.

In Folge der durch den Fieberzustand beschleunigten Blutbewegung wird in einer gegebenen Zeit dem kranken Ort sowohl, wie allen anderen Orten, ein größeres Maß arterielles Blut und damit Sauerstoff hinzugeführt, und wenn die thätige Kraft an den gesunden Orten in ihrer Aeußerung sich gleich bleibt, so muß die ganze Wirkung des mehr hinzugeführten Sauerstoffs sich auf den kranken Ort allein erstrecken.

Je nachdem ein einzelnes Organ oder ein System von Organen, krank ist, erstreckt sich der Stoffwechsel auf einen einzelnen Ort, oder auf das ganze ergriffene System.

Entstehen an den kranken Orten in Folge des Stoffwechsels aus den Bestandtheilen des Gebildes oder Blutes neue Producte, welche die nächstliegenden Theile zu ihren eigenen vitalen Function nicht verwenden können, sind ihre Umgebungen unfähig, sie anderen Orten, wo sie eine Veränderung erfahren können, zuzuführen, so erleiden sie an dem Orte selbst, wo sie sich gebildet haben, einen der Verwesung, Fäulniß oder Gährung ähnlichen Umsetzungsproceß.

In gewissen Fällen beseitigt die Heilkunde diese Krankheitszustände, indem sie in der Nähe des kranken, oder an irgend einem andern passenden Ort, einen künstlichen Krankheitszustand (Blasenpflaster, Senfpflaster, Haarseil &c.) hervorbringt, indem sie an diesen Orten den Widerstand der Lebensthätigkeit durch künstliche Störungen vermindert; es gelingt dem Arzte, den ursprünglichen Krankheitszustand zu heben, wenn die hervorgebrachte Störung (der verringerte Widerstand) die zu besiegende Krankheitsstörung überwiegt.

Der raschere Stoffwechsel und die höhere Temperatur an dem kranken Orte zeigt, daß der Widerstand der Lebensthätigkeit an dem kranken Orte gegen den Sauerstoff schwächer ist, wie im gesunden Zustande, aber erst mit dem Tode hört er völlig auf. Durch die künstliche Verminderung des Widerstandes an einem andern Körpertheil wird der Widerstand des ursprünglich kranken Theils zwar direct nicht verstärkt, allein die chemische Action (die Ursache des Stoffwechsels) nimmt an dem kranken Körpertheil ab, indem sie einem andern Orte zugelenkt wird, wo es der Kunst des Arztes gelungen ist, einen noch geringern Widerstand gegen Stoffwechsel (gegen die Einwirkung des Sauerstoffs) hervorzubringen. Es tritt eine vollkommne Hebung der ursprünglichen Krankheit ein, wenn Widerstand und Einwirkung an dem kranken Körpertheil ins Gleichgewicht gebracht sind.

Es erfolgt Gesundheit, Wiederherstellung des kranken Körpertheils in seinem ursprünglichen Zustande, wenn es gelingt, die störende Action des Sauerstoffs durch irgend ein Mittel so weit zu schwächen, daß sie kleiner wird, als der Widerstand der unausgesetzt vorhandenen, wiewohl verminderten Lebensthätigkeit; denn dies ist die Bedingung der Zunahme an Masse im lebendigen Organismus überhaupt.

In Fällen anderer Art, wo die äußeren künstlichen Störungen ohne Wirkung sind, schlägt der praktische Arzt, um den Widerstand der Lebensthätigkeit zu erhöhen, andere indirecte Wege ein, auf welche die vollendetste Theorie, weder scharfsichtiger noch richtiger, hätte führen können; er vermindert nämlich durch Blutentziehung die Anzahl der Träger des Sauerstoffs und damit die Bedingung des Stoffwechsels; er schließt in der Speise alle Stoffe aus, welche die Fähigkeit besitzen, zu Blut zu werden; er giebt ausschließlich oder vorzugsweise nur stickstofffreie Nahrung, welche den Respirationsproceß unterhält, so wie Obst und Theile von Vegetabilien, welche die zu den Secreten nöthigen Alkalien enthalten.

Gelingt es ihm, die Einwirkung des Sauerstoffs im Blute auf den kranken Körpertheil so weit zu vermindern, daß die Lebensthätigkeit des letztern, sein Widerstand, die chemische Action nur etwas überwiegt, und geschieht dies, ohne den Functionen der anderen Organe eine Grenze zu setzen, so ist die Wiederherstellung gewiß.

Zu der in diesen Fällen mit Geschick und Beobachtungsgabe angewendeten Heilmethode fügt sich, man kann sagen zur Hülfe des kranken Körpertheils, die Lebenskraft der übrigen, nicht ergriffenen Theile hinzu, denn durch Blutentziehung, durch Ausschluß der zur Blutbildung nöthigen Speise, nimmt ja auch auf sie die äußere Ursache der Störung ab, welche ihre eigne Lebenskraft im Gleichgewicht erhielt; ihre eigne Thätigkeit erhält ein Uebergewicht; der Stoffwechsel nimmt zwar im ganzen Körper ab, und damit die Bewegungserscheinungen, allein die Summe aller Widerstände zusammengenommen nimmt zu in dem Grade, wie der auf sie in dem Blute einwirkende Sauerstoff sich vermindert. In dem Gefühl von Hunger gelangt gewissermaßen dieser Widerstand zum Bewußtsein, und die überwiegende Lebensthätigkeit zeigt sich bei vielen Verhungernden in einer abnormalen Zunahme oder einer abnormalen Umsetzung gewisser Theile von Organen. Mitleidenschaft heißt eine Uebertragung des geringern Widerstandes der Lebensthätigkeit von einem kranken Körpertheil nicht gerade auf die zunächstliegenden, sondern auf andere Organe, wenn die Functionen beider sich gegenseitig bedingen. Wenn die Verrichtungen des kranken Organs mit denen eines andern in Verbindung stehen, wenn das eine z. B. die Materien nicht mehr producirt, welche zur vitalen Function des andern gehören, so überträgt sich auf diese, wiewohl nur scheinbar, der Krankheitszustand.

Ueber die Natur und das Wesen der Lebenskraft kann man sich wohl keiner selbstgeschaffenen Täuschung hingeben, wenn man beachtet, daß sie sich in allen ihren Aeußerungen ganz ähnlich wie andere Naturkräfte verhält, daß sie ohne Bewußtsein, völlig willenlos, einem Blasenpflaster untergeordnet ist.

Die Nerven, welche die willkürlichen und unwillkürlichen Bewegungen im Thierkörper vermitteln, sind, nach dem Vorhergehenden, nicht die Erzeuger, sondern nur die Leiter der Lebenskraft; sie pflanzen die Bewegung fort und verhalten sich gegen andere Ursachen von Bewegungen, welche in ihren Aeußerungen der Lebenskraft ähnlich sind, gegen einen elektrischen Strom z. B. auf eine völlig gleiche Weise, sie gestatten ihm den Durchgang und bieten als Leiter der Elektricität alle Erscheinungen dar, welche ihnen als Leitern der Lebenskraft zukommen. Niemandem wird es wohl, nach dem gegenwärtigen Zustande unserer Kenntnisse, in den Sinn kommen, als die Ursache der Bewegungserscheinungen in dem Thierkörper die Elektricität anzusehen, allein die medicinischen Wirkungen der Elektricität, so wie die eines Magneten, der in Berührung mit dem Körper die Entstehung eines elektrischen Stromes vermittelt, können nicht geleugnet werden. Denn zu der vorhandenen Kraft der Bewegung und Störung addirt sich in dem elektrischen Strome eine neue Ursache von Bewegung, Form- und Beschaffenheitsänderung, deren Wirkungen nicht gleich Null gesetzt werden dürfen.

Auf eine höchst rationelle Weise wendet die praktische Medicin in manchen Krankheiten die Kälte als Mittel an, um den Stoffwechsel auf eine ungewöhnliche Weise zu steigern und zu beschleunigen. Dies geschieht namentlich bei gewissen krankhaften Zuständen der Substanz des Centrums der Bewegungsapparate, wenn eine glühende Hitze und ein rascher Strom von Blut nach dem Kopfe, eine abnormale Umsetzung des Gehirns erkennen lassen. Wenn dieser Zustand über eine gewisse Zeit hindurch dauert, so giebt die Erfahrung zu erkennen, daß alle Bewegungen im Thierkörper aufhören; wenn sich der Stoffwechsel auf das Gehirn vorzugsweise beschränkt, so nimmt der Stoffwechsel, die Krafterzeugung, in allen anderen Theilen ab; durch Umgebung dieses Körpertheils mit Eis wird die Temperatur herabgestimmt, allein die Ursache der Wärmeentwicklung dauert fort; der Widerstand der Lebensthätigkeit wird vermindert, die Umsetzung, die Entscheidung über den Ausgang der Krankheit, wird auf eine kürzere Zeitdauer beschränkt. Man darf nicht vergessen, daß das Eis schmilzt und Wärme aus dem kranken Körpertheil aufnimmt, daß mit der Entfernung des Eises, vor dem Verlauf der Umsetzung, die höhere Temperatur wieder sich einstellt, daß man durch Umgebung mit Eis weit mehr Wärme entzieht, als durch Umhüllung mit einem schlechten Wärmeleiter; es ist offenbar in der gleichen Zeit eine größere Menge Wärme frei geworden, was nur durch gesteigerte Zufuhr von Sauerstoff, der eine raschere Umsetzung bedingen mußte, möglich ist.

Ein nicht ganz unpassendes Bild für die Vorgänge im Thierkörper geben die sich selbst regulirenden Dampfmaschinen ab, an denen zur Hervorbringung einer gleichförmigen Bewegung der menschliche Geist den bewundernswürdigsten Scharfsinn bethätigt hat.

Jedermann weiß, daß in dem Rohre, was den Dampf zu dem Cylinder führt, in welchem ein Stempel in die Höhe gehoben werden soll, ein durchbrochener Hahn angebracht ist, durch dessen Oeffnung aller Dampf seinen Weg nehmen muß; durch eine mit dem Schwungrad in Verbindung stehende Vorrichtung öffnet sich dieser Hahn, wenn das Rad langsamer, es schließt sich mehr oder weniger, wenn es geschwinder geht, als zur gleichförmigen Bewegung erforderlich ist. Mit dem Oeffnen des Hahns strömt mehr Dampf zu (mehr Kraft), die Bewegung der Maschine wird beschleunigt; mit dem Schließen des Hahns wird der hinzuströmende Dampf mehr oder weniger abgeschlossen, die Kraft, welche auf den Stempel wirkt, nimmt ab, die Spannung des Dampfes im Kessel nimmt zu; sie wird zu einer spätern Verwendung aufgespart. Die Spannung des Dampfes, die Kraft, wenn man will, wird hervorgebracht durch Stoffwechsel, durch Verbrennung von Kohlen unter dem Heerde der Maschine. Die Kraft steigt (die Menge des entwickelten Dampfes und seine Spannung nehmen zu) mit der Temperatur des Heerdes, welche abhängig ist von Zufuhr an Kohlen und Luft. Es finden sich an diesen Maschinen andere Vorrichtungen, welche beide zu reguliren bestimmt sind. Steigt die Spannung des Dampfes im Kessel, so schließen sich die Luftzüge, die Verbrennung wird verlangsamt, die Zufuhr an Kraft (an Dampf) vermindert; geht die Maschine langsamer, so strömt ihr mehr Dampf zu, die Luftzüge öffnen sich und die Ursache der Wärmeentwicklung (Krafterzeugung) nimmt zu, eine letzte Vorrichtung wirft dem Heerde ohne Unterlaß Kohlen zu.

Wenn wir nun an irgend einer Stelle des Dampfkessels die Temperatur erniedrigen, so nimmt seine Spannung ab; dies giebt sich sogleich an den Regulatoren der Kraft zu erkennen, die nun ganz die Functionen verrichten, wie wenn wir eine gewisse Quantität Dampf (Kraft) aus dem Kessel hätten heraustreten lassen; der Dampfregulator, die Luftzüge öffnen sich, die Maschine wirft sich selbst eine größere Menge Kohlen zu.

Ganz ähnlich wie in diesen Maschinen, verhält es sich im Thierkörper hinsichtlich der Wärme und Krafterzeugung. Mit der Abnahme der äußern

Temperatur verstärken sich die Athembewegungen, es wird Sauerstoff häufiger und in verdichteterem Zustande zugeführt, der Stoffwechsel erhöht sich, es muß mehr Nahrungsstoff zugeführt werden, wenn die Temperatur nicht wechseln soll.

Es bedarf wohl keiner Erinnerung, daß ein gespannter Dampf in dem Thierkörper, so wenig wie ein elektrischer, Strom, als die Ursache der Krafterzeugung angesehen werden kann.

Aus der in dem Obigen entwickelten Theorie der Krankheit ergiebt sich von selbst, daß ein ausgebildeter Krankheitszustand in einem Körpertheil durch die chemische Action eines Arzneimittels nicht zum Verschwinden gebracht werden kann.

Einem abnormalen Umsetzungsproceß kann durch Arzneimittel eine Grenze gesetzt werden, er kann beschleunigt oder verlangsamt werden, allein damit ist der Normal- (Gesundheits-) Zustand nicht zurückgekehrt.

Die Kunst des Arztes besteht in der Kenntniß der Mittel, die ihm gestatten, einen Einfluß auf den Verlauf der Krankheit auszuüben, und in der Beseitigung und Entfernung aller störenden Ursachen, deren Wirkung sich der Wirkung der Krankheitsursache hinzufügt.

Eine jede Theorie bringt nur durch die richtige Anwendung ihrer Principien einen wirklichen Nutzen. Eine und dieselbe Heilmethode kann dem einen Individuum die Gesundheit wiedergeben, während sie, auf ein anderes angewandt, den sichern Tod nach sich zieht. So hat in gewissen, entzündlichen Krankheiten, bei muskelreichen Personen, die antiphlogistische Behandlung ihren entschiedenen Werth, während Blutentziehung bei anderen von nachtheiligen Folgen begleitet ist. Das belebende Blut bleibt immer die wichtigste Bedingung zur Wiederherstellung eines aufgehobenen Gleichgewichts-Zustandes, welche stets an den Gewinn von Zeit geknüpft ist; es muß als die letzte und wichtigste Ursache eines dauernden, vitalen Widerstandes der kranken sowohl, wie der nicht ergriffenen Körpertheile angesehen und im Auge behalten werden.

Es ist ferner klar, daß in allen Krankheiten, wo das Fieber die Bildung von Ansteckungsstoffen und Exenthemen begleitet, zwei Krankheitszustände sich neben einander vollenden, und daß das Blut (Fieber) als der Träger des Stoffs (Sauerstoffs), ohne dessen Mitwirkung die krankhaften Erzeugnisse nicht unschädlich gemacht, zerstört und aus dem Körper entfernt werden können, reaktionell als Heilmittel auftritt, durch dessen Mitwirkung zuletzt eine Ausgleichung bewirkt wird.

Theorie der Respiration.

Bei dem Durchgang des venösen Blutes durch die Lunge ändern die Blutkörperchen ihre Farbe, mit diesem Farbewechsel beobachten wir, daß Sauerstoff aus der Luft aufgenommen, daß für jedes Volumen Sauerstoff in den meisten Fällen, ein ihm gleiches Volumen Kohlensäure abgeschieden wird.

Die Blutkörperchen enthalten eine Eisenverbindung, kein anderer Bestandtheil der lebendigen Körpertheile enthält Eisen.

Welche Art von Veränderung auch die übrigen Bestandtheile des Blutes in der Lunge erleiden mögen, gewiß ist, daß die Blutkörperchen des venösen Blutes einen Farbewechsel erfahren, welcher abhängig ist von der Einwirkung des Sauerstoffs.

Wir sehen nun, daß die Blutkörperchen des arteriellen Blutes in den weiten Kanälen ihre Farbe bewahren, daß sie sie erst bei dem Durchgange durch die Capillargefäße verlieren. Alle Bestandtheile des venösen Blutes, welche die Fähigkeit hatten sich mit Sauerstoff zu verbinden, nehmen in der Lunge einen entsprechenden Theil davon auf; Versuche mit Serum zeigen, daß es mit reinem Sauerstoff in Berührung dessen Volumen nicht merklich ändert. Venöses Blut mit Sauerstoff in Berührung röthet sich unter Absorption des Sauerstoffs; es wird hierbei eine entsprechende Menge Kohlensäure gebildet.

Es ist klar, der Farbewechsel der Blutkörperchen hängt von der Verbindung von irgend einem ihrer Bestandtheile mit dem Sauerstoff ab, und mit dieser Sauerstoffaufnahme tritt eine gewisse Quantität Kohlensäure aus.

Von dem Serum scheidet sich diese Kohlensäure nicht ab, denn es besitzt nicht die Fähigkeit, bei Berührung mit Sauerstoff Kohlensäure abzugeben; das Blut von den Blutkörperchen getrennt (das Serum) absorbirt sein halbes bis gleiches Volumen Kohlensäure (siehe den Artikel Blut in dem Handwörterbuche der Chemie von Poggendorff, Wöhler und Liebig, Seite 877), es ist bei gewöhnlicher Temperatur nicht mit Kohlensäure gesättigt.

Das arterielle Blut geht, von dem Thiere genommen, unausgesetzt einer Veränderung entgegen, seine hochrothe Farbe wird schwarzroth; das hochrothe Blut, was seine Farbe den Blutkörperchen verdankt, wird schwarzroth durch Kohlensäure; diese Farbeänderung trifft die Blutkörperchen; es absorbirt eine Menge Gase, welche sich in der Blutflüssigkeit (ohne Blutkörperchen) nicht lösen; es ist klar, die Blutkörperchen haben das Vermögen, sich mit Gasen zu verbinden.

Die Blutkörperchen ändern ihre Farbe in verschiedenen Gasen; dieser Wechsel kann von zwei Ursachen, einer Verbindung oder einer Zersetzung herrühren.

Durch Schwefelwasserstoff werden sie schwarzgrün und zuletzt schwarz, die ursprüngliche rothe Farbe kann durch Contact mit Sauerstoffgas nicht wieder hervorgebracht werden; es ist offenbar hier eine Zersetzung vor sich gegangen.

Die durch Kohlensäure schwarzroth gewordenen Blutkörperchen werden beim Contact mit Sauerstoff unter Abscheidung von Kohlensäure wieder hochroth, ähnlich verhalten sie sich gegen Stickoxydulgas; es ist klar, daß sie keine Zersetzung erfahren hatten; sie besitzen also die Fähigkeit, eine Verbindung mit Gasen einzugehen, ihre Verbindung mit Kohlensäure wird durch Sauerstoff wieder aufgehoben; sich selbst überlassen, wird außerhalb des Thierkörpers die Sauerstoffverbindung wieder schwarzroth, ohne durch Sauerstoff wieder hochroth zu werden.

Die Blutkörperchen enthalten eine Eisenverbindung.

Aus dem nie fehlenden Eisengehalt des rothen Blutes muß geschlossen werden, daß er unbedingt für das animalische Leben nothwendig sei, und seitdem die Physiologie bewiesen hat, daß die Blutkörperchen an dem Ernährungsprocesse keinen Antheil nehmen, kann es keinem Zweifel unterliegen, daß sie in dem Respirationsproceß eine Rolle übernehmen.

Die Eisenverbindung in den Blutkörperchen verhält sich wie eine Sauerstoffverbindung, denn durch Schwefelwasserstoff wird sie ganz auf dieselbe Weise zerlegt, wie die Eisenoxyde oder die ihnen ähnlichen Eisenverbindungen. Durch verdünnte Mineralsäuren läßt sich aus frischem oder getrocknetem Blutroth Eisenoxyd, bei gewöhnlicher Temperatur ausziehen.

Das Verhalten der Eisenverbindungen giebt vielleicht Aufschluß über die Rolle, welche das Eisen in dem Respirationsprocesse spielt; kein einziges Metall kann in Beziehung auf merkwürdige Eigenschaften mit den Eisenverbindungen verglichen werden.

Die Eisenoxydulverbindungen besitzen das Vermögen anderen Sauerstoffverbindungen Sauerstoff zu entziehen; die Eisenoxydverbindungen geben Sauerstoff unter anderen Bedingungen mit der allergrößten Leichtigkeit wieder ab.

Eisenoxydhydrat in Berührung mit schwefelfreien organischen Materien verwandelt sich in kohlensaures Eisenoxydul.

Kohlensaures Eisenoxydul in Berührung mit Wasser und Sauerstoff wird zersetzt, alle Kohlensäure, die es enthält, entweicht; durch Aufnahme von Sauerstoff verwandelt es sich in Eisenoxydhydrat, was durch reducirende Materien wieder zurückführbar ist in eine Eisenoxydulverbindung.

Aber nicht bloß die Sauerstoffverbindungen des Eisens, sondern auch die Cyanverbindungen zeigen ein ähnliches Verhalten. In dem Berlinerblau haben wir Eisen in Verbindung mit allen organischen Bestandtheilen des Thierkörpers: Wasserstoff und Sauerstoff (Wasser), Kohlenstoff und Stickstoff (Cyan).

Dem Lichte ausgesetzt, entweicht Cyan, es wird weiß, im Dunkeln zieht es Sauerstoff an und wird wieder blau.

Alle diese Beobachtungen zusammengenommen führen zu der Meinung, daß die Blutkörperchen des arteriellen Blutes eine mit Sauerstoff gesättigte Eisenverbindung enthalten, welche im lebendigen Blute beim Durchgang durch die Capillargefäße ihren Sauerstoff verliert; dasselbe geschieht, wenn das Blut vom Körper genommen sich zu zersetzen anfängt (zu faulen beginnt); die an Sauerstoff reiche Verbindung geht also durch Sauerstoffabgabe (Reduction) in eine sauerstoffarme Verbindung über. Eins der Oxydationsproducte, welches hierbei gebildet wird, ist Kohlensäure. Die Eisenverbindung des venösen Bluts besitzt die Fähigkeit, sich mit Kohlensäure zu verbinden; es ist klar, daß die Blutkörperchen des arteriellen Blutes, wenn sie nach Abgabe von einem Theile ihres Sauerstoffs Kohlensäure vorfinden, sich mit dieser Kohlensäure verbinden werden.

In der Lunge angelangt werden sie den verlornen Sauerstoff wieder aufnehmen, für jedes Volumen Sauerstoff wird eine entsprechende Menge Kohlensäure wieder austreten, sie werden in ihren ursprünglichen Zustand wieder zurückkehren, d. h. das Vermögen wieder erhalten, Sauerstoff abzugeben.

Für jedes Volum Sauerstoff, was die Blutkörperchen abzugeben vermögen, wird (da die Kohlensäure ihr gleiches Volum Sauerstoff ohne Condensation enthält) nicht mehr und nicht weniger als ein Volumen kohlensaures Gas gebildet werden können; für jedes Volumen Sauerstoff, was sie aufzunehmen fähig sind, kann nicht mehr Kohlensäure abgeschieden werden, als überhaupt aus diesem Volum Sauerstoff erzeugbar ist.

Wenn ein kohlensaures Eisenoxydul durch Aufnahme von Sauerstoff in Eisenoxyd übergeht, so werden für jedes Volum Sauerstoff, was zum Uebergang in Eisenoxyd gehört, vier Volumina Kohlensäure abgeschieden.

Für ein Volumen Sauerstoff kann sich aber nur ein Volumen Kohlensäure bilden, es kann also auch nicht mehr abgeschieden werden; die ihres Sauerstoffs beraubte Verbindung muß aber die Fähigkeit haben, noch Kohlensäure aufzunehmen, und wir sehen in der That, daß das Blut in keinem Zustande des Lebens mit Kohlensäure gesättigt ist, daß es zu der Kohlensäure, die es schon enthält, noch eine Menge Kohlensäure aufzunehmen vermag, ohne daß damit die Function der Blutkörperchen gestört erscheint. (Nach dem Trinken von moussirenden Weinen, Bier, Mineralwasser muß nothwendig mehr Kohlensäure ausgeathmet werden.) In allen Fällen, wo der Sauerstoff der Blutkörperchen nicht zur Bildung von Kohlensäure gedient hat, wird stets nur eine der erzeugten Kohlensäure entsprechende Menge ausgeathmet werden können; bei Genuß von Fett und Wein jedenfalls weniger, wie nach dem Genuß von Champagner.

Nach der so eben entwickelten Vorstellung geben die Blutkörperchen des arteriellen Blutes, bei ihrem Durchgang durch die Capillargefäße, Sauerstoff an gewisse Bestandtheile des Thierkörpers ab. Ein kleiner Theil dieses Sauerstoffs dient zur Hervorbringung des Stoffwechsels und bedingt das Austreten belebter Körpertheile, so wie die Bildung und Erzeugung der Secrete, der größte Theil dieses Sauerstoffs wird zur Verwandlung der, den belebten Körpertheilen nicht mehr angehörenden Substanzen, in Sauerstoffverbindungen verwendet.

Auf ihrem Wege nach dem Herzen hin, verbinden sich die Blutkörperchen, welche ihren Sauerstoff abgegeben haben, mit Kohlensäuregas zu venösem Blut, in der Lunge angelangt, findet ein Austausch statt.

Die organische Eisenverbindung des venösen Blutes nimmt in der Lunge und der Luft den verlornen Sauerstoff wieder auf, und in Folge dieser Sauerstoffaufnahme scheidet sich alle damit verbundene Kohlensäure wieder ab.

Alle in dem venösen Blute vorhandenen Materien, welche Verwandtschaft zum Sauerstoff besitzen, verwandeln sich in der Lunge, ähnlich wie die Blutkörperchen, in höhere Sauerstoffverbindungen, es entsteht eine gewisse Quantität Kohlensäure, von der stets ein Theil in der Blutflüssigkeit gelös't bleibt.

Die Quantität der gelös'ten (oder der an Natron gebundenen) Kohlensäure muß in beiden Blutarten, da sie einerlei Temperatur besitzen, gleich sein, allein das arterielle Blut muß, sich selbst überlassen, nach kurzer Zeit eine größere Menge Kohlensäure enthalten, wie das venöse, weil der aufgenommene Sauerstoff zur Bildung von Kohlensäure verwendet wird.

In dem Organismus des Thieres finden mithin zwei Oxydationsprocesse statt, der eine in der Lunge, der andere in den Capillargefäßen. Durch den erstern wird, trotz der starken Abkühlung und gesteigerten Verdunstung, die constante Temperatur der Lunge, durch den andern die constante Temperatur in den übrigen Körpertheilen hervorgebracht.

Ein Mensch, welcher täglich 27,8 Loth Kohlenstoff in der Form von Kohlensäure ausathmet, verzehrt in 24 Stunden 74 Loth Sauerstoff (64 Loth = 1 Kilogramm), welche den Raum von 807 Litres = 51648 hessische Kubikzoll (64 = 1 Litre) einnehmen.

Rechnet man auf die Minute 18 Athemzüge, so haben wir in 24 Stunden 25920 Athemzüge und bei jedem Athemzug werden demnach 5164825920 = 1,99 Kubikzoll Sauerstoff in das Blut aufgenommen.

In einer Minute treten 18 × 1,99 = 35,8 Kubikzoll Sauerstoff zu den Bestandtheilen des Blutes, welche bei gewöhnlicher Temperatur etwas weniger wie 12 Gran (802,8 Milligramm) wiegen.

Nehmen wir nun an, daß in einer Minute 10 Pfund Blut (5 Kilogramm) (Müller, Physiologie Bd I. S. 345) durch die Lunge gehen und diese den Raum von 320 Kubikzoll einnehmen, so verbindet sich 1 Kubikzoll Sauerstoff sehr nahe mit 9 Kubikzoll Blut.

Nach den Untersuchungen von Denis, Richardson, Nasse (Handwörterbuch der Physiologie Bd. I. S. 138) enthalten 10000 Blut 8 Theile Eisenoxyd. 76800 Gran (10 Pfd.) Blut enthalten demnach 61,54 Gran Eisenoxyd im arteriellen oder 55,14 Eisenoxydul im venösen Blut.

Nehmen wir nun an, das Eisen in den Blutkörperchen des venösen Blutes sei als Eisenoxydul, das im arteriellen Blut als Eisenoxyd enthalten, so nehmen 55,14 Gran Eisenoxydul bei ihrem Durchgang durch die Lunge in einer Minute 6,40 Gran Sauerstoff auf; da nun in dieser Zeit im Ganzen von 10 Pfund Blut 12 Gran Sauerstoff aufgenommen werden, so treten von diesen 12 Gran, 5,6 Gran an die anderen Bestandtheile des Blutes.

55,14 Gran Eisenoxydul verbinden sich nun mit 34,8 Gran Kohlensäure, welche den Raum von 73 Kubikzoll einnehmen. Es ist deshalb klar, daß die in dem Blute vorhandene Menge Eisen, als Eisenoxydul gedacht, hinreicht, um den Träger der doppelten Menge Kohlensäure abzugeben, welche überhaupt auf Kosten alles in der Lunge aufgenommenen Sauerstoffs erzeugbar ist.

Die eben entwickelte Hypothese stützt sich auf die bekannten Beobachtungen und zwar erklärt sie den Respirationsproceß, soweit er von den Blutkörperchen abhängig ist, vollkommen, sie schließt die Meinung nicht aus, daß auch auf anderen Wegen Kohlensäure in die Lunge gelangen, daß gewisse andere Bestandtheile des Bluts zur Bildung von Kohlensäure in der Lunge Veranlassung geben können; allein alles dies steht in keiner Beziehung zu dem vitalen Proceß, durch welchen in allen Theilchen des Körpers die zu seinem Bestehen nöthige Wärme erzeugt wird. Dies allein kann aber vorläufig nur als ein würdiger Gegenstand der Untersuchung betrachtet werden; warum dunkelrothes Blut durch Salpeter, Kochsalz &c. hellroth wird, ist eine nicht uninteressante Frage, die aber mit dem Athmungsproceß in keinem Zusammenhange steht.

Die furchtbare Wirkung des Schwefelwasserstoffs; der Blausäure, welche beim Einathmen in wenigen Secunden allen Bewegungserscheinungen im Thierkörper eine Grenze setzen, erklären sich aus den bekannten Veränderungen, welche alle Eisenverbindungen bei Gegenwart von Alkalien, die im Blute nicht fehlen, durch diese Stoffe erleiden, auf eine ungezwungene Weise.

Denken wir uns, daß die Blutkörperchen ihre Fähigkeit verlieren, Sauerstoff aufzunehmen, diesen Sauerstoff wieder abzugeben und die gebildete Kohlensäure fortzuführen, so wird ein solcher hypothetischer Krankheitszustand augenblicklich an der Temperatur und den Bewegungserscheinungen im Thierkörper erkennbar sein. Es wird nämlich kein Stoffwechsel stattfinden, ohne daß damit die Bewegungen selbst eine unmittelbare Grenze finden.

Die Leiter der Kraft werden den Eingeweiden, dem Herzen, nach wie vor, die zu ihren Functionen nöthige Kraft zuführen, sie werden sie von dem Muskularsystem erhalten, ohne aber daß aus diesen ein Bestandtheil austritt; Galle- und Harnsecretion können nicht stattfinden; die Temperatur des Körpers muß abnehmen.

Dem Ernährungsproceß wird durch diesen Zustand eine Grenze gesetzt und in kürzerer oder längerer Zeit muß der Tod eintreten, ohne, was hier das Wichtigste ist, von Fiebererscheinungen begleitet zu sein.

Dieses Beispiel soll dazu dienen, um Veranlassung zu einer Untersuchung des Bluts in Krankheitszuständen ähnlicher Art, zu geben, denn es kann nicht dem geringsten Zweifel unterliegen, daß die Rolle, welche den Blutkörperchen zugeschrieben worden ist, als vollkommen ausgemittelt und aufgeklärt betrachtet werden kann, wenn sich in solchen Zuständen eine Abweichung in der Form, Beschaffenheit und dem Verhalten der Blutkörperchen ergiebt, die durch geeignete Reagentien erkennbar sein muß.

Wenn die Kraft, welche die Lebenserscheinungen bedingt, als eine Eigenschaft gewisser Materien angesehen wird, so führt diese Vorstellung von selbst auf eine neue und schärfere Betrachtungsweise gewisser räthselhafter Erscheinungen, welche die nämlichen Substanzen in Zuständen darbieten, wo sie keine Bestandtheile belebter Organismen mehr ausmachen.

Analytische Belege
zu
dem chemischen Proceß
der
Respiration und Ernährung
so wie
zu dem chemischen Proceß
der
Umsetzung der Gebilde.

Die Noten correspondiren mit den in den Abschnitten im Texte aufgeführten Nummern.

Alle mit * bezeichneten Zahlenresultate der Analysen sind in dem chemischen Laboratorium in Gießen ausgeführt.

Anhang.

Seite 1. Einleitung zu den Analysen.

Erklärung der Formeln.

Die frühere Darstellung der Verschiedenheit in der Zusammensetzung der Stoffe, die Angabe des Gehaltes in ihren Bestandtheilen nach Procenten, ist von den Chemikern längst verlassen, weil sie keine Einsicht in die Beziehungen gestattet, welche zwischen zwei und mehr Verbindungen stattfinden. Um hiervon einige Beispiele zu geben, soll die Zusammensetzung der Essigsäure und des Aldehyds, des Bittermandelöls und der Benzoesäure hier erwähnt werden.

	Essig-säure	Alde-hyd*	Benzoe-säure*	Bitter-mandel-öl*
Kohlenstoff	40,00	55,024	69,25	79,56

Wasserstoff	6,67	8,983	4,86	5,56
Sauerstoff	53,33	35,993	25,89	14,88

Aldehyd verwandelt sich nun in Essigsäure, Bittermandelöl in Benzoesäure durch Aufnahme von Sauerstoff, ohne daß sich an ihren Elementen sonst irgend etwas ändert. In den bloßen Zahlenverhältnissen läßt sich diese Beziehung nicht erkennen, drücken wir aber die Zusammensetzung beider in einer Formel aus, so fällt der Zusammenhang zwischen diesen Materien auch demjenigen in die Augen, welcher von der Chemie nichts weiß, als daß der Buchstabe C ein Aequivalent Kohlenstoff, H 1 Aeq. Wasserstoff, N 1 Aeq. Stickstoff und O 1 Aeq. Sauerstoff bedeutet.

Formel		Formel	
I		I	
der Essigsäure	des Aldehyds	der Benzoesäure	des Bittermandelöls
$C_4H_8O_4$	$C_4H_8O_2$	$C_{14}H_{12}O_4$	$C_{14}H_{12}O_2$

Diese Formeln sind genaue Ausdrücke der Analysen, die, man kann es sich so denken, sich auf eine unveränderliche Kohlenstoffquantität beziehen; sie zeigen, daß Essigsäure und Aldehyd, Benzoesäure und Bittermandelöl nur in dem Sauerstoffgehalt von einander abweichen, daß sie von den übrigen Elementen einerlei Verhältnisse enthalten. Das Verständniß der folgenden Formeln ist nicht minder einfach.

Cyamelid	1 At. Cyanursäure	3 At. Cyansäurehydrat
$C_6N_6H_6O_6$	$Cy_6(= C_6N_6)O_3 + 3H_2O$ =	$3(Cy_2O + H_2O)$ =
	= Summa $C_6N_6H_6O_6$	= Summa $C_6N_6H_6O_6$

Die erste Formel ist eine sogenannte empirische Formel, in der man wohl das relative Verhältniß der Elemente genau kennt, aber nicht die Ordnung, in welcher sie zusammengetreten sind. Die zweite Formel drückt aus, daß 6 At. Cyan oder 6 At. Stickstoff und 6 At. Kohlenstoff zu einem zusammengesetzten Atom sich vereinigt haben, das mit 3 At. Sauerstoff und 3 At. Wasser Cyanursäurehydrat gebildet hat; die letzte drückt aus die Art und Weise der Ordnung der Atome in dem Cyansäurehydrat, dreimal genommen; dieselbe Anzahl von Elementen, wie in der Cyanursäure ist zu 3 Atomen Cyansäurehydrat zusammengetreten. Wie man verfährt, um die procentische Zusammensetzung eines Körpers in einer Formel auszudrücken, gehört nicht hierher; es soll nur erwähnt werden, wie man verfahren muß, um aus einer jeden Formel rückwärts die procentische Zusammensetzung zu finden. Für diesen Zweck muß man beachten, daß der Buchstabe C in einer chemischen Formel ein Gewicht von 76,437 Kohlenstoff (nach den neuesten Bestimmungen 75,8 oder 75, eine Abweichung, welche auf die angeführten Formeln, da sie alle nach der Zahl 76,437 berechnet sind, ohne den geringsten Einfluß ist) bedeutet, der Buchstabe H ein Gewicht von 6,239 Wasserstoff, der Buchstabe N = 88,52 Stickstoff, und zuletzt der Buchstabe O, ein Gewicht von 100 Sauerstoff.

Die Formel des Proteins $C_{48}N_{12}H_{72}O_{14}$ drückt also aus:

48 mal	76,437	= 3668,88	Kohlenstoff
12 „	88,52	= 1062,24	Stickstoff
72 „	6,239	= 449,26	Wasserstoff
14 „	100,00	= 1400,00	Sauerstoff
in Summa das Gewicht von		6580,38	Protein.

							in 100 Theilen
In 6580,38	Theilen	Protein	sind	enthalten	3668,88	Kohlenstoff	55,742
In 6580,38	„	„	„	„	1062,24	Stickstoff	16,143
In 6580,38	„	„	„	„	449,26	Wasserstoff	6,827
In 6580,38	„	„	„	„	1400,00	Sauerstoff	21,288
							100,000

Note 1. Seite 13.

Sauerstoffverbrauch des erwachsenen Mannes.

Ein erwachsener Mann

I

nach	verbraucht in 24 Stunden an Sauerstoffgas		erzeugt in 24 Stunden an kohlensaurem Gas		im kohlens. Gas enthaltener Kohlenstoff	
	W. Zoll	Gran	W. Zoll	Gran	Gran	
Lavoisier u. Seguin	46037	15661	14930	8584	2820	franz.
Menzies	51480	17625				engl.
Davy	45504	15751	31680	17811	4853	engl.
Allen u. Pepys	39600	13464	39600	18612	5148	engl.

(Aus L. Gmelins Handbuch der theor. Chemie.)

Note 2. Seite 14.

Zusammensetzung des Bluts: (Siehe Note 29.)

	in 100 Theilen	in 4,8 Pfd. = 36864 Gran
Kohlenstoff	51,96	19154,5
Wasserstoff	7,25	2672,7
Stickstoff	15,07	5555,4
Sauerstoff	21,30	7852,0
Asche	4,42	1629,4
	100,000	36864,0

Gran			Gran		
19154,5	Kohlenstoff	bildet mit	50539,5	Sauerstoff	Kohlensäure
2672,7	Wasserstoff	„ „	21415,8	„	Wasser

Summa = 71955,3 Sauerstoff

Hiervon ab vorhandener Sauerstoff = 7852,0

bleiben 64103,3 Gran

Sauerstoff, welche zur vollständigen Verbrennung von 4,8 Pfd. Blut erforderlich sind.

In obiger Rechnung ist angenommen worden, daß 24 Pfd. Blut 4,8 Pfd. trocknen Rückstand (80 pCt.) hinterlassen.

Note 3. Seite 14.

Bestimmung der Menge des ausgeathmeten Kohlenstoffs.

Faeces:

2,356 trockene Faeces hinterließen 0,320 Asche (13,58 pCt.).

0,352 Faeces gaben 0,576 Kohlensäure und 0,218 Wasser.

Linsen:

0,566 bei 100° getrocknete Linsen gaben 0,910 Kohlensäure und 0,336 Wasser.

Erbsen:

1,060 hinterließen 0,037 Asche

0,416 gaben 0,642 Kohlensäure und 0,241 Wasser.

Kartoffeln:

0,443 trockene Kartoffeln gaben 0,704 Kohlensäure und 0,248 Wasser.

Schwarzbrod:

0,302	trocknes Schwarzbrod	gaben	0,496 Kohlensäure	und	0,175 Wasser
0,241	„ „	„	0,393 „	„	0,142 „

Zusammensetzung

der Faeces	des Schwarzbrods	der Kartoffeln	(des Fleisches s. Note 29.)

	Playfair*	Boeck	mann*	Boussin-gault	Boeck-mann*
Kohlenstoff	45,24	45,09	45,41	44,1	43,944
Wasserstoff	6,88	6,54	6,45	5,8	6,222
Stickstoff - Sauerstoff	34,73	35,12	34,89	45,1	44,919
Asche	13,15	3,25	3,25	5,0	4,915
	100,00	100,00	100,00	100,0	100,000
Wasser	300,				
	400,00				

	Erbsen Playfair*	Linsen Playfair*	Bohnen Playfair*
Kohlenstoff	35,743	37,38	38,24
Wasserstoff	5,401	5,54	5,84
Stickstoff - Sauerstoff	39,366	37,98	38,10
Asche	3,490	3,20	3,71
Wasser	16,000	15,90	14,11
	100,000	100,000	100,000

	Frisches Fleisch		Kartoffeln		Schwarzbrod, einen Tag alt	
	Boeckmann*		Boussin-gault	Boeck-mann*	Boeckmann*	
	I		I		I	
Wasser	75	74,8	72,2	73,2	33	31,418

Trockne Substanz	25	25,2	27,8	26,8	67	68,582
	100	100,0	100,0	100,0	100	100,000

Berechnung des von einem erwachsenen Menschen ausgeathmeten Kohlenstoffs.

Fleisch. Das fettlose Muskelfleisch, zu 74 Wasser und 26 pCt. fester Substanz angenommen, enthält in 100 Theilen 13,6 Kohlenstoff. Das gewöhnliche Fleisch enthält Muskelfleisch, Zellgewebe und Fett. Die beiden letzteren machen im Durchschnitt 1/7 vom Gewicht des im Fleischladen erkauften Fleisches aus. Die Anzahl der verzehrten Lothe (64 Loth = 1 Kilogramm) beträgt 8896, welche bestehen aus:

7625	Loth	fettloses Muskelfleisch	enthalten	Kohlenstoff	1037 Loth
1271	„	Zellgewebe mit Fett	„	„	898 „
				in Summe Kohlenstoff	1935 Loth

Mit den Knochen enthält das gekaufte Fleisch 29 pCt. feste Substanz, und 278 Pfd. Fleisch 28 Pfd. trockne Knochen, sie sind nicht in Rechnung genommen, obwohl sie beim Kochen 8-10 pCt. Leimsubstanz verlieren, welche mit als Nahrung genossen wird.

Fett. Es sind verzehrt worden 112 Loth Fett, welche zu 80 pCt. Kohlenstoff in Summa 89,6 Loth Kohlenstoff enthalten.

Kohlenstoffgehalt der verzehrten Linsen, Bohnen und Erbsen.

Es sind verzehrt worden 107 Loth Linsen, 436 Loth Bohnen und 371 Loth Erbsen, im Ganzen 914 Loth; bei einem Gehalte von 37 pCt. Kohlenstoff sind verzehrt worden 338,2 Loth Kohlenstoff.

Kartoffeln. 100 Theile frische Kartoffeln enthalten 12,2 Kohlenstoff; in den verzehrten 31752 Loth sind enthalten 3873,7 Kohlenstoff.

Brod. 855 Mann essen täglich 855 × 64 Loth, dazu noch 36 Pfd. Suppenbrod macht zusammen 55872 Loth. 100 Loth frisches Brod enthalten durchschnittlich 30,15 Loth Kohlenstoff, es sind mithin im Brod verzehrt worden 17543 Loth Kohlenstoff.

Im Ganzen sind verzehrt worden:

im Fleisch	1935	Loth Kohlenstoff

Fett	89,6	„	„
Bohnen, Erbsen, Linsen	338,2	„	„
Kartoffeln	3873,7	„	„
Brod	17543,0	„	„
von 855 Mann	23779,5	Loth Kohlenstoff	
von 1 Mann	27,8	Loth Kohlenstoff	

Die Faeces eines Soldaten wiegen 11 Loth (5½ Unze); sie enthalten mit ihrem ganzen Wassergehalt 11 pCt. Kohlenstoff; für 86 Kreuzer Gemüse, Weißkraut, Kohlrabi, Gelberüben &c. erhält man durchschnittlich 172 Pfd.; 25 Maas Sauerkraut wiegen 100 Pfd. Für 48½ Kreuzer Zwiebeln, Lauch, Sellerie erhält man auf dem Markte durchschnittlich 24¼ Pfd. Dem Gewicht nach haben 855 Mann Soldaten verzehrt:

an grünem Gemüse	5604	Loth
an Sauerkraut	3200	„
an Zwiebeln &c.	776	„
	9580	Loth
ein Mann täglich	11,2	Loth

Der Kohlenstoffgehalt des verzehrten Gemüses ist gleich dem Kohlenstoffgehalt der Faeces angenommen. Wurst, Branntwein, Bier, überhaupt was im Wirthshaus verzehrt worden, nicht gerechnet.

Die Zahlen, welche den vorhergehenden Berechnungen zu Grunde gelegt wurden, sind durchschnittlich dem Verbrauch von 855 Mann casernirter Soldaten entnommen, deren Speisen (Brod, Kartoffeln, Fleisch, Linsen, Erbsen, Bohnen &c.) während eines Monats bis auf Pfeffer, Salz und Butter, mit der größten Genauigkeit gewogen und jedes einzelne der Elementaranalyse unterworfen worden war (siehe Tabelle). Eine Ausnahme hiervon machten drei Gardisten, welche außer dem vorschriftsmäßigen Brodquantum (2 Pfd. täglich) in jeder Löhnungsperiode ½ Laib = 2½ Pfd. mehr bekamen und ein Tambour, der ½ Laib übrig behielt. Nach einem annähernden Ueberschlage des Feldwebels verzehrt jeder Soldat täglich durchschnittlich 6 Loth Wurst, 1½ Loth Butter, ½ Schoppen (¼ Litr.) Bier und 1/10 Schoppen Branntwein, deren Kohlenstoffgehalt mehr als das Doppelte beträgt, von dem Kohlenstoffgehalt der Faeces und des Urins zusammengenommen. Die Faeces betragen bei einem Soldaten durchschnittlich 11 Loth, sie enthalten 75 pCt. Wasser und der trockne Rückstand 45,24 pCt. Kohlenstoff und 13,15 pCt. Asche. 100 Theile frische Faeces enthalten hiernach 11,31 Kohlenstoff, sehr nahe so viel als ein gleiches Gewicht frisches Fleisch. In obiger Rechnung ist der Kohlenstoff der Faeces und der des Urins gleichgesetzt worden dem Kohlenstoffgehalt der frischen Gemüse und der anderen Speisen, welche im Wirthshause verzehrt wurden.

Großherzogl. Leib-Compagnie.

Uebersicht der im Monate November 1840 für die Menage obiger Compagnie verbrauchten Victualien.

1840. November. In der Periode vom	Es haben gegessen	Ochsenfleisch	Schweinefleisch	Kartoffeln	Erbsen	Bohnen	Linsen	Sauerkraut	Gemüse	Brod	Salz	Zwiebeln und Grünes	Pfeffer	Fett	Essig
	Mann	℔	℔	Kümpfe	Gescheid	Gescheid	Gescheid	Maaß	kr.	℔	℔	kr.	kr.	Loth.	Schoppen
1 - 5	139	36	9	12	1½	1	—	5	6	5	4½	8	2½	26⅔	—
6 - 10	145	37	9	13½	—	—	—	4	35	7½	5	6½	2½	21⅓	—
11 - 15	136	36	9	12½	—	1	—	4	21	7½	4½	7	2	16	—
16 - 20	136	37	9	14½	1	1	—	4	6	6	4½	8½	3½	26⅔	—
21 - 25	147	39	Bratwurst 7½	14	—	—	1	—	18	7½	5½	11	2½	10⅔	1½
26 - 30	152	30	19½	14½	1	1	—	8	—	2½	4	7½	2½	10⅔	—
Summa	855	215	63	81	3½	4	1	25	86	36	28	48½	15½	112	1½
Im Durchschnitt essen daher täglich 28½ Mann und es erhält ein Mann monatlich		$7\frac{31}{57}$ ℔	$2\frac{12}{57}$ ℔	$2\frac{48}{57}$	$\frac{7}{57}$	$\frac{8}{57}$	$\frac{2}{57}$	$\frac{50}{57}$	$3\frac{1}{57}$	$1\frac{15}{57}$	$\frac{56}{57}$	$1\frac{40}{57}$	$\frac{31}{57}$	$3\frac{159}{171}$	$\frac{3}{57}$
täglich		$8\frac{8}{171}$ Lth.	$2\frac{306}{855}$ Lth.	$\frac{81}{855}$	$\frac{87}{1710}$	$\frac{4}{855}$	$\frac{1}{855}$	$\frac{5}{171}$	$\frac{86}{855}$	$\frac{36}{855}$	$\frac{29}{855}$	$\frac{97}{1710}$	$\frac{31}{1710}$	$\frac{112}{855}$	$\frac{3}{1710}$
		$10\frac{346}{855}$ Loth täglich													

1840. November. In der Periode vom	Es haben gegessen	Ochsenfleisch	Schweinefleisch	Kartoffeln	Erbsen	Bohnen	Linsen
	Mann	℔	℔	Kümpfe	Gescheid	Gescheid	Gescheid
1 - 5	139	36	9	12	1½	1	—
6 - 10	145	37	9	13½	—	—	—
11 - 15	136	36	9	12½	—	1	—
16 - 20	136	37	9	14½	1	1	—
21 - 25	147	39	Bratwurst 7½	14	—	—	1
26 - 30	152	30	19½	14½	1	1	—
Summa	855	215	63	81	3½	4	1
Im Durchschnitt essen daher täglich 28½ Mann und es erhält ein Mann – monatlich		7 31/57 ℔	2 12/57 ℔	2 48/57	7/57	8/57	2/57
täglich		8 8/171 Lth.	2 306/855 Lth.	81/855	87/1710	4/855	1/855
		10 346/855 Loth täglich					

1840. November. In der Periode vom	Es haben gegessen	Sauerkraut	Gemüse	Brod	Salz	Zwiebeln und Grünes	Pfeffer	Fett	Essig
	Mann	Maaß	kr.	℔	℔	kr.	kr.	Loth.	Schoppen
1 - 5	139	5	6	5	4½	8	2½	26⅔	—
6 - 10	145	4	35	7½	5	6½	2½	21⅓	—
11 - 15	136	4	21	7½	4½	7	2	16	—
16 - 20	136	4	6	6	4½	8½	3½	26⅔	—

21 - 25	147	—	18	$7\frac{1}{2}$	$5\frac{1}{2}$	11	$2\frac{1}{2}$	$10\frac{2}{3}$	$1\frac{1}{2}$
26 - 30	152	8	—	$2\frac{1}{2}$	4	$7\frac{1}{2}$	$2\frac{1}{2}$	$10\frac{2}{3}$	—
Summa	855	25	86	36	28	$48\frac{1}{2}$	$15\frac{1}{2}$	112	$1\frac{1}{2}$
Im Durchschnitt essen daher täglich $28\frac{1}{2}$ Mann und es erhält ein Mann	monatlich	$\frac{50}{57}$	$3\frac{1}{57}$	$1\frac{15}{57}$	$\frac{56}{57}$	$1\frac{40}{57}$	$\frac{31}{57}$	$3\frac{159}{171}$	$\frac{3}{57}$
	täglich	$\frac{5}{171}$	$\frac{86}{855}$	$\frac{36}{855}$	$\frac{29}{855}$	$\frac{97}{1710}$	$\frac{31}{1710}$	$\frac{112}{855}$	$\frac{3}{1710}$

1	Gescheid	Bohnen	wiegt	3	℔	15	Loth
1	„	Linsen	„	3	„	11	„
1	„	Erbsen	„	3	„	10	„
1	Kumpf Kartoffeln		„	12	„	8	„

Note 4. Seite 15.

Nahrungsmittel eines Pferdes,
in 24 Stunden verzehrt.

Nahrungsmittel.	Gewicht im feuchten Zustande.	Gewicht im trockenen Zustande.	Kohlenstoff.	Wasserstoff.	Sauerstoff.	Stickstoff.	Salze und Erden.
Heu	7500	6465	2961,0	323,2	2502,0	97,0	581,8

Hafer	2270	1927	977,0	123,3	707,2	42,4	77,1
Wasser	16000	—	—	—	—	—	13,3
Summa	25770	8392	3938,0	446,5	3209,2	139,4	672,2

Producte eines Pferdes
in 24 Stunden[F15].

Producte.	Gewicht im		Kohlenstoff.	Wasserstoff.	Sauerstoff.	Stickstoff.	Salze und Erden.
	feuchten	trockenen					
	Zustande.						
Harn	1330	302	108,7	11,5	34,1	37,8	109,9
Excremente	14250	3525	1364,4	179,8	1328,9	77,6	574,6
Summa	15580	3827	1472,9	191,3	1363,0	115,4	684,5
Totalgewichte des ersten Theils dieser Tafel	25770	8392	3938,0	446,5	3209,2	139,4	672,2
Differenz	10190	4565	2465,1	255,2	1846,2	24,0	12,3
Richtung der Differenz	-	-	-	-	-	-	+

[15] Ann. de Chim. et de phys. T. LXX. p. 136.

Nahrungsmittel einer Kuh,
in 24 Stunden verzehrt.

Nahrungsmittel.	Gewicht im		Kohlenstoff.	Wasserstoff.	Sauerstoff.	Stickstoff.	Salze und erdige Materien.
	feuchten	trockenen					
	Zustande.						
Kartoffel	15000	4170	1839,0	241,9	1830,6	50,0	208,5
Grummet	7500	6315	2974,4	353,6	2204,0	151,5	631,5
Wasser	60000	—	—	—	—	—	50,0

Summa	82500	10485	4813,4	595,5	4034,6	201,5	889,0

Producte einer Kuh
in 24 Stunden[F16].

Nahrungs-mittel.	Gewicht im feuchten Zustande.	Gewicht im trockenen Zustande.	Kohlen-stoff.	Wasser-stoff.	Sauer-stoff.	Stick-stoff.	Salze und erdige Materien.
Excremente	28413	4000,0	1712,0	208,0	1508,0	92,0	480,0
Harn	8200	960,8	261,4	25,0	253,7	36,5	384,2
Milch	8539	1150,6	628,2	99,0	321,0	46,0	56,4
Summa	45152	6111,4	2601,6	332,0	2082,7	174,5	920,6
Totalgewichte des ersten Theils dieser Tafel	82500	10485,0	4813,4	595,5	4034,6	201,5	889,0
Differenz	37348	4374,6	2211,8	263,5	1951,9	27,0	31,6
Richtung der Differenz	-	-	-	-	-	-	+

[16] Ann. de Chim. et de phys. T. LXX. p. 136.

Note 5. Seite 20.

Temperatur und Bewegung des Bluts.

ist bei der	Nach Prevost und Dumas: die mittlere Temperatur		die Anzahl der Pulsschläge in der Minute	die Anzahl der Athemzüge in der Minute
			I	
Taube	42°	C	136	34
Huhn	41,5		140	30

Ente	42,5		170	21
Rabe	42,5		110	21
Lerche	44,0		200	22
Simia Callitriche	35,5		90	30
Meerschwein	38,0		140	36
Hund	37,4		90	28
Katze	38,5		100	24
Ziege	39,2		84	24
Hase	38,0		120	36
Pferd	36,8		56	16
Mensch	37,0		72	18
Mensch Mann (J. L.)	36,5	*	65	17
Mensch Weib (J. L.)	36,8	*	60	15

Temperatur des Kindes 39°.

Die Wärme des Menschen beträgt in den inneren Theilen, welche zunächst zugänglich sind, wie Mund, Mastdarm 29,20-29,60° R. = 36,50-37° C. Die Wärme des Blutes (Magendie) 30,5-31° R. = 38,1-38,7° C. Als mittlere Temperatur ist p. 20 37,5° C. angenommen.

Note 6. Seite 37.

Die Gefangenen in dem Arresthaus in Gießen erhalten täglich 1½ Pfd. Brod (48 Loth), welche 14½ Loth Kohlenstoff enthalten. Sie erhalten ferner 1 Pfd. Suppe und in je zwei Tagen 1 Pfd. Kartoffeln.

1 ½ Pfund	Brod	enthalten	14,5	Loth	Kohlenstoff
1 „	Suppe	„	1,5	„	„
½ „	Kartoffeln	„	2,00	„	„
			17,00	Loth	Kohlenstoff

Note 7. Seite 43.

Zusammensetzung des Blut-Fibrins und -Albumins[F17].

Albumin aus Blutserum Fibrin

	Scherer*			Scherer*		Mulder
	I			I		
	I.	II.	III.	I.	II.	III.
Kohlenstoff	53,850	55,461	55,097	53,671	54,454	54,56
Wasserstoff	6,983	7,201	6,880	6,878	7,069	6,90
Stickstoff	15,673	15,673	15,681	15,763	15,762	15,72
Sauerstoff						
Schwefel	- 23,494	21,655	22,342	23,688	22,715	22,82
Phosphor						

Die weiteren Analysen des Thier-Albumins und Fibrins siehe in der Note 28 S. 319, so wie auch die Analysen der Organe oder ihrer Theile.

[17] Annal. der Chemie u. Pharm. Bd. XXVIII. S. 74 u. Bd. XL. S. 33 u. 36.

Note 8. Seite 49.

Zusammensetzung des Pflanzen-Fibrins, -Albumins, -Caseins und -Leims.

Pflanzenfibrin

									Roher Kleber a. Weizenmehl			
	Scherer[F18]*						Jones[F19]*		Marcet[F20]		Boussingault	
	I											
	I.		II.		III.							
Kohlenstoff	53	,064	54	,603	54	,617	53	,83	55	,7	53	,5
Wasserstoff	7	,132	7	,302	7	,491	7	,02	14	,5	15	,0
Stickstoff	15	,359	15	,810	15	,809	15	,58	7	,8	7	,0

Sauerstoff												
Schwefel	-	24	,445	22	,285	22	,083	23	,56	22	,0	24	,5
Phosphor												

[18] Ann. d. Chem. u. Pharm. Bd. XL. S. 7.

[19] Ebendaselbst. S. 65.

[20] L. Gmelin's th. Chem. Bd. II. S. 1092.

Pflanzenalbumin[F21]

	a. Roggen	a. Weizen	a. Pflanzen-leim	a. Mandeln
	Jones*		Varrentrapp u. Will*	Jones*
Kohlenstoff	54,74	55,01	54,85	57,03
Wasserstoff	7,77	7,23	6,96	7,53
Stickstoff	15,85	15,92	15,88	13,45
Sauerstoff				
Schwefel -	21,64	21,84	22,39	21,96
Phosphor				

[21] Ann. der Chem. u. Pharm. Bd. XL. S. 66. u. Bd. XXXIX. S. 291.

	Boussingault.	Varrentrapp u. Will.*
Kohlenstoff	52,7	—
Wasserstoff	6,9	—
Stickstoff	18,4	15,70
Sauerstoff	22,0	—

Pflanzencasein[F22]

	Scherer*	Jones*	schwefelsaures Caseinkali Varrentrapp u. Will*	
			I	
Kohlenstoff	54,138	55,05	51,41	51,24
Wasserstoff	7,156	7,59	7,83	6,77
Stickstoff	15,672	15,89	14,48	13,23
Sauerstoff u. s. w.	23,034	21,47	—	—

[22] Ann. der Chem. u. Pharm. Bd. XXXIX. S. 291 und Bd. XL. S. 8 u. 67.

	Pflanzenleim Jones[F23]*	Boussingault	
		I	
		I.	II.
Kohlenstoff	55,22	54,2	52,3
Wasserstoff	7,42	7,5	6,5
Stickstoff	15,98	13,9	18,9
Sauerstoff u. s. w.	21,38	24,4	22,3

[23] Ann. d. Chem. u. Pharm. Bd. XL. S. 66.

Note 9. Seite 53.

Zusammensetzung des Thier-Caseins.

Scherer[F24]*

	a. frisch. Milch	a. saur. Milch	a. Milch m. Essigs.	Zieger

	I.	II.	III.	IV.	V.
Kohlenstoff	54,825	54,721	54,665	54,580	54,507
Wasserstoff	7,153	7,239	7,465	7,352	6,913
Stickstoff	15,628	15,724	15,724	15,696	15,670
Sauerstoff Schwefel	- 22,394	22,316	22,146	22,372	22,910

[24] Annal. d. Chem. n. Pharm. Bd. XL. S. 40 u. s. f.

	Mulder[F25]
Kohlenstoff	54,96
Wasserstoff	7,15
Stickstoff	15,80
Sauerstoff	21,73
Schwefel	0,36

[25] Die Analyse des Pflanzencaseins siehe in der vorhergehenden Note.

Note 10. Seite 66.

Gehalt der festen Excremente an in Alkohol löslichen Bestandtheilen (Will*).

18,3 Grm. bei 100° getrocknete Pferdexcremente verloren durch Behandlung mit Alkohol 0,995 am Gewichte, der trockne Rückstand besaß die Beschaffenheit von ausgekochten Sägespänen.

14,98 Grm. trockner Kuhexcremente verloren durch die nämliche Behandlung 0,625 Grm.

Note 11. S. 72.

Zusammensetzung des Amylons[F26].

Strecker*

I

	berechnet $C_{12}H_{20}O_{10}$	aus Erbsen	Linsen	Bohnen	Heide-korn
Kohlenstoff	44,91	44,33	44,46	44,16	44,23
Wasserstoff	6,11	6,57	6,54	6,69	6,40
Sauerstoff	48,98	49,09	49,00	49,15	49,37

Strecker*

I

	aus Mais	Roß-kastanien	Weizen	Roggen
Kohlenstoff	44,27	44,44	44,26	44,16
Wasserstoff	6,67	6,47	6,70	6,64
Sauerstoff	49,06	49,08	49,04	49,20

Strecker*

I

	aus Reis	Dahlien-wurzel	unreif. Aepfeln	unreif. Birnen
Kohlenstoff	44,69	44,13	44,10	44,14
Wasserstoff	6,36	6,56	6,57	6,75

	aus Kartoffeln		a. Pfeil-wurzeln	a. Yams-wurzeln
Sauerstoff	48,95	49,31	49,33	49,11

	Berzelius u. Thénard	Gay-Lussac	Prout	Ortigosa*
Kohlenstoff	44,250	43,55	44,40	44,2
Wasserstoff	6,674	6,77	6,18	6,5
Sauerstoff	49,076	49,68	49,42	49,3

[26] Die in den Analysen von Strecker und Ortigosa verwendete Stärke wurde in dem Laboratorium zu Gießen aus den Samen, Knollen und Früchten dargestellt.

Note 12. Seite 72.

Zusammensetzung des Trauben- (Stärke-)zuckers.

	a. Trauben[F27]	a. Stärke[F28]	a. Honig[F29]	berechn. $C_{12}H_{28}O_{14}$
	Saussure		Prout	
Kohlenstoff	36,71	37,29	36,36	36,80
Wasserstoff	6,78	6,84	7,09	7,01
Sauerstoff	56,51	55,87	56,55	56,19

[27] Ann. de Chim. Bd. XI. S. 381.

[28] Ann. of Philosoph. T. VI. p. 426.

[29] Philos. Transact. 1827 p. 373.

Note 13. Seite 73.

Zusammensetzung des Milchzuckers.

	Gay-L. u. Thén.	Prout	Brunn.	Berzelius	J. L.*	berechnet $C_{12}H_{24}O_{12}$
Kohlenstoff	38,825	40,00	40,437	39,474	40,00	40,46
Wasserstoff	7,341	6,66	6,711	7,167	6,73	6,61
Sauerstoff	53,834	53,34	52,852	53,359	53,27	52,93

Note 14. Seite 74.

Zusammensetzung des Gummis.

	Gay-Luss. u. Thén.	Goebel	Berzelius	berechnet $C_{12}H_{22}O_{11}$
Kohlenstoff	42,23	42,2	42,682	42,58
Wasserstoff	6,93	6,6	6,374	6,37
Sauerstoff	50,84	15,2	50,944	51,05

Note 15. Seite 76.

Analyse des Hafers nach Boussingault[F30].

100 Theile Hafer enthalten trockne Substanz	84,9
Wasser	17,1
	100,0

100 Theile trockner Hafer = 117,7 lufttrocknem enthalten:

Kohlenstoff	50,7
Wasserstoff	6,4
Sauerstoff	36,7
Stickstoff	2,2
Asche	4,0
	100,0
	17,7 Wasser

lufttrockner Hafer 117,7 in 100 Theilen 1,867 Stickstoff.

[30] Ann. de Chim. et de Phys. T. LXXI. p. 130.

Analyse des Heu's[F31].

100 Theile Heu enthalten lufttrocken	86 trockne Substanz
	14 Wasser
	100

100 Th. bei 100° getrocknetes Heu = 116,2 lufttrocknes Heu enthalten:

Kohlenstoff	45,8
Wasserstoff	5,0
Sauerstoff	38,7
Stickstoff	1,5
Asche	9,0
	100,0
Hierzu	16,2 Wasser
	116,2 lufttrocknes Heu.

100,0 lufttrocknes Heu enthalten 1,29 Stickstoff

480 Loth	Heu	lufttrocken	= 15 Pfund	enthalten	6,19	Loth Stickstoff
144 „	Hafer	„	= 4½ „	„	2,68	„ „
				Zusammen	8,87	Loth Stickstoff.

[31] Ann. de Chim. et de Phys. T. LXXI. p. 129.

Note 16. Seite 78.

Kohlenstoffgehalt des Fleisches und Amylons.

100 Loth Amylon enthalten 44 Loth Kohlenstoff, 128 Loth (4 Pfund) enthalten 56,32 Loth Kohlenstoff.

100 Loth	frisches	Fleisch	enthalten 13,6 Loth Kohlenstoff (siehe Note 3)
480	„	„	„ (15 Pfund) mithin 55,28 Loth.

Note 17. Seite 85.

Zusammensetzung des

	Schweine-schmalzes	Hammels-talges	Menschen-fettes[F32]
		Chevreul	
Kohlenstoff	79,098	78,996	79,000
Wasserstoff	11,146	11,700	11,416
Sauerstoff	9,756	9,304	9,584

[32] Recherch. chim. sur les corps gras. Paris 1823.

Note 18. Seite 85.

Zusammensetzung

des Rohrzuckers nach den Analysen

von

	Berze-ius	Prout	W. Crum	Liebig*	Gay-L. u. Thén.	berechnet $C_{20}H_{22}O_{11}$
Kohlenstoff	42,225	42,86	42,14	42,301	42,47	42,58
Wasserstoff	6,600	6,35	6,42	6,384	6,90	6,37
Sauerstoff	51,175	50,79	51,44	51,315	50,63	51,05

Die Zusammensetzung des Gummis und der Stärke siehe Note 14 u. 11.

Note 19. Seite 86.

Zusammensetzung des Cholsterins.

	Chevreul[F33]	Couerbe[F34]	Marchand	berechnet $C_{36}H_{64}O$
Kohlenstoff	85,095	84,895	84,90	84,641
Wasserstoff	11,880	12,099	12,00	12,282
Sauerstoff	3,025	3,006	3,10	3,077

[33] Recherch. sur les corps gras. p. 185.

[34] Ann. de Chim. et de Phys. T. LVI. p. 164.

Note 20. Seite 88.

Die Entstehung des Wachses aus Zucker[F35].

Sobald die Bienen ihren Magen oder die sogenannte Honigblase mit Honig angefüllt haben, und diesen nicht ablegen können, geht derselbe in Menge nach und nach in den Darmkanal, wird hier verdauet, der größte Theil davon als Excremente ausgeschieden und der andere in die Säfte der Bienen übergeführt. Durch diesen großen Zufluß von Säften bildet sich ein Fett, welches auf den vorn erwähnten acht Fleckchen, die sich an den untern 4 Schuppen der Bauchringel befinden, als eine flüssige Masse hervorquillt und bald als Wachsblättchen erhärtet; während, wenn die Biene den Honig ablegen kann, nur so viel in den Darmkanal übergeht, als zur Ernährung derselben nöthig ist. Die Honigblase der Bienen braucht kaum 40 Stunden mit Honig angefüllt zu sein, um auf den 8 Fleckchen, 8 Wachsblättchen vollkommen zur Reife zu bringen, so daß diese abfallen. Ich machte den Versuch und gab Bienen, die ich am Ende des Monats September mit ihrer Königin in ein Kästchen setzte, statt Honig aufgelös'ten Candiszucker. Es bildeten sich auch davon Wachsblättchen; aber sie wollten nicht recht abspringen, sondern die weiter ausquellende Masse blieb an den oberen Wachsblättchen bei den meisten Bienen hängen, so daß die Blättchen so dick wurden, als es sonst viere zusammen sind. Die Schuppen der Bienen wurden dadurch ganz in die Höhe gehoben, und die Blättchen ragten hervor. Beim Nachsehen fand ich, daß diese dicken Blättchen, welche unter der Lupe mehrere Lamellen zeigten, nach dem Kopfe der Biene hin von oben nach unten, und nach der Schwanzspitze hin von unten nach oben eine schiefe Fläche hatten. Es war also das sich zuerst gebildete Blättchen durch das nächstfolgende, und weil da, wo die Schuppen an der Fugenhaut festsitzen, kein Raum für 2 Blättchen vorhanden ist, etwas abgeschoben worden, und so war es denn auch mit dem dritten Blättchen gegangen, wodurch die schiefen Flächen an den Seiten der Blättchen nach vorn und hinten entstanden waren. Ich habe hieraus recht deutlich ersehen, daß die

Wachsblättchen durch die nächstfolgend sich bildenden Blättchen abgeschoben werden. Der Zuckersaft war von den Bienen auch in Wachs zersetzt worden; allein es scheint doch, daß die Bildung irgend eine Unvollkommenheit erlitten hatte, indem die reifen Wachsblättchen sich nicht ablös'ten, sondern an den nächstfolgenden hängen blieben. Zum Wachsausschwitzen bedürfen die Bienen keines Blumenstaubes, sondern nur Honig. Ich habe schon im October Bienen in ein leeres Kästchen gebracht und ihnen Honig untergesetzt, und sie bauten bald Waben, obschon das Wetter so war, daß sie gar nicht fliegen konnten. Ich kann deßhalb gar nicht glauben, daß der Blumenstaub eine Nahrung für die Bienen abgebe, sondern ich glaube, daß sie ihn nur verschlucken, um mit Honig und Wasser vermischt, den Nahrungssaft für die Maden daraus zu bereiten. Die Bienen verhungern auch oft noch im April, wenn ihr Honigvorrath aufgezehrt ist, und sie Blumenstaub in Menge, aber keinen Honig eintragen können. Sie reißen in der Noth die Nymphen aus den Zellen und zernagen diese, um durch den süßen Saft, den sie in diesen finden, sich das Leben zu fristen. Werden sie aber in dieser Lage nicht gefüttert, oder tritt nicht alsbald Nahrung auf dem Felde ein, so sterben sie in wenigen Tagen. Wäre nun aber der Blumenstaub eine wirkliche Nahrung für die Bienen, so müßten sie doch wohl von diesem, mit Wasser vermischt, sich ihr Leben fristen können.

[35] Aus Ferdinand Wilhelm Gundlach's Naturgeschichte der Bienen, S. 15. ff. Cassel 1842 bei Bohne. — Wir kennen keinen schöneren und überzeugenderen Beweis der Fettbildung aus Zucker, als den folgenden, aus der Beobachtung entnommenen, Proceß der Wachsbildung bei den Bienen.

Die Bienen bauen nie Waben, wenn sie nicht eine Königin haben, oder nicht mit Brut versehen sind, aus welcher sie sich eine Königin erziehen können. Sperrt man aber Bienen ohne Königin in ein Kästchen und füttert sie mit Honig, so sieht man, daß sie nach 48 Stunden Wachsblättchen auf den Schuppen haben, und daß deren auch schon einige abgefallen sind. Das Wabenbauen ist also etwas Willkürliches und an gewisse Bedingungen geknüpft; das Wachsausschwitzen aber etwas Unwillkürliches.

Man sollte glauben, daß eine große Menge dieser Wachsblättchen verloren gingen, da sie ja den Bienen eben so gut außer dem Stocke als in demselben abfallen könnten; allein der Schöpfer hat weise dafür gesorgt, daß solche nicht verloren gehen. Stellt man den Bienen, welche im Bauen begriffen sind, Honig in einem flachen Gefäße unter und bedeckt diesen, damit die Bienen nicht in den Honig einsinken, mit einem durchlöcherten Papier, so sieht man am andern Morgen, daß der Honig aufgetragen ist, und daß auf dem Papier eine große Menge Wachsblättchen liegen. Man sollte wohl glauben, daß die Bienen, welche den Honig aufgetragen haben, diese Blättchen hätten fallen lassen; allein es ist nicht so. Legt man über das

Honiggefäß zwei dünne Stäbchen und auf diese ein Brett, welches das Gefäß von allen Seiten überragt, so also, daß die Bienen unter dem Brette durchkriechen und den Honig holen können, aber nichts von oben aus dem Stocke auf den Honig fallen kann, so findet man am andern Morgen den Honig aufgetragen, aber keine Wachsblättchen auf dem Papier liegen; wohl aber liegen deren auf dem das Gefäß überragenden Brettchen. Die Bienen, welche den Honig holen, lassen also keine Blättchen fallen, sondern es thun dieses nur die Bienen, welche oben im Stocke hängen. Wiederholte Versuche dieser Art haben mich überzeugt, daß die Bienen, sobald ihre Wachsblättchen zum Abfallen reif sind, sich in den Stock zurückziehen und der Ruhe pflegen, eben so wie die Raupen es thun, wenn sie sich häuten wollen. Bei einem Schwarme, der stark baut, sieht man Tausende von Bienen, welche ganz unthätig oben im Stocke hängen; es sind dies lauter Bienen, deren Wachsblättchen zum Abfallen reif sind; haben sie sich abgelöset, so erwacht wieder die Thätigkeit der Biene, und ihre Stelle wird nun von einer andern zu gleichem Zwecke eingenommen.

Seite 28. derselben Schrift.

Um zu ermitteln, wie viel Honig die Bienen zur Erzeugung des Wachses nöthig haben, und wie oft, bei einem im Bauen begriffenen Schwarme, die Wachsblättchen ihre Reife erhalten und abfallen, machte ich folgenden, wie ich glaube, nicht uninteressanten Versuch.

Am 29sten August d. J., zu einer Zeit, wo hier kein Honig mehr für die Bienen auf dem Felde zu finden war, trieb ich einen kleinen Bienenstock ab, that die Bienen in einen kleinen, aus Holz angefertigten, Bienenkasten, suchte aber vorher die Königin aus und sperrte diese in eine mit Drahtgitter versehene Büchse, welche ich in das Stopfenloch des Bienenkastens einfügte, damit keine Brut in die Zellen kommen konnte, und stellte sodann, um die Bienen genau beobachten zu können, dieses Stöckchen in ein Fenster auf meinen Boden. Des Nachmittags um 6 Uhr gab ich den Bienen 12 Loth aus zugespundeten Zellen ausgelaufenen Honig, der also ganz die Consistenz des fertigen Honigs hatte. Dieser war am andern Morgen von den Bienen aufgeleckt. Am 30sten August des Abends gab ich den Bienen wieder 12 Loth, der am andern Morgen ebenfalls aufgeleckt war; es lagen aber auch schon einige Wachsblättchen auf dem durchlöcherten Papiere, womit ich den Honig bedeckt hatte. Am 31sten August und 1sten September erhielten die Bienen des Abends 20 Loth und am 3ten September des Abends 14 Loth; in Summa also 1 Pfund 26 Loth Honig, der aus Zellen, welche die Bienen schon zugespundet hatten, kalt ausgelaufen war. Am 5ten September betäubte ich die Bienen, indem ich sie durch Bovist herabfallen ließ. Ich zählte solche, und fand 2765 Bienen; sie wogen 20 Loth. Nun wog ich das Kästchen, dessen darin befindliche Waben sehr mit Honig angefüllt, jedoch die Zellen noch nicht bedeckelt waren, bemerkte mir das Gewicht und ließ nun von einem starken Stocke den Honig auftragen, was in ein Paar Stunden geschehen war. Ich wog jetzt das Kästchen wieder und fand, daß es 24 Loth leichter geworden war; folglich hatten die Bienen 24 Loth Honig von dem ihnen gegebenen 1 Pfund 26 Loth noch im Stocke gehabt. Nun brach ich die kleinen Waben aus und fand, daß sie 1¼ Loth wogen. Ich ließ die Bienen in einem andern Kästchen erwachen, welches mit leeren Waben versehen war, und fütterte sie mit ganz ähnlichem Honig. In den ersten paar Tagen verloren sie täglich über 2 Loth an Gewicht, nachher aber jeden Tag 1 Loth, was daher kam, daß der Darmkanal der Bienen in Folge der Verdauung des vielen Honigs voll von Excrementen war, denn 1170 Bienen wiegen im Herbste, wenn sie noch nicht lange eingesessen haben, 8 Loth; mithin müßten 2765 Bienen etwa 18 Loth wiegen. Sie wogen aber 20 Loth und hatten deßhalb 2 Loth Excremente bei sich, denn ihre Honigblasen waren leer. Des Nachts verminderte sich das Gewicht des Stöckchens gar nicht, weil der wenige Honig, den die Bienen im Stöckchen hatten, und weil derselbe schon die nöthige Consistenz erlangt hatte, keinen merkbaren Verlust des Gewichts durch das Verdunsten erlitt und die Bienen keine Excremente von sich geben konnten; daher geschah die Verminderung des Gewichts nur jedesmal von des Morgens bis zum Abend. Hatten nun die Bienen in den 7 Tagen 7 Loth Honig zur Ernährung ihres Körpers bedurft, so hatten sie zur Bildung von 1¼ Loth Wachs 27 Loth Honig verbraucht, und mithin sind zur Bildung eines Pfundes Wachses an 20 Pfund Honig nöthig. Daher kommt es auch, daß die stärksten Schwärme bei der ergiebigsten Honigerndte, wo andere Stöcke, die nicht zu bauen brauchen, oft in einem Tage 3-4 Pfunde zunehmen, fast gar nicht schwerer werden, obschon ihre Thätigkeit ohne Grenzen ist; es wird alles Gewonnene zu Wachs verwendet. Es ist dieses ein Wink für die Bienenhalter, den Wachsbau einzuschränken. Cnauf empfahl dieses schon, obgleich ihm das eigentliche Verhältniß unbekannt war. Von einem Loth Wachs können die Bienen so viel Zellen bauen, daß sie darin 1 Pfund Honig aufbewahren können.

100 Wachsblättchen wiegen 0,024 Gramm, folglich gehen auf ein Kilogramm 4,166,666 Wachsblättchen, 50 Kilogramm sind gleich 106 Pfund Cöllnisch Gewicht, 1 Pfund gleich 32 Loth. Es gehen daher auf 1¼ Loth 81,367 Wachsblättchen. Diese waren von 2765 Bienen in 6 Tagen ausgeschwitzt worden; es kommen daher auf jede Biene in 24 Stunden 5 Blättchen, und mithin bedarf die Biene zur Bildung ihrer 8 Blättchen etwa 38 Stunden; was auch mit meinen Beobachtungen sehr genau übereinstimmt. Die ausgeschwitzten Wachsblättchen sind vollkommen so weiß, als gut gebleichtes Wachs. Auch die Waben sind anfänglich ganz weiß, sie werden aber durch den Honig und besonders durch den Blumenstaub gelb gefärbt. Sowie es anfängt kalt zu werden, ziehen sich die Bienen in dem Stocke unter dem Honig zusammen und zehren nun von ihrem Vorrathe.

S. 54. Viele glauben, die Bienen hätten einen Winterschlaf; allein dieses ist ganz falsch. Die Bienen sind den ganzen Winter über munter; es bleibt immer warm in ihrem Stocke, durch die Wärme, welche sie selbst entwickeln. Je mehr Bienen in einem Stocke sind, desto mehr Wärme wird entwickelt, und deßhalb können starke Stöcke der heftigsten Kälte trotzen. Ich hatte den Fall, daß ich vergessen hatte, einem Stocke, welchem ich im Juli zur Verminderung der Hitze ein durchlöchertes Blech auf das sehr weite Stopfenloch geheftet hatte, dieses im Herbste abzunehmen; und obschon der Winter ungemein heftig war, und die Kälte mehrere Tage über -18° betrug, kam dieser Stock doch sehr gut durch den Winter; ich hatte aber im Herbste zu diesem Stocke das Volk von 2 anderen Stöcken gethan! Wird die Kälte sehr heftig, so fangen die Bienen an zu brausen; dadurch wird der Respirationsproceß erhöht, und die Wärmeentwicklung vermehrt. Sperrt man im Sommer Bienen ohne Königin in einen Glaskasten, so werden diese unruhig und fangen an zu brausen; dadurch entwickelt sich eine solche Hitze, daß die Glasscheiben ganz heiß werden. Oeffnet man in diesem Falle nicht das Flugloch, oder sucht den Bienen mehr Luft zu verschaffen, und durch Wasser die Glasscheiben abzukühlen, so ersticken die Bienen bald.

Zusammensetzung des Bienenwachses.

	Gay-L. u. Thén.[F36]	Saussure[F37]	Opperm.[F38]*	Ettl.[F39]*	Heß[F40]	berechnet $C_{20}H_{40}O$
Kohlenstoff	81,784	81,607	81,291	81,15	81,52	81,38
Wasserstoff	12,672	13,859	14,073	13,75	13,23	13,28
Sauerstoff	5,544	4,534	4,636	5,09	5,25	5,34

[36] Traité de Chim. par Thénard, 6me éd. IV. p. 477.

[37] Ann. de Chim. et de Phys. T. XIII. p. 310.

[38] Ibid. T. XLIX. p. 224.

[39] Annal. der Pharm. Bd. II. S. 267.

[40] Ibid. Bd. XXVII. S. 6.

Note 21. S. 106.

Zusammensetzung der Cyanursäure, des Cyamelids und des Cyansäurehydrats, nach den Analysen von Wöhler und Liebig[F41]*

Cyanursäure, Cyamelid, Cyansäurehydrat

Kohlenstoff	28,19
Wasserstoff	2,30
Stickstoff	32,63
Sauerstoff	36,87

[41] Poggend. Annal. Bd. XX. S. 375 u. s. f.

Note 22. Seite 106.

Zusammensetzung des Aldehyds, Metaldehyds, Elaldehyds[F42].

	Aldehyd	Metaldehyd		Elaldehyd	
	Liebig*		Fehling*		berechnet $C_4H_8O_2$
Kohlenstoff	55,024	54,511	54,620	54,467	55,024
Wasserstoff	8,983	9,054	9,248	9,075	8,983
Sauerstoff	35,993	36,435	36,132	36,458	35,993

[42] Ann. der Pharm. Bd XIV. S. 142 u. Bd. XXVII. S. 319.

Note 23. Seite 107.

Zusammensetzung des Proteins.

aus Krystallinse	aus Albumin	aus Fibrin
Scherer[F43]*		

	I.	II.	III.
Kohlenstoff	55,300	55,160	54,848
Wasserstoff	6,940	7,055	6,959
Stickstoff	16,216	15,966	15,847
Sauerstoff	21,544	21,819	22,346

[43] Annal. der Chem. u. Pharm. Bd. XL. S. 43.

	Scherer*				
	aus Haaren		aus Horn		berechnet $C_{48}H_{72}N_{12}O_{14}$
Kohlenstoff	54,746	55,150	55,408	54,291	55,742
Wasserstoff	7,129	7,197	7,238	7,082	6,827
Stickstoff	15,727	15,727	15,593	15,593	16,143
Sauerstoff	22,398	21,926	21,761	23,034	21,288

	Mulder[F44]			
	aus Pflanzeneiweiß	aus Fibrin	aus Albumin	aus Käse
Kohlenstoff	54,99	55,44	55,30	55,159
Wasserstoff	6,87	6,95	6,94	7,176
Stickstoff	15,66	16,05	16,02	15,857
Sauerstoff	22,48	21,56	21,74	21,808

[44] Annal. der Pharm. Bd. XXVIII. S. 75.

Note 24. Seite 109.

Zusammensetzung des Albumins aus dem Dotter und Weißen des Ei's[F45].

	aus Eigelb		aus Eiweiß
	Jones*		Scherer*
	I.	II.	
Kohlenstoff	53,72	53,45	55,000
Wasserstoff	7,55	7,66	7,073
Stickstoff	13,60	13,34	15,920
Sauerstoff			
Schwefel	- 25,13	25,55	22,007
Phosphor			

[45] Annal. der Chem. u. Pharm. Bd. XL. S. 36 u. 67.

Note 25. Seite 113.

Zusammensetzung der Milchsäure.

	$C_6H_{10}O_5$
Kohlenstoff	44,90
Wasserstoff	6,11
Sauerstoff	48,99

Note 26. Seite 117.

Gas aus dem Unterleib von Kühen, nach dem Genuß von zu vielem Klee durch Punctur erhalten:

a) untersucht von Lameyran u. Frémy b) von Vogel c) von Pflüger.

	Luft		kohlensaures Gas	brennbares Gas	Schwefelwasserstoffgas(?)
a)	5	5	—	15	80 Vol.
b)	25	—	27	48	—
c)	—	—	60	40	—
c)	—	—	20	80	—

Note 27. Seite 120.

Magendie fand in dem Magen und den Eingeweiden Hingerichteter:

bei einem Individuum a) welches eine Stunde, b) bei einem zweiten Individuum, welches 2 Stunden und c) bei einem dritten Individuum, welches 4 Stunden vor der Hinrichtung eine leichte Mahlzeit zu sich genommen hatte,

in 100 Volum-Theilen befanden sich:

		Sauerstoffgas		Stickgas	kohlens. Gas	brennb. Gas
	im Magen	11,00	Vol. auf	71,45	14,00	3,55
a -	im Dünndarm	00,00	„ „	20,03	24,39	55,53
	im dicken Darm	00,00	„ „	51,03	43,50	5,47
	im Magen	00,00	„ „	00,00	00,00	00,00
b -	im Dünndarm	00,00	„ „	8,85	40,00	51,15
	im Dickdarm	00,00	„ „	18,4	70,00	11,6

	im Magen	00,00	„ „	00,00	00,00	00,00
c -	im Dünndarm	00,00	„ „	66,6	25,0	8,4
	im Mastdarm	00,00	„ „	45,96	42,86	11,18

Note 28. S. 127.

Zusammensetzung des Thieralbumins.

	aus Blutserum				aus Eiern	aus Eigelb
	Scherer[F46]*				Jones[F47]*	
	I.	II.	III.	IV.	V.	VI.
Kohlenstoff	53,850	55,461	55,097	55,000	53,72	53,45
Wasserstoff	6,983	7,201	6,880	7,073	7,55	7,66
Stickstoff	15,673	15,673	15,681	15,920	13,60	13,34
Sauerstoff Schwefel Phosphor	- 23,494	21,655	22,342	22,007	25,13	25,55

In den Analysen V. u. VI. ist das Verhältniß des Stickstoffs zum Kohlenstoff gleich 1 : 8.

[46] Annal. der Chem. u. Pharm. Bd. XL. S. 36.

[47] Ebendas. S. 67.

Albumin aus

Jones*		Scherer*		
Gehirn-albumin	Hydro-cele	Con-gestions-absceß	Eiter	hydro-pisch. Flüss.

	VII.	VIII.	IX.	X.	XI.	XII.
Kohlenstoff	55,50	54,921	54,757	54,663	54,101	54,302
Wasserstoff	7,19	7,077	7,171	7,022	6,947	7,176
Stickstoff	16,31	15,465	15,848	15,839	15,660	15,717
Sauerstoff						
Schwefel -	21,00	22,537	22,224	22,476	23,292	22,805
Phosphor						

	Mulder[F48]
Kohlenstoff	54,84
Wasserstoff	7,09
Stickstoff	15,83
Sauerstoff	21,23
Schwefel	0,68
Phosphor	0,33

[48] Annal. der Pharm. Bd. XXVIII. S. 74.

Zusammensetzung des Thierfibrins.

Scherer[F49]*

I

	I.	II.	III.	IV.	V.	VI.	VII.
Kohlenstoff	53,671	54,454	55,002	54,967	53,471	54,686	54,844
Wasserstoff	6,878	7,069	7,216	6,867	6,895	6,835	7,219
Stickstoff	15,763	15,762	15,817	15,913	15,720	15,720	16,065
Sauerstoff Schwefel	-23,688	22,715	21,965	22,244	23,814	22,759	21,872

Phosphor

[49] Annal. der Chemie u. Pharm. Bd. XL. S. 33.

	Mulder[F50]
Kohlenstoff	54,56
Wasserstoff	6,90
Stickstoff	15,72
Sauerstoff	22,13
Schwefel	0,33
Phosphor	0,36

[50] Annal. der Pharm. Bd. XXIII. S. 74.

Ueber die Zusammensetzung des Thier-Caseins vergl. Note 9.

Zusammensetzung der leimgebenden Gewebe.

Scherer[F51]*

	Hausen-blase	Kalbsfußsehnen			Scle-rotica	berechnet $C_{48}H_{82}N_{15}O_{18}$
Kohlenstoff	50,557	49,563	50,960	50,774	50,995	50,207
Wasserstoff	6,903	7,148	7,188	7,152	7,075	7,001
Stickstoff	18,790	18,470	18,320	18,320	18,723	18,170
Sauerstoff	23,750	24,819	23,532	23,754	23,207	24,622

[51] Annal. der Chem. u. Pharm. Bd. XL. S. 46.

	Mulder	
	I	
Kohlenstoff	50,048	50,048
Wasserstoff	6,477	6,643
Stickstoff	18,350	18,388
Sauerstoff	25,125	24,921

Zusammensetzung der Chondrin-gebenden Gewebe.

	Kalbsrippen-knorpel		Cornea		
	Scherer[F52]*			berechnet $C_{48}H_{80}N_{12}O_{20}$	Mulder
	I				
Kohlenstoff	49,496	50,895	49,522	50,745	50,607
Wasserstoff	7,133	6,962	7,097	6,904	6,578
Stickstoff	14,908	14,908	14,399	14,692	14,437
Sauerstoff	28,463	27,235	28,982	27,659	28,378

[52] Annal. der Chem. u. Pharm. Bd. XL. S. 49.

Zusammensetzung der mittleren Arterienhaut.

Scherer[F53]*

I		berechnet $C_{48}H_{76}N_{12}O_{16}$
I.	II.	

Kohlenstoff	53,750	53,393	53,91
Wasserstoff	7,079	6,973	6,96
Stickstoff	15,360	15,360	15,60
Sauerstoff	23,811	24,274	23,53

[53] Annal. d. Chem. u. Pharm. Bd. XL. S. 51.

Zusammensetzung der Horngebilde.

Scherer[F54]*

I

	Oberhaut d. Fußsohle	Bart-haare	Kopf-haare	blonde	braune	schwarze
Kohlenstoff	51,036	50,752	51,529	50,652	49,345	50,622	49,935
Wasserstoff	6,801	6,761	6,687	6,769	6,576	6,613	6,631
Stickstoff	17,225	17,225	17,936	17,936	17,936	17,936	17,936
Sauerstoff Schwefel	- 24,938	25,262	23,848	24,643	26,143	24,829	25,498

	Büffelhorn I				Nägel	Wolle	berechnet $C_{48}H_{78}N_{14}O_{17}$
Kohlenstoff	51,990	51,162	51,620	51,540	51,089	50,653	51,718
Wasserstoff	6,717	6,597	6,751	6,779	6,824	7,029	6,860
Stickstoff	17,284	17,284	17,284	17,284	16,901	17,710	17,469
Sauerstoff Schwefel	- 24,009	24,957	24,342	24,397	25,186	24,608	23,953

[54] Annal. d. Chem. u. Pharm. Bd. XL. S. 53.

Hiermit stimmt nahe die Zusammensetzung der die innere Schale des Hühnerei's auskleidenden Haut;

sie enthält nach Scherer[F55]*

Kohlenstoff	50,674
Wasserstoff	6,608
Stickstoff	16,761
Sauerstoff Schwefel	- 25,957

[55] Annal. d. Chem. u. Pharm. Bd. XL. S. 60.

Zusammensetzung der Federn.

Scherer[F56]*

	I		berechnet $C_{48}H_{78}N_{14}O_{16}$
	Feder-fahne	Feder-spule	
Kohlenstoff	50,434	52,427	52,457
Wasserstoff	7,110	7,213	6,958
Stickstoff	17,682	17,893	17,719
Sauerstoff	24,774	22,467	22,866

[56] Annal. der Chem. u. Pharm. Bd. XL. S. 61.

Zusammensetzung des Augenschwarzes.

Scherer[F57]*

	I.	II.	III.
Kohlenstoff	58,273	58,672	57,908

Wasserstoff	5,973	5,962	5,817
Stickstoff	13,768	13,768	13,768
Sauerstoff	21,986	21,598	22,507

[57] Annal. der Chem. u. Pharm. Bd. XL. S. 63.

Note 29. S. 135.

Nach den Analysen von Playfair und Boeckmann* gaben

0,452	trocknes Muskelfleisch		0,836 Kohlensäure		
0,407	„	„	0,279 Wasser		
0,242	„	„	0,450 Kohlensäure u.	0,164 Wasser	
0,191	„	„	0,360 „	0,130 „	

Blut

0,305	Substanz	gaben	0,575 Kohlensäure u.	0,202 Wasser
0,214	„	„	0,402 „	0,138 „
1,471	Blut	hinterließen	0,065 Asche.	

	Ochsenfleisch		Ochsenblut		Mittel
	Playfair*	Boeckmann*	Playfair*	Boeckmann*	
Kohlenstoff	51,83	51,89	51,95	51,96	51,96
Wasserstoff	7,57	7,59	7,17	7,33	7,25
Stickstoff	15,01	15,05	15,07	15,08	15,07
Sauerstoff	21,37	21,24	21,39	21,21	21,30
Asche	4,23	4,23	4,42	4,42	4,42

Zieht man den Aschengehalt ab, so ist die Zusammensetzung des organischen Theils des

Ochsenfleischs Ochsenbluts

	Playfair*	Boeckmann*	Playfair*	Boeckmann*
Kohlenstoff	54,12	54,18	54,19	54,20
Wasserstoff	7,89	7,93	7,48	7,65
Stickstoff	15,67	15,71	15,72	15,73
Sauerstoff	22,32	22,18	22,31	22,12

Dieser Zusammensetzung entspricht die Formel:

C_{48}	54,62
H_{78}	7,24
N_{12}	15,81
O_{15}	22,33

Note 30. S. 137.

Zusammensetzung der Choleinsäure[F58].

	Demarçay	Dumas	berechnet $C_{76}H_{132}N_4O_{22}$
Kohlenstoff	63,707	63,5	63,24
Wasserstoff	8,821	9,3	8,97
Stickstoff	3,255	3,3	3,86
Sauerstoff	24,217	23,9	23,95

[58] Annal. der Pharm. Bd. XXVII. S. 284 u. 293.

Note 31. S. 137.

Zusammensetzung des Taurins und der Choloidinsäure.

Taurin[F59].

	Demarçay	Dumas	berechnet $C_4H_{14}N_2O_{10}$
Kohlenstoff	19,24	19,26	19,48
Wasserstoff	5,78	5,66	5,57

Stickstoff	11,29	11,19	11,27
Sauerstoff	63,69	63,89	63,68

[59] Annal. der Pharm. Bd. XXVII. S. 287 u. 292.

Choloidinsäure[F60].

	Demarçay		Dumas	berechnet
	I			$C_{72}H_{112}O_{12}$
Kohlenstoff	73,301	73,522	73,3	74,4
Wasserstoff	9,511	9,577	9,7	9,4
Sauerstoff	17,188	16,901	17,0	16,2

[60] Ebendas. S. 289 u. S. 293.

Ich habe zu den Untersuchungen von Demarçay Folgendes zu bemerken:

Der Stoff, den ich als Choleinsäure bezeichnet habe, ist die Galle selbst, getrennt von den anorganischen Bestandtheilen (Salze u. s. w.), die sie enthält; durch Bleiessig, bei Gegenwart von Ammoniak, treten alle ihre organischen Bestandtheile an Bleioxyd, indem sie sich damit zu einem unlöslichen, harzartigen Niederschlage verbinden; der mit dem Bleioxyd verbundene Körper enthält allen Kohlenstoff und Stickstoff der Galle. Was ich mit Choloidinsäure bezeichnet habe, ist die Substanz, welche man erhält, wenn die durch Alkohol von den darin unlöslichen Stoffen befreite Galle mit einem Uebermaße von Salzsäure im Sieden erhalten wird. Diese Substanz enthält allen Kohlenstoff und Wasserstoff der Galle, bis auf diejenige Mengen dieser Elemente, welche in der Form von Taurin und Ammoniak ausgetreten sind. Die Cholinsäure enthält die Bestandtheile der Galle, von denen sich die Elemente des kohlensauren Ammoniaks getrennt haben.

Diese drei Stoffe enthalten also die Producte der Metamorphose der ganzen Galle, ihre Formeln drücken die Anzahl der Elemente ihrer Bestandtheile aus. Keiner davon ist in der Form, in der wir ihn gewinnen, fertig gebildet in der Galle enthalten; ihre Elemente sind in einer andern

Weise mit einander verbunden wie in der Galle, allein die Art, wie sie geordnet sind, hat auf die Festsetzung ihres relativen Verhältnisses durch die Analyse nicht den geringsten Einfluß. In der Formel selbst liegt demnach keine Hypothese, sie ist ein reiner Ausdruck der Analyse. Aus wieviel verschiedenen Substanzen die Choleinsäure, Choloidinsäure u. s. w. auch bestehen mag, die relative Anzahl ihrer Elemente zusammengenommen wird durch die aufgefundene Formel ausgedrückt.

Die Untersuchung der Producte, welche aus der Galle durch die Einwirkung der Luft und chemischer Agentien hervorgebracht werden, können für pathologische Zustände von Wichtigkeit werden, allein bis auf das allgemeine Verhalten der Galle ist die Kenntniß dieser Producte dem Physiologen völlig unnütz, es ist eine Last, die ihm das Voranschreiten erschwert. Von keinem einzigen der 38 oder 40 Stoffe, in die man die Galle zerlegt hat, läßt sich mit Gewißheit behaupten, daß er fertig gebildet darin enthalten ist, von den meisten weiß man mit Bestimmtheit, daß sie Erzeugnisse der Materien sind, die man darauf einwirken ließ.

Die Galle enthält Natron, allein sie ist eine Natronverbindung der merkwürdigsten Art; wenn wir ihre in Alkohol löslichen organischen Bestandtheile an Bleioxyd binden und das Bleioxyd wieder davon scheiden, so haben wir einen Körper (Choleinsäure), der mit Natron zusammengebracht eine der Galle dem Geschmacke nach ähnliche Verbindung wieder bildet, allein es ist keine Galle mehr; die Galle kann mit Pflanzensäuren, ja mit verdünnten Mineralsäuren, vermischt werden, ohne Trübung, ohne einen Niederschlag zu bilden, während die ebenerwähnte Verbindung der Choleinsäure durch die schwächsten Säuren zersetzt und alle Choleinsäure wieder abgeschieden wird. Die Galle ist demnach keineswegs als choleinsaures Natron zu betrachten. In welchem Zustande, kann man weiter fragen, ist das Cholsterin, die Margarin- und Talgsäure, die man darin nachweis't, in der Galle enthalten? Das Cholsterin ist in Wasser nicht löslich, mit Alkalien nicht verseifbar, die Verbindungen der genannten, fetten Säuren mit Alkalien, wären sie wirklich als Seifen in der Galle enthalten, sie müßten durch Säuren mit der größten Leichtigkeit abgeschieden werden. Allein es erfolgt durch verdünnte Säuren keine Abscheidung von Margarin- oder Talgsäure.

Es ist möglich, daß in neuen und wiederholten Untersuchungen Abweichungen in der procentischen Zusammensetzung, von der in den analytischen Entwicklungen gegebenen sich herausstellen werden, allein auf die Formel selbst kann dies nur von geringem Einfluß sein; wenn das relative Verhältniß des Kohlenstoffs zum Stickstoff sich nicht ändert, so werden sich diese Abweichungen auf den Sauerstoff und Wasserstoffgehalt beschränken; man wird alsdann für die Auseinandersetzungen in Formeln annehmen müssen, daß mehr Wasser oder mehr Sauerstoff, oder weniger Wasser und weniger Sauerstoff an der Metamorphose der Gebilde Antheil nehmen, allein die Wahrheit der Entwicklungen selbst wird hierdurch nicht gefährdet.

Note 32. Seite 137.

Zusammensetzung der Cholinsäure[F61].

	Dumas	berechnet $C_{74}H_{120}O_{18}$
Kohlenstoff	68,5	68,9
Wasserstoff	9,7	9,2
Sauerstoff	21,8	21,9

[61] Ebendaselbst Bd. XXVII. S. 295.

Note 33. S. 139.

Zusammensetzung der Hauptbestandtheile des Harns der Menschen und Thiere.

Harnsäure.

	Liebig [F62]*	Mitscherlich[F63]	berechnet $C_{10}H_8N_8O_6$
Kohlenstoff	36,083	35,82	36,00
Wasserstoff	2,441	2,38	2,36
Stickstoff	33,361	34,60	33,37
Sauerstoff	28,126	27,20	28,27

[62] Annal. der Pharm. Bd. X. S. 47.

[63] Poggend. Annal. Bd. XXXIII. S. 335.

Alloxan[F64].
Product der Oxydation der Harnsäure.

	Wöhler u. Liebig*	berechnet $C_8H_8N_4O_{10}$

Kohlenstoff	30,38	30,18	30,34
Wasserstoff	2,57	2,48	2,47
Stickstoff	17,96	17,96	17,55
Sauerstoff	49,09	49,38	49,64

[64] Annal. der Pharm. Bd. XXVI. S. 260.

Harnstoff.

	Prout [F65]	Wöhler u. Liebig [F66]	berechnet $C_2N_4H_8O_4$
Kohlenstoff	19,99	20,02	20,192
Wasserstoff	6,65	6,71	6,595
Stickstoff	46,65	46,73	46,782
Sauerstoff	26,63	26,54	26,425

[65] Thoms. Ann. T. XI. p. 352.

[66] Poggend. Ann. Bd. XX. S. 375.

Krystallisirte Hippursäure.

	Liebig [F67]*	Dumas [F68]	Mitscher-lich [F69]	berechnet $C_{18}N_2H_{16}O_5$
Kohlenstoff	60,742	60,5	60,63	60,76
Wasserstoff	4,959	4,9	4,98	4,92
Stickstoff	7,816	7,7	7,90	7,82
Sauerstoff	26,483	26,9	26,49	26,50

[67] Annal. d. Pharm. Bd. XII. S. 20.

[68] Ann. de Chim. et de Phys. T. LVII. p. 327.

[69] Pogg. Ann. Bd. XXXIII. S. 335.

Allantoin[F70].

	Wöhler u. Liebig*	berechnet $C_8N_8H_{12}O_6$
Kohlenstoff	30,60	30,66
Wasserstoff	3,83	3,75
Stickstoff	35,45	35,50
Sauerstoff	30,12	30,09

[70] Ann. der Pharm. Bd. XXVI. S. 215.

Harnoxyd[F71].

	Wöhler u. Liebig*	berechnet $C_5H_4N_4O_2$
Kohlenstoff	39,28	39,86
Wasserstoff	2,95	2,60
Stickstoff	36,35	37,72
Sauerstoff	21,24	20,82

[71] Annal. der Pharm. Bd. XXVI. S. 344.

Cysticoxyd[F72].

	Thaulow*	berechnet $C_6N_2H_{12}O_4S_2$
Kohlenstoff	30,01	30,31
Wasserstoff	5,10	4,94
Stickstoff	11,00	11,70
Sauerstoff	28,38	46,47
Schwefel	25,51	26,58

[72] Annal. der Pharm. Bd. XXVII. S. 200.

Das Cystic-Oxyd ist durch seinen Schwefelgehalt ganz besonders ausgezeichnet vor allen anderen in der Harnblase vorkommenden Concretionen. Es läßt sich mit Bestimmtheit darthun, daß der Schwefel in diesem Körper weder im oxydirten Zustande noch in der Form einer Cyanverbindung enthalten ist, und in dieser Beziehung ist die Bemerkung vielleicht nicht ohne Interesse, daß 4 Atome Cystic-Oxyd die Elemente von Harnsäure, Benzoesäure, Schwefelwasserstoff und Wasser enthalten, lauter Substanzen, deren Erzeugbarkeit im Thierorganismus keinem Zweifel unterliegt.

1 At. Harnsäure	$C_{10} N_8 H_8 O_6$
1 „ Benzoesäure	$C_{14} H_{10} O_3$
8 „ Schwefelwasserstoff	$H_{16} S_8$
7 „ Wasser	$H_{14} O_7$

$$1 \text{ At. Cysticoxyd} = C_{24} N_8 H_{48} O_{16} S_8 = 4(C_6 N_2 H_{12} O_4 S_2)$$

Ein vortreffliches Mittel, um bei Harnsteinen die Gegenwart des Cysticoxyds darzuthun ist folgendes:

Man lös't den fraglichen Harnstein in starker Kalilauge auf und setzt einige Tropfen essigsaures Bleioxyd hinzu, nicht mehr als Bleioxyd in Auflösung erhalten werden kann. Beim Kochen dieser Mischung entsteht ein schwarzer Niederschlag von Schwefelblei, der ihr das Ansehen von Dinte giebt. Es entwickelt sich hierbei eine reichliche Menge Ammoniak; die alkalische Flüssigkeit enthält unter anderen Producten Oxalsäure.

Note 34. Seite 139.

Zusammensetzung der Oxalsäure, Oxalursäure und der Parabansäure.

Oxalsäure.

	Gay-Luss. u. Thénard	Bertholl.	berechnet $C_2H_2O_4$
Kohlenstoff	26,566	25,13	26,66
Wasserstoff	2,745	3,09	2,22
Sauerstoff	70,689	71,78	71,12

Oxalursäure[F73].

	Wöhler u. Liebig*		berechnet
	I		$C_6H_8N_4O_8$
Kohlenstoff	27,600	27,318	27,59
Wasserstoff	3,122	3,072	3,00
Stickstoff	21,218	21,218	21,29
Sauerstoff	48,060	48,392	48,12

[73] Annal. der Pharm. Bd. XXVI. S. 289.

Parabansäure[F74].

	Wöhler u. Liebig*		berechnet
		I	$C_6H_4N_4O_6$
Kohlenstoff	31,95	31,940	31,91
Wasserstoff	2,09	1,876	1,73
Stickstoff	24,66	24,650	24,62
Sauerstoff	41,30	41,534	41,74

[74] Ebendaselbst S. 286.

Note 35. S. 141.

Zusammensetzung des gebratenen Fleisch's.

(1) 0,307	Substanz	gaben 0,584	Kohlensäure	und 0,206	Wasserstoff
(2) 0,255	„	„ 0,485	„	„ 0,181	„
(3) 0,179	„	„ 0,340	„	„ 0,125	„

Reh-fleisch (1)	Ochsen-fleisch (2)	Kalb-fleisch (3)

	Boeckmann*	Playfair*	
		I	
Kohlenstoff	52,60	52,590	52,52
Wasserstoff	7,45	7,886	7,87
Stickstoff	15,23	15,214	14,70
Sauerstoff Asche	- 24,72	24,310	24,91

Note 36. S. 144.

Die Formel $C_{27}H_{42}N_9O_{10}$ giebt nämlich in 100 Theilen:

C_{27}	50,07
H_{42}	6,35
N_9	19,32
O_{10}	24,26

Die Zusammensetzung des Leims s. Note 28.

Note 37. S. 158.

Zusammensetzung der Lithofellinsäure[F75]

	Ettling u. Will*			Wöhler	berechnet $C_{40}H_{72}O_8$
	I				
Kohlenstoff	71,19	70,80	70,23	70,83	70,83
Wasserstoff	10,85	10,78	10,95	10,60	10,48
Stickstoff	17,96	18,42	18,92	18,57	18,69

[75] Annal. der Chem. u. Pharm. Bd. XXXIX. S. 242. Bd. XLI. S. 154.

Note 38. Seite 181.

Zusammensetzung des Solanins aus Kartoffelkeimen[F76].

	Blanchet*
Kohlenstoff	62,11
Wasserstoff	8,92
Stickstoff	1,64
Sauerstoff	27,33

[76] Annal. der Pharm. Bd. V. S. 150.

Note 39. Seite 181.

Zusammensetzung des Picrotoxins[F77].

	Francis*
Kohlenstoff	60,26
Wasserstoff	5,70
Stickstoff	1,30
Sauerstoff	32,74

[77] In einer andern Analyse erhielt Francis 0,75 pCt. Stickstoff. Das zu den Analysen verwandte Picrotoxin war theilweise aus der Fabrik des Herrn Merck in Darmstadt, theils von Herrn Francis dargestellt; es war vollkommen weiß und schon krystallisirt. — Regnault fand bekanntlich keinen Stickstoff in dem Picrotoxin.

Note 40. Seite 181.

Zusammensetzung des Chinins.

	Liebig*	berechnet $C_{20}H_{24}N_2O_2$
Kohlenstoff	75,76	74,39
Wasserstoff	7,52	7,25
Stickstoff	8,11	8,62
Sauerstoff	8,62	9,64

Note 41. Seite 182.

Zusammensetzung des Morphins[F78].

	Liebig*	Regnault		berechnet $C_{35}H_{40}N_2O_6$
Kohlenstoff	72,340	72,87	72,41	72,28
Wasserstoff	6,366	6,86	6,84	6,74
Stickstoff	4,995	5,01	5,01	4,80
Sauerstoff	16,299	15,26	15,74	16,18

[78] Annal. der Pharm. Bd. XXVI. S. 23.

Note 42. Seite 182.

Zusammensetzung des Caffeins, Theins und Guaranins[F79].

	Caffein Pfaff u. Liebig*	Thein Jobst	Guaranin Martius	berechnet $C_8H_{10}N_4O_2$
Kohlenstoff	49,77	50,101	49,679	49,798
Wasserstoff	5,33	5,214	5,139	5,082
Stickstoff	28,78	29,009	29,180	28,832
Sauerstoff	16,12	15,676	16,002	16,288

[79] Annal. d. Pharm. Bd. I. S. 17, Bd. XXV. S. 63 u. Bd. XXVI. S. 95.

Note 43. Seite 182.

Zusammensetzung des Theobromins[F80].

	Woskresensky			berechnet $C_9H_{10}N_6O_2$
Kohlenstoff	47,21	46,97	46,71	46,43

Wasserstoff	4,53	4,61	4,52	4,21
Stickstoff	35,38	35,38	35,38	35,85
Sauerstoff	12,88	13,04	13,39	13,51

[80] Annal. der Chem. u. Pharm. Bd. XLI. S. 125.

Zusammensetzung des Asparagins[F81].

	Liebig*	berechnet $C_8H_{16}N_4O_6$ + 2 aq.
Kohlenstoff	32,351	32,35
Wasserstoff	6,844	6,60
Stickstoff	18,734	18,73
Sauerstoff	42,021	42,32

[81] Annal. der Pharm. Bd. VII. S. 146.

Ueber Verwandlung der Benzoesäure in Hippursäure[F82].

Von

Wilhelm Keller aus Grosheim.

(Aus den Annalen der Chemie und Pharmacie.)

Schon in der früheren Ausgabe von Berzelius' Lehrbuch der Chemie (1831 Bd. IV. S. 376) hatte Herr Professor Wöhler die Vermuthung ausgesprochen, daß die Benzoesäure bei der Verdauung wahrscheinlich in Hippursäure umgewandelt werde. Diese Vermuthung gründete sich auf einen Versuch, den derselbe über den Uebergang der Benzoesäure in den Harn angestellt hatte. Er fand in dem Harne eines Hundes, der mit dem Futter ½ Drachme Benzoesäure gefressen hatte, eine in nadelförmigen Prismen krystallisirende Säure, die im Allgemeinen die Eigenschaften der Benzoesäure hatte und die er auch für solche hielt (Tiedemann's Zeitschrift für Physiologie Bd. I. S. 142). Indessen waren diese Krystalle offenbar Hippursäure, wie aus der Angabe, daß sie wie Salpeter ausgesehen und bei der Sublimation Kohle hinterlassen hätten, deutlich hervorgeht. Allein die Hippursäure war damals noch nicht entdeckt und es ist bekannt, daß sie bis 1829, wo sie zuerst von Liebig unterschieden wurde, allgemein mit der Benzoesäure verwechselt worden ist.

[82] Zu den Beweisen, welche Ure für die Umwandlung der Benzoesäure in Hippursäure im menschlichen Körper angegeben hat, sind durch Herrn Keller einige ganz entscheidende gekommen, die ich ihrer physiologischen Wichtigkeit wegen diesem Buche beigebe. Die Versuche des Herrn Keller sind in dem Laboratorium des Herrn Prof. Wöhler in Göttingen angestellt worden; sie setzen die Thatsache außer allen Zweifel, daß ein in der Nahrung genossener stickstofffreier Körper an dem Act der Umsetzung der thierischen Gebilde und an der Bildung eines Secretes durch seine Bestandtheile Antheil nehmen kann. Diese Thatsache verbreitet auf die Wirkung der meisten Arzneimittel ein unzweideutiges Licht, und wenn sich der Einfluß des Caffeins auf die Bildung des Harnstoffs oder der Harnsäure in einer ähnlichen Weise nachweisen läßt, so ist damit der Schlüssel zu der Wirkung des Chinins und der anderen organischen Basen gegeben. J. L.

Die neuerlich publicirte Angabe von Ure[F83], daß er in dem Harne eines Patienten, der Benzoesäure eingenommen hatte, wirklich Hippursäure gefunden habe, brachte dieses in physiologischer Hinsicht so wichtige Verhalten wieder in Erinnerung und gab zu den folgenden Versuchen Veranlassung, die ich auf den Vorschlag des Herrn Professors Wöhler an mir selbst angestellt habe. Seine Vermuthung ist dadurch unzweideutig bestätigt worden.

[83] Pharmac. Centralblatt No. 46, aus Prov. med. and surg. Journ. 1841.

Ich nahm Abends vor dem Schlafengehen mit Zuckersyrup 2 Gramme (ungefähr 32 Gran) reine Benzoesäure. In der Nacht gerieth ich in Schweiß, was wohl eine Wirkung dieser Säure sein mochte, da ich sonst nur sehr schwer in stärkere Transpiration komme. Eine andere Wirkung konnte ich nicht wahrnehmen, selbst als ich auch an den folgenden Tagen dieselbe Dosis dreimal täglich zu mir nahm, wo auch nicht einmal der Schweiß wieder eintrat.

Der am Morgen gelassene Harn reagirte ungewöhnlich stark sauer und zwar selbst noch, nachdem er abgedampft worden war und 12 Stunden lang gestanden hatte. Er setzte dabei nur das gewöhnliche Sediment von Erdsalzen ab. Als er aber mit Salzsäure vermischt und stehen gelassen wurde, bildeten sich darin lange, prismatische, braungefärbte Krystalle in großer Menge, die schon dem Ansehen nach nicht für Benzoesäure zu halten waren. Ein anderer Theil, der durch Abdampfen bis zur Syrupsdicke concentrirt war, verwandelte sich beim Vermischen mit Salzsäure in ein Magma von Krystallblättchen. Diese so erhaltene krystallinische Substanz wurde ausgepreßt, in siedendem Wasser gelös't, mit Thierkohle behandelt und umkrystallisirt. Sie wurde dadurch in farblosen, zolllangen Prismen erhalten.

Diese Krystalle waren reine Hippursäure. Beim Erhitzen schmolzen sie leicht, bei etwas stärkerer Hitze verkohlte sich die Masse unter Entwicklung eines Geruchs nach Bittermandelöl und unter Sublimation von Benzoesäure. Um jeden Zweifel zu beseitigen, bestimmte ich ihren Kohlenstoffgehalt, 0,3 Grm. gaben 60,4 pCt. Kohlenstoff. Nach der Formel $C_{18}H_{16}N_2O_5$ + aq. enthält die krystallisirte Hippursäure 60,67 pCt. Kohlenstoff, die krystallisirte Benzoesäure dagegen enthält 69,10 pCt. Kohlenstoff.

So lange ich das Einnehmen der Benzoesäure fortsetzte, konnte ich aus dem Harne mit Leichtigkeit und in Menge Hippursäure darstellen, und da die Benzoesäure so ohne allen Nachtheil für die Gesundheit zu sein scheint, so wäre es leicht, sich auf diese Weise größere Mengen von Hippursäure zu verschaffen. Man könnte sich dazu eine Person halten, die Wochen lang diese Fabrication fortsetzen müßte.

Es war wichtig, den Harn, welcher Hippursäure enthielt, auf seine beiden normalen Hauptbestandtheile, den Harnstoff und die Harnsäure, zu untersuchen. Sie waren beide darin enthalten, und, dem Anschein nach, in keiner andern Quantität, als im normalen Harn.

Als der durch Abdampfen concentrirte Harn, aus dem durch Salzsäure die Hippursäure geschieden war, mit Salpetersäure vermischt wurde, setzte er eine große Menge salpetersauren Harnstoff ab. Schon vorher hatte er ein pulveriges Sediment fallen lassen, dessen Auflösung in Salpetersäure bei dem Abdampfen auf Porzellan die bekannte, purpurrothe Reaction der Harnsäure gab. Diese Beobachtung widerspricht der Angabe von Ure, und es ist daher wohl etwas zu voreilig, wenn er die Benzoesäure als Mittel gegen die aus Harnsäure bestehenden Gicht- und Harn-Concretionen empfiehlt; er scheint sich vorzustellen, daß die Harnsäure zur Umwandlung der Benzoesäure in Hippursäure verwendet werde. Da er seine Beobachtung an dem Harn einer Arthritischen machte, so ist anzunehmen, daß dieser Harn auch ohne den innern Gebrauch der Benzoesäure keine Harnsäure enthalten haben würde. — Uebrigens ist es klar, daß die Hippursäure, da sie sich erst nach Zusatz einer Säure abscheidet, an eine Basis gebunden, im Harne enthalten ist.